Innovative
Energietechnik

W. Peschka

Flüssiger Wasserstoff als Energieträger

Technologie und Anwendungen

Springer-Verlag Wien New York

Prof. Dr. Ing. habil. Walter Peschka
DFVLR Deutsche Forschungs- und Versuchsanstalt
für Luft- und Raumfahrt e.V.
D-7000 Stuttgart 80
Bundesrepublik Deutschland

Softcover reprint of the hardcover 1st edition 1984

Mit 108 Abbildungen

CIP-Kurztitelaufnahme der Deutschen Bibliothek

Peschka, Walter:
Flüssiger Wasserstoff als Energieträger: Technologie u. Anwendungen / W. Peschka. – Wien; New York: Springer, 1984.
(Innovative Energietechnik)
ISBN-13:978-3-7091-8749-4

ISSN 0723-4589
ISBN-13:978-3-7091-8749-4 e-ISBN-13:978-3-7091-8748-7
DOI: 10.1007/978-3-7091-8748-7

Je crois que l'eau sera un jour employée comme combustible, que l'hydrogène et l'oxygène, utilisés isolément ou simultanément, fourniront une source de chaleur et de lumière inépuisables et d'une intensité que la houille ne saurait avoir. Un jour, les soutes de steamers et les tenders des locomotives, au lieu de carbon, seront chargés de ces deux gaz comprimés, qui brûleront dans les foyers avec une énorme puissance calorifique.
... L'eau est le carbon de l'avenir.

Jules Verne, L'Ile Mystérieuse 1870, Tome II, Chap. XI.

Ich glaube, daß Wasser eines Tages als Brennstoff verwendet werden wird, daß Wasserstoff und Sauerstoff, aus welchen es besteht, entweder zusammen oder getrennt verwendet, eine unerschöpfliche Quelle für Wärme und Licht sein werden, und zwar von einer weit größeren Stärke, als Kohle es vermag. Die Kohlebunker der Schiffe sowie die Tender der Lokomotiven werden anstelle von Kohle diese beiden kondensierten Gase speichern, welche in deren Schloten mit enormer Wärmeentwicklung brennen werden.
... Das Wasser ist die Kohle der Zukunft.

Vorwort

Dieses Buch ist entstanden aus Veröffentlichungen, Vorträgen und Vorlesungsreihen sowie im Rahmen von Forschungsarbeiten des Verfassers auf den Sachgebieten Raumfahrtenergietechnik, Energiewandlung und Energiespeicherung allgemein sowie der kryogenen Energietechnik.

Die Technik und Technologie des flüssigen Wasserstoffs – einst wesentliche Voraussetzung für die rasche Entwicklung der Raumfahrt – erweist sich dabei von steigender Bedeutung auch für die Energietechnik der Zukunft.

Wasserstoff als Energieträger allgemein kann dabei die Mittlerrolle zwischen bestehenden Gegensätzen von Kernenergie und regenerativer Energie übernehmen, welche beide für die Zukunft unverzichtbar sind.

Er kann als Sekundärenergieträger aus diesen Primärenergieträgern nahezu im Gleichgewicht mit der Umwelt hergestellt werden, ohne dabei die mit der gegenwärtigen fossilen Energietechnik verbundene, langfristig untragbare Schadstoffemission aufzuweisen, und stellt damit eine ultimative Form der Energietechnik dar.

Seinen ersten Einsatz als Sekundärenergieträger in großem Maßstab erfuhr Wasserstoff als hochenergetischer Raketentreibstoff, wofür Verfahren zur Verflüssigung, Speicherung und Handhabung im wesentlichen in den U.S.A. entwickelt wurden, während in Europa zur Zeit nur in Frankreich entsprechend vergleichbare Aktivität festzustellen ist.

Entwicklungen in der Bundesrepublik Deutschland umfaßten vor allem Untersuchungen über Wasserstoff-Sauerstoff bzw. Wasserstoff-Fluor-Raketentriebwerke, über die physikalischen und technischen Eigenschaften von Wasserstoff-Matsch (slush-hydrogen) und konzentrieren sich derzeit auf Forschungs- und Entwicklungsarbeiten zum Einsatz von flüssigem Wasserstoff als Alternativkraftstoff, wobei vergleichbare Aktivitäten in Japan und Kanada zu vermerken sind.

Das Buch wurde in der Absicht geschrieben, dem interessierten Leser einen Überblick über den Stand der Technik des flüssigen Wasserstoffs aus energietechnischer Sicht zu geben, auf das große zukünftige Anwendungspotential dieses einzigartigen Energieträgers hinzuweisen und um die Förderung weiterer Forschungs- und Entwicklungsarbeiten zu stimulieren.

Im Interesse einer gestrafften Darstellung konnte nur auf Zusammenhänge und Entwicklungen eingegangen werden, die schwerpunktmäßig den flüssigen Wasserstoff in seiner Eigenschaft als Sekundärenergieträger betreffen. Gegenwärtigen Entwicklungsansätzen von erheblicher Bedeutung für die zukünftige Energietechnik, beispielsweise der magnetokalorischen Refrigeration sowie

Anwendungen in der Luftfahrt und im bodengebundenen Verkehr wurde entsprechend Raum gewidmet.

Der Fachmann wird sicherlich vieles aus diesem bereits sehr breit gefächerten Sachgebiet vermissen, was im Rahmen dieses Buches nicht berücksichtigt werden konnte. Hier sei vor allem auf das Standardwerk „Technology and Uses of Liquid Hydrogen“ (R. B. Scott, ed., 1964) verwiesen[1], welches, in den Pioniertagen des flüssigen Wasserstoffs geschrieben, dem Leser einen Eindruck vermittelt, mit welchem Engagement und mit welcher Konsequenz die Technologie des flüssigen Wasserstoffs innerhalb kurzer Zeit von Laboranwendungen zum großtechnischen Einsatz in einer Weise entwickelt wurde, die man sich bei der Förderung und Durchführung seit langem als notwendig erkannter Maßnahmen auf dem Gebiet der zukünftigen Energietechnik nur wünschen kann.

Eine vollständige Erfassung der Fachliteratur war innerhalb des hier gesetzten Rahmens nicht möglich und wurde auch nicht angestrebt. Die Auswahl erfolgte auch unter dem Gesichtspunkt leichter Zugänglichkeit sowie um dem Leser einen möglichst bequemen Einstieg in dieses Fachgebiet zu ermöglichen. Dabei konnte eine Berücksichtigung der Veröffentlichungen bis Ende 1983 erfolgen, wobei während der Drucklegung erschienene Veröffentlichungen noch zum Teil erfaßt werden konnten.

Es verbleibt dem Autor die angenehme Pflicht, Freunden und Mitarbeitern im In- und Ausland, welche durch ihre Arbeit wesentlich zum Zustandekommen und zur Abfassung des Manuskriptes beigetragen haben, hier seinen herzlichen Dank auszusprechen.

Das Buch ist auch denjenigen gewidmet, die durch uneigennützige Arbeit und Engagement bereits heute dazu beitragen, zugunsten kommender Generationen die Basis für eine ultimative Energietechnik mittels der „Kohle der Zukunft“ zu schaffen.

Sindelfingen, im Mai 1984 W. Peschka

[1] Vgl. auch Sloop, J. F.: Liquid Hydrogen as a Propulsion Fuel (S. 100).

Inhaltsverzeichnis

1. Einleitung

Wasserstoff ist das neunthäufigste chemische Element auf der Erde. Der Kosmos besteht zu über 90% aus Wasserstoff, der in den Sternen im Plasmazustand sowie in der interstellaren Materie überwiegend in atomarem Zustand enthalten ist.

Im Sonnensystem bestehen neben der Sonne das interplanetare Gas sowie die äußeren Planeten Jupiter, Saturn, Uranus und Neptun hauptsächlich aus Wasserstoff.

Auf der Erde, insbesondere in der Atmosphäre, ist Wasserstoff im freien Zustand nur in geringer Menge enthalten. Er tritt aus Vulkanen, gemischt mit anderen Gasen, aus und ist ferner in Einschlüssen unterirdischer Kalisalzlager enthalten.

Wasserstoff kann bei vielen Pyrolyse-Prozessen freigesetzt werden, wie beispielsweise in erdgeschichtlicher Vergangenheit bei der Bildung fossiler Brennstoffe. In gebundenem Zustand ist Wasserstoff in Wasser sowie in fast allen organischen Verbindungen enthalten. Infolge seiner Bindung im Wasser ist er an der Erdoberfläche in genügender Menge vorhanden, während er als Gas von der Erdgravitation nicht in der Atmosphäre gehalten werden kann.

Die Freisetzung des Wasserstoffs aus dem Wasser erfordert erhebliche Energiezufuhr. Primärenergie wird dabei zur Erzeugung des Sekundärenergieträgers Wasserstoff verwendet, der sich neben seiner Verfügbarkeit durch hohe Kompatibilität mit anderen Sekundärenergieträgern wie Elektrizität oder synthetischem Erdgas auszeichnet.

Aus ökologischer Sicht ist Wasserstoff unerreicht umweltfreundlich. Bei seiner Herstellung aus Wasser entsteht diejenige Menge Sauerstoff, welche später bei seiner nahezu schadstoff-frei durchführbaren Verbrennung verbraucht wird. Im Gegensatz zur Verbrennung fossiler Energieträger, wo in die Sauerstoff- und Kohlendioxidbilanz der Atmosphäre eingegriffen wird, ist dieser Wasserstoff- bzw. Wasserkreislauf hinsichtlich des Energieumsatzes wesentlich stärker belastbar wie der heute hierfür benützte Kreislauf des Kohlenstoffs.

Wasserstoff, als „brennbare“ Luft 1766 von *Cavendish*[1] beschrieben und von *Lavoisier* Hydrogenium genannt, wurde von *Dewar* 1898 erstmals verflüssigt. Mehr als ein halbes Jahrhundert lang wurde anschließend flüssiger Wasserstoff nur in kleinen Mengen hergestellt und war im wesentlichen auf Laborversuche beschränkt. Zu den ersten Anwendungen gehörte vor allem die

---

[1] Phil. Trans., 1766, p. 141, p. 145.

Erzeugung tiefer Temperaturen, die Messung der spezifischen Wärme von Festkörpern, herab bis zur tiefstmöglichen mit Wasserstoff erreichbaren Temperatur von etwa 12 K. Neben diesen, vor allem von *Simon* in Oxford mit dem Ziel der Prüfung des *Nernstschen* Wärmetheorems durchgeführten Untersuchungen wurden später insbesondere an der University of California von *W. F. Giauque* in den Jahren 1920 bis 1930 Arbeiten über die freie Energie chemischer Verbindungen vom Temperaturbereich des flüssigen Wasserstoffs ab bis Umgebungstemperatur durchgeführt.

Lange Zeit war das Verhalten der spezifischen Wärme des Wasserstoffs insbesondere bei tiefen Temperaturen ungeklärt. Aufgrund der theoretischen Arbeiten zur Quantentheorie von *E. Schrödinger* und *W. Heisenberg* konnte letzterer zeigen, daß die zwei Modifikationen des Wasserstoffmoleküls, der Orthowasserstoff mit parallelen Kernspins und der Parawasserstoff mit antiparallelen Kernspins dafür verantwortlich sind. Orthowasserstoff besitzt bei Umgebungstemperatur etwa die dreifache Häufigkeit gegenüber Parawasserstoff, wogegen letzterer bei tiefen Temperaturen die nahezu ausschließlich vorkommende Spezies darstellt. Der große Unterschied in der inneren Energie zwischen Ortho- und Parawasserstoff hat für die praktische Anwendung erhebliche Konsequenzen. Wird Wasserstoff „normaler Zusammensetzung" (75% Ortho und 25% Para) verflüssigt, hat der flüssige Wasserstoff zunächst etwa diese Ortho- bzw. Para-Anteile, obwohl dem thermodynamischen Gleichgewicht bei 20 K ein Gehalt von 99,8% Parawasserstoff entsprechen würde. Der flüssige Wasserstoff „normaler Zusammensetzung" wandelt sich unter erheblicher Wärmeabgabe langsam in Parawasserstoff um. Dies hat insbesondere bei Langzeitspeicherung von Wasserstoff außerordentliche Bedeutung, weil zur Vermeidung zusätzlicher Abdampfverluste die Einstellung des Gleichgewichts mit Hilfe geeigneter Katalysatoren bereits während der Verflüssigung erreicht werden muß.

Nach Pionierarbeiten von *Herrik L. Johnston* am Cryogenic Laboratory der Ohio State University in den Jahren 1940–1950 erstellte 1952 das National Bureau of Standards (NBS) im Auftrag der U.S. Atomenergiekommission ein Labor in Boulder, Colorado, um größere Mengen an flüssigem Wasserstoff herzustellen und intensive Versuche mit dem Ziel technischer Anwendungen durchzuführen. Zu diesen Anwendungen gehörten vor allem die Wasserstoffblasenkammern für die Kernforschung, deren erste 1959 am Lawrence Radiation Laboratory (LRL) erstellt wurde, sowie nukleare und chemische Raketenantriebe.

Nukleare Antriebe wurden in den Jahren 1960 bis 1970 intensiv untersucht, haben aber das Experimentierstadium nicht verlassen, während die Anwendung von flüssigem Wasserstoff zusammen mit flüssigem Sauerstoff als Raketentreibstoff seit 1959 intensiv entwickelt wurde und nach dem ersten erfolgreichen Start einer Wasserstoff/Sauerstoff-Rakete in Cape Kennedy am 27. November 1963 – obere Stufe einer NASA-*Centaur* mit einer *Atlas* als Booster – zum NASA-*Apollo*-Programm und zum *Space Shuttle* führte. Im wesentlichen sind es diese Projekte, welche innerhalb kurzer Zeit zu einer großtechnischen Anwendung von flüssigem Wasserstoff geführt haben.

Zu erwähnen ist ferner die von der *Gesellschaft für Linde's Eismaschinen AG* im Jahre 1958 gebaute und in Betrieb genommene Anlage zur Darstellung von Deuterium mittels fraktionierter Destillation aus flüssigem Wasserstoff, in welcher zusammen mit einer ähnlichen von *Sulzer* in der Schweiz erstellten Anlage erstmals in Europa die großtechnische Handhabung großer Mengen von flüssigem Wasserstoff erfolgte.

Über diese gegenwärtigen Anwendungen von flüssigem Wasserstoff hinaus sind zukünftige Anwendungen als Sekundärenergieträger in der Energieversorgung absehbar. Nach heutiger Erkenntnis ist im Interesse einer gesicherten Deckung des zukünftigen Energiebedarfs und aus ökologischer Sicht etwa ab Beginn des nächsten Jahrhunderts eine in steigendem Maße durchzuführende Umstellung der Energieversorgung auf nicht-fossile Primärenergieträger erforderlich.

Als Primärenergieträger kommen dabei vor allem Kernenergie und Sonnenenergie in allen ihren Formen in Betracht, während Wasserstoff infolge seiner Kompatibilität zu den bestehenden Sekundärenergieträgern wie Strom und synthetischen Energieträgern aus Kohle als Sekundärenergieträger zu entwickeln ist[2].

Infolge seiner Speicherungs- und Transporteigenschaften bietet flüssiger Wasserstoff vorteilhafte Anwendungsmöglichkeiten in der Energieversorgung allgemein und hat in der Luftfahrt sowie im bodengebundenen Verkehr Einsatzmöglichkeiten als unerreicht umweltfreundlicher Alternativkraftstoff gefunden. Wenngleich derartige Anwendungen sicherlich nicht zu den ersten in großem Maßstab durchzuführenden Maßnahmen gehören werden, bieten sie die Möglichkeit, den Einsatz und die sichere Handhabung des Sekundärenergieträgers Wasserstoff in entsprechendem Rahmen zu demonstrieren und wichtige Beiträge für zukünftige wesentlich umfassendere Anwendungsbereiche zu leisten.

Angesichts zunehmender gerechtfertigter, aber auch in hohem Maße ungerechtfertigter und zum Teil unqualifizierter Kritik an der gegenwärtigen fossilen Energietechnik, stellt Wasserstoff die ultimative Antwort von Forschung und Technik dar. Dies erkannt und rechtzeitig darauf hingewiesen zu haben, war Aufgabe von Wissenschaft und Forschung. Während die Entwicklung von Wasserstoff als Energieträger eine Aufgabe für Technik und Industrie darstellt, ist es eine Verpflichtung für eine Generation aufgeschlossener Politiker, rechtzeitig die Basis für die zukünftige Einführung dieses nicht mehr zu übertreffenden Energieträgers zu schaffen.

---

2 Dem interessierten Leser, welcher sich einen raschen Überblick verschaffen möchte, sei das Buch von Hoffmann, P.: The Forever Fuel – The Story of Hydrogen. Boulder, Colorado: Westview-Press 1981, zur Lektüre empfohlen.

2. Allgemeines zur Herstellung von Wasserstoff

Wasserstoff dient heute vor allem als Chemierohstoff, während er als Sekundärenergieträger nur in geringem Maße, jedoch mit steigender Tendenz, beispielsweise als Raketentreibstoff eingesetzt wird.

Bei seiner Anwendung als zukünftiger Sekundärenergieträger ist gegenüber heute eine um mindestens zwei Größenordnungen größere Produktionskapazität erforderlich. Großtechnische Herstellungsverfahren sind daher eine wesentliche Voraussetzung für die zukünftige Anwendung von Wasserstoff als Sekundärenergieträger.

2.1 Wasserstoff aus fossilen Rohstoffen

Wasserstoff wird heute großtechnisch vor allem durch Steam-Reforming, mit Leichtbenzin oder Erdgas als Ausgangsstoff sowie durch partielle Oxidation von schwerem Heizöl hergestellt [1, 12, 13].

Beim Steam-Reforming von Kohlenwasserstoffen läuft die Reaktion in Gegenwart eines geeigneten Katalysators im Bereich von Atmosphärendruck bis etwa 30 bar bei Temperaturen zwischen 700 und 900 °C wie folgt ab

$$C_nH_m + n\,H_2O \rightarrow n\,CO + (0{,}5\,m + n)\,H_2.$$

Partielle Oxidation verläuft bei Drücken zwischen 20 und 60 bar und Temperaturen im Bereich von 1100 bis 1500 °C unter Wärmeabgabe folgendermaßen

$$C_nH_m + 0{,}5\,n\,CO_2 \rightarrow n\,CO + 0{,}5\,m\,H_2.$$

Durch „Shiften" wird CO in katalytischer Reaktion unter Wärmeabgabe oxidiert

$$CO + H_2O \rightarrow CO_2 + H_2O.$$

Bedeutung besitzt ferner der Wasserdampf-Eisen-Prozeß [4], wo unter Wärmezufuhr bei Temperaturen zwischen 950 und 980 °C und Drücken von 2 bis 3 bar zunächst Eisen oxidiert und Wasserstoff freigesetzt wird

$$2\,Fe + 3\,H_2O \rightarrow Fe_2O_3 + 3\,H_2$$
$$3\,Fe + 4\,H_2O \rightarrow Fe_3O_4 + 4\,H_2.$$

Nach dem Oxidationsprozeß wird in zyklischem Betrieb mit einem Reduktionsgas, im allgemeinen CO, das entstandene Eisenoxid unter Wärmeabgabe wieder reduziert.

$$Fe_2O_3 + CO \rightarrow 2\,FeO + CO_2$$
$$FeO + CO \rightarrow Fe + CO_2$$
$$Fe_3O_4 + 4\,CO \rightarrow 3\,Fe + 4\,CO_2$$

Ein in neuerer Zeit entwickeltes Verfahren [5] benutzt katalytisches Cracken von Kohlenwasserstoffen unter Wärmezufuhr im Temperaturbereich von 700 und 980 °C wie z.B.

$$CH_4 \rightarrow C + 2\,H_2\,.$$

Durch nachfolgende Verbrennung des Kohlenstoffs mit Luft kann die erforderliche Prozeßwärme regenerativ zugeführt werden.

Der Wassergasprozeß [6] mit Koks oder Kohle ist der älteste angewandte Prozeß zur Herstellung von CO und Wasserstoff. Er verläuft unter Wärmezufuhr bei Temperaturen um 1000 °C nach der vereinfachten Reaktionsgleichung

$$C + H_2O \rightarrow CO + H_2\,.$$

Die erforderliche Reaktionswärme wird im intermittierenden Betrieb durch Verbrennung von Kohlenstoff mit Luft zugeführt. Bei Verwendung von reinem Sauerstoff anstelle von Luft ist kontinuierlicher Betrieb durch Beimischen des Sauerstoffs zum Wasserdampf möglich.

Eine Reihe weiterer Verfahren wurde entwickelt, die vornehmlich zur Herstellung von Synthesegas bzw. Wasserstoff mit Koks oder Kohle unter Verwendung von Luft bzw. reinem Sauerstoff arbeiten [6, 7, 12–20].

Tabelle 1

	Druck	Eigenschaften	
Koppers-Verfahren	1 bar	autotherm, hoher O_2-Bedarf	[7]
Winkler-Verfahren	1 bar	autotherm, hoher O_2-Bedarf, Wirbelbett	[8, 9]
Lurgi-Verfahren	30 bar	autotherm, geringer O_2-Bedarf, Festbett	[10, 11]

Zu erwähnen bleibt ferner, daß Kokereigas, welches durch „trockene Destillation" von Kohle – Verkokung, d.h. Erhitzen auf 1200 bis 1300 °C unter Luftabschluß – einen hohen Wasserstoffanteil besitzt (vgl. Tabelle 2).

Tabelle 2. *Mittlere Zusammensetzung des Kokereigases in Vol.%*

Wasserstoff	53%
Methan	23%
Stickstoff	12%
Kohlenmonoxid	2,5%
Äthan	2%

Kokereigas dient u.a. bekanntlich als Heizgas z.B. für Siemens-Martin Öfen oder in Industriekraftwerken und wurde früher als „Stadtgas" in den Haushalten zum Heizen und Kochen benutzt.

Da bei der Kohlevergasung der Wärmeverbrauch als erheblicher Kostenfaktor auftritt, besteht großes Interesse, hierfür mittels gasgekühlter Hochtemperaturreaktoren erzeugte kostengünstige nukleare Prozeßwärme einzusetzen (vgl. [21–26]).

Das Hauptproblem der nuklearen Kohlevergasung mit Wasserdampf besteht in der Übertragung der erheblichen endothermen Reaktionswärme auf das Gemisch von Kohle und Vergasungsmittel. Da die nukleare Wärme in Form von heißem Helium geliefert wird, welches praktisch verlustfrei und ohne Verunreinigungen im Kreislauf zum Reaktor zurückgehen muß, sind Wärmetauscher erforderlich, wobei aber der Wärmeübergang wegen Korrosions-, Erosions- und Verschmutzungsgefahr der Heizflächen erhebliche technische Probleme aufwirft.

Allen Verfahren der Wasserstoffherstellung aus fossilen Rohstoffen ist letztlich die Wasserzerlegung durch Oxidation von Kohlenstoff zu CO bzw. CO_2 gemeinsam. Die dabei an die Atmosphäre abzugebenden Mengen an CO_2 sind insbesondere bei der Kohlevergasung erheblich. Sie betragen mindestens 0,75 bzw. 0,5 mol CO_2 je mol H_2 (16,5 t bzw. 11 t CO_2/t H_2), je nachdem, ob die zur Umsetzung aufzubringende Reaktionswärme durch Kohleverbrennung oder nicht-fossile Energie aufgebracht wird. Damit können sowohl bei der Wasserstoffherstellung mittels Kohlevergasung als auch bei der Herstellung von synthetischem Erdgas (SNG) bzw. synthetischen Kraftstoffen auf Kohlenwasserstoffbasis Umweltprobleme erster Ordnung entstehen (CO_2-Gehalt der Atmosphäre).

Darüber hinaus sind bei der Wasserstoffherstellung mittels Kohlevergasung erhebliche Mengen an Schwefeldioxid sowie anfallende Asche unter Vermeidung von Umweltschäden abzuführen. Anschließend muß dann der Wasserstoff je nach Verwendungszweck weiteren mehr oder weniger aufwendigen Reinigungsprozessen unterworfen werden [48–52].

2.2 Wasserstoffherstellung mittels Elektrolyse

Wasserstoff wird seit langem großtechnisch durch Wasserzerlegung mittels Elektrolyse hergestellt [27, 28]. Dies ist vor allem dort von Bedeutung, wo billige elektrische Energie aus Wasserkraft (Norwegen, Kanada) zur Verfügung steht und Wasserstoff als Rohstoff beispielsweise zur Herstellung von Kunstdünger über die Ammoniaksynthese benötigt wird.

Wasserstoff fällt ferner als wichtiges Beiprodukt in der chemischen Industrie bei der zur Chlorherstellung dienenden Chlor-Alkali-Elektrolyse an. Zur Verteilung und zum Bedarfsausgleich des dabei anfallenden Wasserstoffs ist im Ruhrgebiet seit langem ein Wasserstoff-Rohrnetz in Betrieb[1].

Da Elektrolyse-Wasserstoff etwa zwei- bis dreimal teurer ist als Wasserstoff aus fossilen Rohstoffen, wird er vor allem dort eingesetzt, wo neben einem Überangebot an Elektrizität hohe Forderungen an den Reinheitsgrad bestehen.

Die für den Wasserstoffpreis maßgeblichen Investitionskosten der Produktionsanlage sowie die den Wirkungsgrad des Elektrolyseurs und die Stromkosten enthaltenden Betriebskosten können durch gezielte Weiterentwicklung der heute im Einsatz befindlichen, aber auch durch neue Verfahren der Wasserelektrolyse verringert werden. Der Hauptentwicklungsbedarf liegt in der Erniedrigung der Zellspannung, der Erhöhung der Zellstromdichte, dem verstärkten Einsatz

---

[1] Vgl. Isting, C. (Chem. Werke Hüls AG), pp. A2–6 of Eurocon: 74 digest. The Hague, Netherlands: Royal Instn. Engrs. 1974.

billiger Zell- und Elektrodenwerkstoffe sowie in der Erhöhung von Betriebstemperatur bzw. -druck [30, 33].

Aus thermodynamischen Gründen ist insbesondere die Erhöhung der Betriebstemperatur vorteilhaft, obwohl damit erhebliche Materialprobleme zu lösen sind. Für die Wasserzersetzung

$$H_2O \rightarrow H_2 + \frac{1}{2} O_2 \tag{1}$$

beträgt die bei reversibler Prozeßführung erforderliche elektrische Energie W ohne Berücksichtigung von Verlusten

$$W = \Delta G = \Delta J - T \Delta S \,. \tag{2}$$

Hierbei ist: ΔG die Änderung der freien Enthalpie (237 kJ/mol bei 25 °C und Wasserstoff von 1 bar Druck), ΔJ die Reaktionsenthalpie (286 kJ/mol), T die absolute Temperatur, ΔS die Reaktionsentropie (163 J/mol K).

Für die erforderliche elektrische Energie gilt

$$W = \Delta G = F \cdot n \cdot E \tag{3}$$

F *Faraday*-Konstante (96495 As/Mol), $n = 2$, Zahl der je Einzelreaktion (1) ausgetauschten Elektronen, E ideale (reversible) Zersetzungsspannung.

Damit ergibt sich

$$E = \frac{\Delta G}{n \cdot F} = 1{,}229 \text{ V}. \tag{4}$$

Infolge irreversibler Prozesse im Reaktionsmechanismus an den Elektroden – Nebenreaktionen sowie Einfluß der Reaktionskinetik – und bedingt durch Ohmsche Verluste im Elektrolyten ist die reale Zersetzungsspannung E_r stets größer als die ideale Zersetzungsspannung E, was zur Folge hat, daß von der zugeführten elektrischen Leistung $E_r \cdot I$ (I Zellstrom) nur der Anteil $E \cdot I$ für die Wasserstofferzeugung verwertet wird, während der Anteil $(E_r - E) \cdot I$ innerhalb der Zelle in Wärme umgewandelt wird.

Die Spannungsdifferenz $E_r - E$ wird als „Überspannung" bezeichnet und ist im Interesse eines hohen Elektrolysewirkungsgrades möglichst klein zu halten.

Da die freie Enthalpie ΔG der Reaktion (1) um den Betrag $T \cdot \Delta S$ kleiner ist als die Reaktionsenthalpie ΔJ, erfordert der Zellbetrieb im Idealfall die Zufuhr von elektrischer Energie $W = \Delta G$ sowie die Zufuhr von Wärme $Q = T \cdot \Delta S$, wofür die infolge der Überspannung in der Zelle produzierte Wärme dienen kann.

Übersteigt die Überspannung $E_r - E$ den Betrag E'

$$E' = \frac{T \cdot \Delta S}{n \cdot F} = 0{,}253 \text{ V}. \tag{5}$$

d.h. gilt $\quad E_r > E_{th} = 1{,}482$ V, (6)

dann übertrifft die Wärmeproduktion den zur Reaktion erforderlichen Wert $T \Delta S$ und die Zelle gibt Wärme nach außen ab. E_{th} wird als thermoneutrale Zellspannung bezeichnet[2].

---

[2] D.h. $E_{th} = E + \frac{T \Delta S}{nF} = \frac{\Delta J}{nF}$.

Heute im Einsatz befindliche Elektrolyseure werden bei Zellspannungen im Bereich von 1,8 V bis etwa 2,0 V betrieben, was Elektrolysewirkungsgraden im Bereich von 0,6 bis 0,7 entspricht [29, 30, 33].

Mit zunehmender Temperatur T nimmt die ideale Zersetzungsspannung E ab.

$$E = E_{th} - T \frac{\Delta S}{n \cdot F} \tag{7}$$

$$\frac{\Delta S}{nF} = 25 \text{ mV/K} . \tag{8}$$

Daraus ergibt sich eine Verringerung des Bedarfs an elektrischer Energie bei Erhöhung der erforderlichen Wärmezufuhr (s. Abb. 1). Da eine Erhöhung der

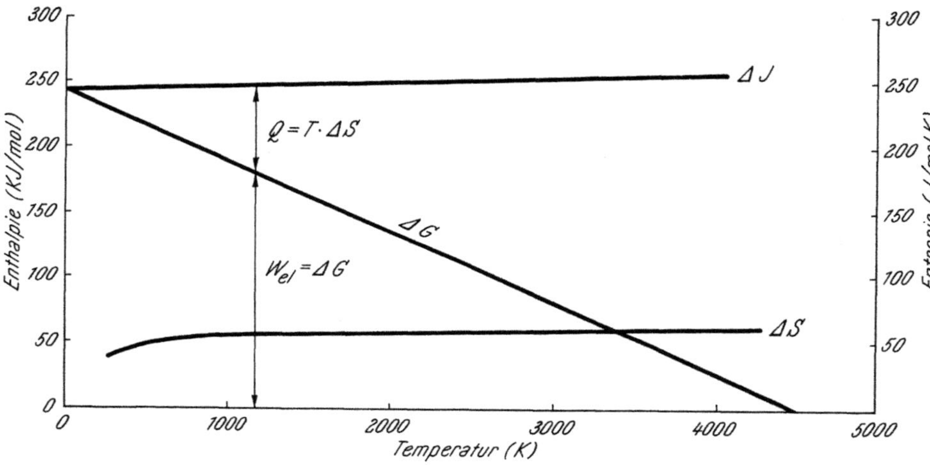

Abb. 1. Thermodynamik der Wasserzersetzung: Änderung von Freier Enthalpie ΔG, Reaktionsenthalpie ΔH und Reaktionsentropie ΔS als Funktion der Temperatur

Temperatur zusätzlich eine Verbesserung der Reaktionskinetik an den Elektroden und damit eine Erhöhung der Stromdichte, d.h. eine bessere Ausnutzung der Zelle zur Folge hat, stellt dies neben der Entwicklung verbesserter Elektrodenmaterialien den effektivsten Weg zur Entwicklung neuer leistungsfähiger Elektrolyseure dar.

Alkalische Niedertemperatur-Elektrolyse

Die konventionelle alkalische Niedertemperatur-Elektrolyse ist nunmehr seit mehr als 80 Jahren im Einsatz. Als Elektrolyt wird vorwiegend verdünnte Kalilauge (KOH) bzw. verdünnte Natronlauge (NaOH) bei Betriebstemperaturen im Bereich von 60–80 °C verwendet. Die heute allgemein bipolar nach dem Filterpressenprinzip aufgebauten Zellpakete enthalten die Elektroden, Stahlkathoden, Anoden aus Nickel bzw. vernickeltem Stahl (welche durch Asbest-Diaphragmen getrennt sind) [27, 28, 31, 33].

Der Elektrolysewirkungsgrad bezogen auf den unteren Heizwert des Wasserstoffs (33 kWh/kg) beträgt etwa 60–70%. Dem entspricht bei einer auf die Elektrodenoberfläche bezogenen maximalen Stromdichte von 3000 A/m² eine Zellspannung von etwa 1,8 V–2,0 V sowie ein elektrischer Energieaufwand von mehr als 50 kWh/kg (4,5 kWh/Nm³).

Eine Verbesserung dieser Werte kann durch Elektrolyse unter Druck erzielt werden, wobei Drücke bis zu 30 bar zur Anwendung gelangen (*Zdanski-Lonza*-Verfahren, *Lurgi*-Verfahren) [10].

Alkalische Mitteltemperatur-Elektrolyse

Die derzeit im Einsatz befindlichen Verfahren der Niedertemperaturelektrolyse können durch Übergang auf höhere Betriebstemperaturen und den damit zusammenhängenden höheren Betriebsdrücken, hinsichtlich Wirkungsgrad (Erniedrigung der Elektrodenüberspannung und Steigerung der Stromdichte) und Wirtschaftlichkeit weiter verbessert werden [33].

Die derzeit laufenden Entwicklungsarbeiten an alkalischen Mitteltemperatur-Elektrolyseuren haben Betriebstemperaturen im Bereich von 150–250 °C, entsprechend Drücken zwischen 30 und 100 bar mit Zellspannungen unterhalb von 1,6 V (entsprechend einem Wirkungsgrad von 70–80%) bei Stromdichten im Bereich von 10^4 A/m² zum Ziel. Hierfür sind derzeit widerstandsfähige Diaphragmen sowie Elektrodenmaterialien mit entsprechend hoher Lebensdauer in Entwicklung [32].

Elektrolyse mit Feststoff-Elektrolyten

Hier wird anstelle des Diaphragmas und des flüssigen Elektrolyten eine Feststoff-Ionenleiter Membran (Feststoff-Elektrolyt, Solid Polymer-Elektrolyte, SPE) verwendet. Zur Elektrolyse wird reines Wasser benutzt, welches vom Feststoff-Elektrolyten aufgenommen wird [31, 33, 34].

Niedertemperatur-Elektrolyseure, welche heute als kleinere Anlagen bereits im Einsatz sind, verwenden hochpolymere $[H_3O]^+$ Ionenleiter aus perfluoriertem Polysulfon bei Betriebstemperaturen bis zu 150 °C und Betriebsdrücken bis zu 200 bar. Die große Leitfähigkeit des sauren Elektrolyten sowie Membranstärken unter 0,5 mm ermöglichen auch bei hoher Stromdichte (10^4 A/m²) geringe Ohmsche Verluste und Wirkungsgrade um 75–80%.

Da bisher wegen der erforderlichen Korrosionsbeständigkeit in sauren Feststoff-Elektrolyten Edelmetallelektroden bzw. Platinmetallkatalysatoren erforderlich waren, hängt eine künftige großtechnische Anwendung der Niedertemperatur-Feststoffelektrolyse vor allem von der Entwicklung wirtschaftlicher Materialien für Elektroden bzw. Katalysatoren ab.

Aus thermodynamischen Gründen (s. Abb. 1) sind hohe Betriebstemperaturen, wie sie bei der Hochtemperatur-Dampfelektrolyse angestrebt werden, vorteilhaft, weil hier bei sinkendem Bedarf an elektrischer Energie ein erheblicher Anteil der zur Wasserzerlegung erforderlichen Energie in Form von Hochtemperaturwärme zugeführt werden kann.

Die derzeit im Laborstadium befindlichen Hochtemperaturzellen verwenden keramische Sauerstoffionenleiter und arbeiten im Temperaturbereich zwischen 800 und 1000 °C. Die damit zusammenhängenden Materialprobleme lassen eine technische Anwendung derzeit nicht erwarten und setzen insbesondere technisch realisierbare Lösungen für die Einkopplung der Hochtemperaturwärme in die Elektrolysezelle voraus [35, 36].

2.3 Thermochemische Verfahren zur Wasserspaltung

Aus Abb. 1 folgt, daß oberhalb einer Temperatur von etwa 1800–2000 K der erforderliche Anteil an elektrischer Energie zur elektrolytischen Wasserspaltung gegen Null geht, d.h. Wasserzerlegung allein durch Wärmezufuhr mittels thermischer Dissoziation möglich wird. Bei diesen Temperaturen ist der Partialdruck des Wasserstoffs (etwa 10 mbar) für großtechnische Anwendungen noch viel zu niedrig. Erst bei Temperaturen zwischen 3000 und 4000 K erreicht der Partialdruck des Wasserstoffs den Betrag von etwa 1 bar. Diese Temperaturen sind mit heute bekannten Wandmaterialien technisch nicht realisierbar. Abgesehen davon besteht das Problem der Trennung des Wasserstoffs und des Sauerstoffs in diesem Temperaturbereich. Möglicherweise ergeben sich durch Weiterentwicklung der ursprünglich für Raumfahrtantriebe untersuchten Gasraumreaktoren (spaltbares Material im Plasmazustand) oder aber durch Übertragung dieser Ergebnisse auf eine noch zu entwickelnde Hochtemperatursolartechnik neue Ansatzpunkte zur Lösung dieses Problems (vgl. Kap. 8).

Technisch realisierbare Verfahren zur Wasserspaltung über thermochemische Prozesse sind nach heutigem Stand der Erkenntnis nur einsetzbar, wenn die erforderlichen Temperaturen 800–1000 °C nicht übersteigen. Grundsätzlich besteht hier die Möglichkeit der Wasserspaltung durch mehrstufige thermochemische Kreisprozesse bzw. Hybridprozesse – wobei letztere elektrochemische Reaktionsschritte enthalten [37, 38, 39, 40].

Solche Kreisprozesse bestehen aus einer Folge von chemischen Reaktionsstufen mit verschiedenen chemischen Reaktionspartner, wobei als Bruttoreaktion letztlich die Wasserspaltung verbleibt, während die übrigen beteiligten Substanzen durch geeignete Reaktionen in ihrer Ausgangszusammensetzung regeneriert werden.

Das Hauptproblem, guter energetischer Gesamtwirkungsgrad bei vertretbarem verfahrenstechnischen Aufwand, konnte bis jetzt trotz intensiver Untersuchungen nicht gelöst werden. Es ist heute noch nicht absehbar, ob und wann diese thermochemischen Verfahren zur großtechnischen Anwendung gelangen werden.

2.4 Weitere Verfahren zur Wasserstoffherstellung aus Wasser

Hier ist zunächst die Kopplung von Halbleiterphotoelementen mit Elektrolyseuren zu erwähnen, ein Verfahren, welchem bei Verbilligung der zur Stromerzeugung erforderlichen Solargeneratoren in Zukunft Bedeutung zukommen wird [41, 43]. Infolge a priori gegebener nahezu idealer Anpassung der Strom-Spannungs-Charakteristiken von photovoltaischen Solargeneratoren und Elektrolyseuren ist eine direkte Kopplung beider ohne Zwischenschaltung elektronischer Stellglieder zur Leistungsanpassung möglich und auch anzustreben [42]. Eine weitere Möglichkeit zur Wasserstoffherstellung über Wasserelektrolyse bietet sich in Kopplung mit elektrischer Energie aus Kraftwerken zur Nutzung der Meereswärme [44]. Weitere Verfahren zur Wasserstoffherstellung aus Wasser können aus der direkten Kopplung von Strahlungsenergie mit Molekularprozessen abgeleitet werden. Hierzu gehören neben Strahlungsprozessen (Radiolyse) [45] photobiologische Prozesse auf der Basis der natürlichen Photosynthese, photochemische Verfahren sowie photoelektrochemische Verfahren bei Verwendung von Halbleitern [46, 47]. Alle diese Verfahren befinden sich heute im Stadium der Grundlagenforschung. Trotz des geringen heute realisierbaren Wirkungsgrades von weniger als 1% ist eine zukünftige Anwendung bei entsprechenden Fortschritten auf dem Gebiet der organischen und anorganischen Katalysatoren und Photosensibilisatoren nicht auszuschließen.

Literatur

1. Ullmanns Enzyklopädie der Technischen Chemie, Wasserstoff, Bd. 18, 3. Aufl.
2. Balthasar, W., Hambleton, P. J.: Industrial Scale, Production of Hydrogen from Natural Gas, Naphta and Coal. Int. J. Hydrogen Energy *5*, No. 1 (1980).
3. Roszkowski, T. R., Snyder, N. W.: Present and Emerging Hydrogen Production Technology. Proc. World Hydr. Energy Conf. IV, 47–68. Pasadena, June 1982.
4. Clifton, P. V.: The Schultz Steam Iron Process. Industr. Eng. Chem. 161–166, April 1959.
5. Pohlenz, J. B., Stine, L. O.: New Process Promises Low Cost Hydrogen. Oil and Gas *23*, 127–132 (1962).
6. Gratkowski, H. W.: Kohlevergasungs-Verfahren. Ullmanns Enzyklopädie der Technischen Chemie, Bd. 10 (1958), Ergänzungsband (1970).
7. Osthaus, K. H.: Kohlevergasung nach dem Koppers-Totzek-Verfahren für den Kraftwerksbetrieb. VGB-Kraftwerkstechnik *54*, 221–224 (1974).
8. Farnsworth, J. F., Mitsak, D. M., Wintrell, R.: Production of Gas from Coal by the Koppers-Totzek-Process. Proc. Symp. Clean Fuels from Coal, 143–162. Inst. of Gas Techn., Chicago, December 1973.
9. Banchik, I. N.: The Winkler Process for the Production of Low BTU-Gas from Coal. Proc. Symp. Clean Fuels from Coal, 163–178. Inst. of Gas Techn., Chicago, December 1973.
10. Anon.: Lurgi-Handbuch, 2. Aufl., Kapitel 2.1. Lurgi Gesellschaften, Frankfurt/Main 1970.
11. Bierbach, H., Jockel, H.: Weiterentwicklung der Lurgi-Druckvergasung. Stahl und Eisen *7*, 371–376 (1980).
12. King, T., Hill, G. R.: Erforschung und Entwicklung der Kohlevergasung in den U.S.A. GWF-Gas/Erdgas *115*, 201–205 (1974).
13. Van Heek, K. A.: Überblick über den internationalen Entwicklungsstand der Kohlevergasungsverfahren. Stahl und Eisen 7, 307–321 (1980).
14. Brecht, Ch., Gratkowski, H. W., Hoffmann, G.: Vergasung und Hydrierung der Kohle – Eine tabellarische Übersicht der in- und ausländischen Entwicklungen sowie der groß-

technisch eingesetzten Verfahren. Gaswärme International *29*, 367–387 (1980).
15. Grace, R. J.: Development of the BI-Gas Process. Proc. Symp. Clean Fuels from Coal, 178–197. Inst. of Gas Techn., Chicago, December 1973.
16. Fink, C. E.: The CO_2-Acceptor Process. Proc. Symp. Clean Fuels from Coal, 301–309. Inst. of Gas Techn., Chicago, December 1973.
17. Schora, Jr., F., Lee, B. S., Huebler, J.: The Hygas Process. Proc. Symp. Clean Fuels from Coal, 218–240. Inst. of Gas Techn., Chicago, December 1973.
18. Cover, A. E., Schreiner, W. C., Skaperdas, G. D.: Kellog's Coal Gasification Process. Chem. Eng. Progr. *69*, 31–36 (1973).
19. Forney, A. J., McGee, J. P.: The Synthane Process – Research Results and Prototype Plant Design. AGA Synthetic Pipeline Gas Symp., Chicago 1972.
20. Nadkarni, R. M., Bliss, C., Watson, W. I.: Underground Gasification of Coal. Chemtech. *6*, 230–237 (1974).
21. Fichtner, N.: Wirtschaftliche Aussichten von mit nuklearer Prozeßwärme erzeugtem technischen Wasserstoff. Studie im Auftr. d. BMFT, NT 125 (1971).
22. KFA Jülich: Entwicklung von Verfahren zur Umwandlung fester fossiler Rohstoffe mit Wärme aus Hochtemperaturreaktoren. KFA Jülich GmbH, Halbj. Bericht 1973/I.
23. Schulten, R.: Kernenergie zur Prozeßwärmenutzung. Atomwirtschaft *55*, 491–494 (1972).
24. Schulten, R.: Nuclear Energy as a Primary Energy Source for Hydrogen Production. Int. J. Hydrogen Energy *5*, 281–292 (1980).
25. Quade, R. N., Meyer, L.: Nuclear Heat Source for Hydrogen Production. Int. J. Hydrogen Energy *4*, 101–110 (1979).
26. Heek, K. H.: Wasserdampfvergasung von Kohle unter Einkopplung nuklearer Prozeßwärme aus Hochtemperatur-Kernreaktoren. In: Kohlevergasung in der Energietechnik. Proc. VGB-Kraftwerkstechnik GmbH, Essen 1979.
27. Anon.: Ullmanns Enzyklopädie der Technischen Chemie, Bd. 6, 1953.
28. Anon.: Gmelins Handbuch der anorganischen Chemie, Wasserstoff. 8. Aufl., 227, 244, 257, 1958.
29. Hallet, N. C.: Cost and Systems Analysis of Liquid Hydrogen Production. NASA-CR-73.266, 1968.
30. Gregory, D. P., Bockris, J. O. M.: The Hydrogen Economy. New York: Plenum Press 1972.
31. Gann, A.: Hydrogen Production by Water Electrolysis. ESA TT-250, 1976, DLR-Mitt., 74–39, Über die Herstellung von Wasserstoff durch Wasserelektrolyse, 1974.
32. Renaud, R., LeRoy, R. L.: Separator Materials for Use in Alkaline Water Electrolysis. Int. J. Hydrogen Energy 7, 155–166 (1982).
33. Menth, A., Stucki, S.: Present State and Outlook of the Electrolytic H_2-Production Route. Proc. World Hydrogen Energy Conf. 2, Vol. 1, 55–63 (1978).
34. Nuttal, L. J., Russel, J. H.: Solid Polymer Electrolyte Water Electrolysis. Int. J. Hydrogen Energy *5*, 75–84 (1980).
35. Doenitz, W., Schmidberger, W.: Concepts and Design for Scaling up High Temperature Water Vapour Electrolysis. Int. J. Hydrogen Energy 7, 321–330 (1982).
36. Doenitz, W., Schmidberger, R., Steinheil, E., Streicher, R.: Hydrogen Production by High Temperature Electrolysis of Water Vapour. Int. J. Hydrogen Energy *5*, 55–64 (1980).
37. Knoche, K. F., Cremer, H., Breywisch, D., et al.: Experimental and Theoretical Investigation of Thermochemical Hydrogen Production. Int. J. Hydrogen Energy *3*, 209–216 (1978).
38. Beghi, G. E.: Review of Thermochemical Hydrogen Production. Ing. J. Hydrogen Energy *4*, 555–566 (1981).

40. Deneuve, F., Roncato, J.: Thermochemical of Hybride Cycles of Hydrogen Production – Techno-Economical Comparison with Water Electrolysis. Int. J. Hydrogen Energy *6*, 9–24 (1981).
41. Dahlberg, R.: Replacement of Fossil Fuels by Hydrogen. Int. J. Hydrogen Energy *7*, 121–142 (1982).
42. Carpetis, C.: A Study of Water Electrolysis with Photovoltaic Solar Energy Conversion. Int. J. Hydrogen Energy *7*, 287–310 (1982).
43. Escher, W. J. D., Hanson, J. A.: Ocean Based Solar-to-Hydrogen Energy Conversion Macro System. In: Hydrogen Energy, Part A: Veziroglu, T. N. (ed.), 209–229. New York: Plenum Publ. 1975.
44. Dugger, G. L., Olsen, H. L., Shippen, W. B., et al.: Tropical Ocean Thermal Power Plants and Potential Products. Proc. Solar Energy for Earth, Conf. Los Angeles, Calif., Am. Inst. for Aeron. and Astron., New York (1975), AIAA-paper 75-167, 16 p.
45. Ikezoe, Y., Sato, S., Shimizu, S., Nakajima, H.: Potential of Carbon Dioxide Radiolysis for Hydrogen Production. Int. J. Hydrogen Energy *7*, 539–544 (1982).
46. Broda, E.: Hydrogen Production through Solar Radiation by Means of Water Photolysis in Membranes. Int. J. Hydrogen Energy *3*, 119–122 (1978).
47. Getoff, N., et al.: Wasserstoff als Energieträger, 173–322. Wien-New York: Springer 1977.
48. Kruis, A., Scholz, W.: Tieftemperaturwäschen zur Gaszerlegung. Linde-Bericht aus Technik und Wissenschaft *17*, 15–23 (1964).
49. Updegraff, N. C.: Gas Prepurification for Low-Temperature Processing. Chem. Eng. Progr. *53*, 268–271 (1957).
50. Wood, W. R., Storrs, B. D.: Girbotol Purification Process. Oil Gas J. *37*, 47–48 (1938).
51. Guccione, E.: Cryogenic Washing Scrubs Hydrogen for Liquid-Fueled Rockets. Chem. Eng. *70*, 150–152 (1963).
52. Tanz, H.: High-Purity Hydrogen Production (Erzeugung von Hochreinem Wasserstoff). DECHEMA Monogr. *65*, 293–301 (1970).

3. Die Verflüssigung von Wasserstoff

Zur Verflüssigung von Wasserstoff wurde eine Reihe von Verfahren entwickelt, welche den Bereich von Laborverflüssigungsanlagen bis hin zu großtechnischen Anlagen umfassen. Der großtechnische Bereich und die damit zusammenhängenden Entwicklungen wurden dabei wesentlich durch die Erfordernisse für die Raumfahrt beeinflußt und gefördert. Über die verschiedenen Verfahren der Verflüssigung von Wasserstoff gibt es eine sehr ausführliche Literatur, welche der im folgenden gebrachten Beschreibung der Verfahren zur Verflüssigung von Wasserstoff zugrunde gelegt wurde (vgl. etwa [1, 2, 3, 4, 6, 7]).

3.1 Grundlagen der Wasserstoff-Verflüssigung

Zur Verflüssigung muß das zuvor entsprechend gereinigte Gas unter Wärmeentzug auf entsprechend niedrige Temperatur – d.h. den Siedepunkt von 20,4 K – abgekühlt werden. Der thermodynamisch einfachste Prozeß nach Abb. 2 besteht aus isothermer Verdichtung vom Druck p_1 auf den – sehr hohen – Druck p_2, der so gewählt ist, daß bei nachfolgender isentroper Expansion das Gas nach Arbeitsleistung in einem Expander, vollständig kondensiert. Wegen des erforderlichen hohen Druckes p_2 (mehr als 10^5 bar für Wasserstoff) ist dieser Prozeß technisch nicht realisierbar.

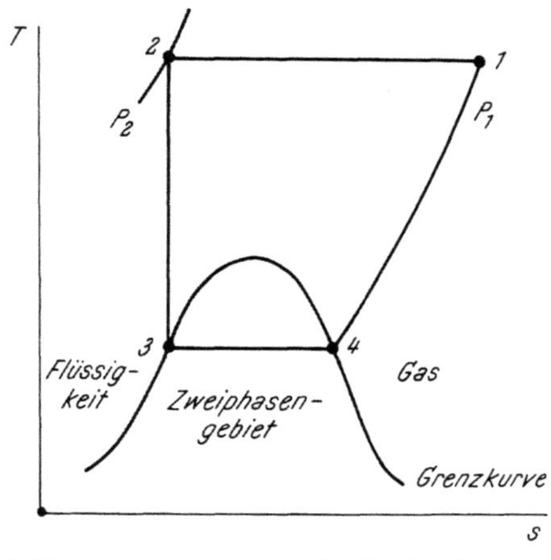

Abb. 2. Thermodynamisch ideales Verflüssigungsverfahren

Technisch realisierbare Prozesse benützen die in Abb. 3 angedeuteten Wege entlang einer Niederdruck-Isobaren bzw. einer Hochdruck-Isobaren mit internem Wärmetausch.

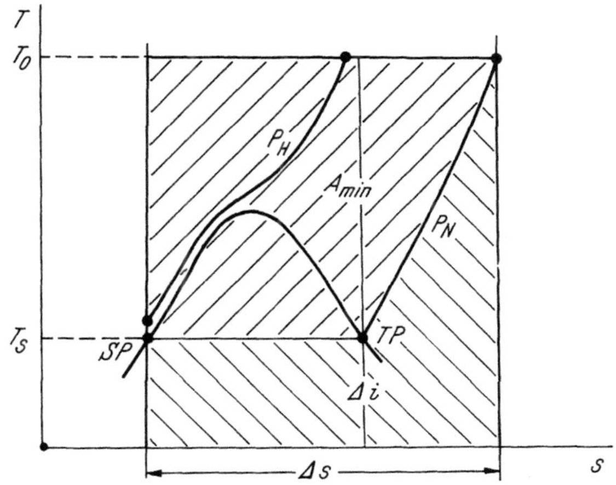

Abb. 3. Gasverflüssigung entlang der Niederdruck- bzw. Hochdruckisobaren (p_N bzw. p_H). *SP* Siedepunkt, *TP* Taupunkt, T_s Siedetemperatur, T_0 Umgebungstemperatur, A_{min} minimale Verflüssigungsarbeit, Δi Enthalpieänderung

Beim Niederdruck-Prozeß wird das Gas von der Umgebungstemperatur T_0 bis zum Taupunkt T_s kontinuierlich abgekühlt, die Kondensationswärme L und die Umwandlungswärme C_{op} der Ortho-Para-Konversion kontinuierlich entzogen.

Der Hochdruckprozeß verläuft entlang einer überkritischen Isobaren oberhalb des kritischen Druckes und führt nach Erreichen der Entropie der gesättigten Flüssigkeit über eine isentrope Expansion unter Arbeitsleistung zur kondensierten Flüssigkeit. Bei diesem Prozeß verläuft die Abkühlung unter Vermeidung von Phasenänderungen in einem Bereich sehr gleichmäßiger Variation der spezifischen Wärme, was hinsichtlich der Auslegung der erforderlichen Wärmetauscher vorteilhaft ist.

Minimum der Verflüssigungsarbeit

Diese ist durch den *Carnot*-Prozeß – Abb. 4 – gegeben.

Um eine Wärmemenge Q bei der Temperatur T_2 zu entziehen und bei T_1 abzugeben, muß die Arbeit

$$A = A_{min} = (T_1 - T_2)(s_1 - s_2) \tag{9}$$

geleistet werden, während für die bei der Temperatur T_2 entzogene Wärmemenge gilt:

$$Q = T_2(s_1 - s_2) . \tag{10}$$

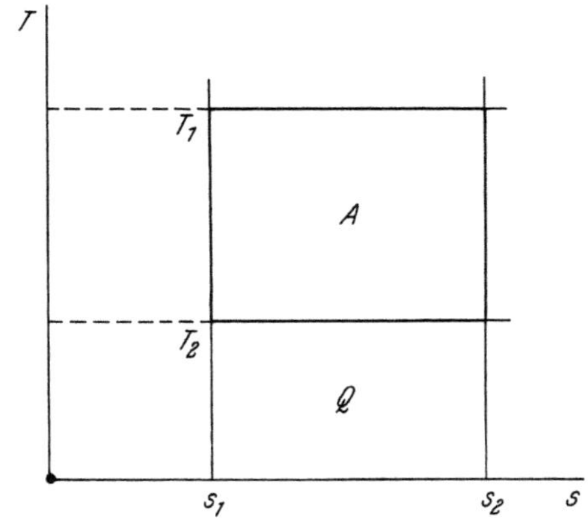

Abb. 4. Carnot-Prozeß zur Kühlung. Q bei der Temperatur T_2 entzogene Wärmemenge, A zugeführte Arbeit, $A + Q$ bei $T_1 > T_2$ abgegebene Wärmemenge

Daraus folgt

$$A_{\min} = \frac{T_1 - T_2}{T_2} \cdot Q \,. \tag{11}$$

Verlaufen Wärmeabgabe bzw. Wärmeentzug nicht isotherm, sondern beispielsweise entlang einer Isobaren, dann kann der Abkühlungsprozeß in eine Folge differentieller Carnot-Prozesse zerlegt werden (Abb. 5), und es gilt

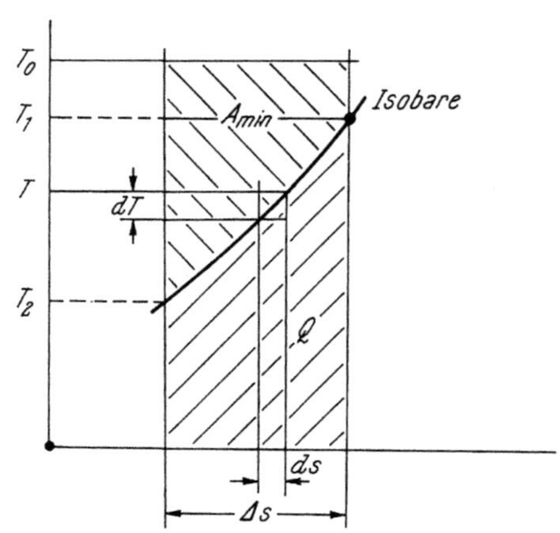

Abb. 5. Kühlung Q und Arbeit $A_{\min}$ bei nicht-isothermem Wärmeentzug

$$A_{\min} = \int_{T_1}^{T_2} \frac{T_0 - T}{T} \, \mathrm{d}Q \tag{12}$$

wegen

$$dQ = di - \frac{dp}{\rho} \tag{13}$$

gilt entlang der Isobaren

$$dp = 0, \quad dQ = di = c_p dT \tag{14}$$

und somit

$$A_{\min} = \int_{T_1}^{T_2} \frac{T_0 - T}{T} \, di = \int_{T_1}^{T_2} \frac{T_0 - T}{T} c_p \cdot dT . \tag{15}$$

Da entlang der Isobaren mit Gl. (14) folgt

$$ds = \frac{dQ}{T} = \frac{di}{T} \tag{16}$$

ergibt sich

$$A_{\min} = T_0 \int_{T_1}^{T_2} ds - (i_2 - i_1) = T_0 \Delta s - \Delta i . \tag{17}$$

Demzufolge stellt die untere schraffierte Fläche in Abb. 3 die gesamte abzuführende Wärmemenge, die obere schraffierte Fläche die minimale Verflüssigungsarbeit dar. Im Idealfall, d.h. ohne durch Verluste der Komponenten bedingte irreversible Entropieänderungen, liefert jeder reversible Prozeß den gleichen Wert für die minimale Verflüssigungsarbeit, da sich andernfalls ein Widerspruch zum ersten Hauptsatz ergeben würde.

Eine Anwendung des ersten Hauptsatzes auf die Energieflüsse durch eine geschlossene Kontrollfläche beispielsweise beim Prozeß in Abb. 2 ergibt

$$\dot{q} + N = \sum_{\text{aus}} \left(i + \frac{w^2}{2}\right) \cdot \dot{m} - \sum_{\text{ein}} \left(i + \frac{w^2}{2}\right) \dot{m} . \tag{18}$$

$\dot{q} > 0$ und $N > 0$ stellen dabei die dem System zugeführten Wärmeflüsse bzw. die zugeführte mechanische Arbeit, $\dot{m}$ den Massenfluß dar. Unter der hier zulässigen Vernachlässigung der kinetischen Energie je Masseneinheit $\frac{w^2}{2}$ gegenüber der Enthalpie i ergibt sich eine Bilanz zwischen der zugeführten gesamten Energie und den Enthalpieflüssen $\dot{m} i$

$$\dot{q} + N = \sum_{\text{aus}} \dot{m} \cdot i - \sum_{\text{ein}} \dot{m} \cdot i . \tag{19}$$

Daraus ergibt sich mit Abb. 2

$$\dot{q} + N = \dot{m} \cdot i_f - \dot{m}\, i_1 \quad \text{und} \quad i_3 = i_f \tag{20}$$

mit

$$\dot{q} = - \dot{m} \cdot T_1 (s_1 - s_2) \quad \text{und} \quad s_2 = s_f \tag{21}$$

ergibt sich[1]

$$\frac{N}{\dot{m}} = \frac{N}{\dot{m}_f} = T_1 (s_1 - s_f) - (i_1 - i_f) \tag{22}$$

---

[1] i_f bzw. s_f stellen die Enthalpie bzw. Entropie der Flüssigkeit dar.

was mit Gl. (17) übereinstimmt.

Ferner ist darauf hinzuweisen, daß hier $\dot{m} = \dot{m}_f$, d.h. die verdichtete Gasmenge $\dot{m}$, der verflüssigten Gasmenge $\dot{m}_f$ entspricht. Es gilt also hier

$$\varphi = \frac{\dot{m}_f}{\dot{m}} = 1. \tag{23}$$

Daten für die minimale Verflüssigungsarbeit für verschiedene Gase sind in Tabelle 2 angegeben.

Tabelle 2

Gas	Siedepunkt (K)	Minimale Arbeit (kWh/kg) Abkühlung	Kondensation	Gesamt
Methan	111,8	0,0769	0,2417	0,3186
Stickstoff	77,3	0,0547	0,1611	0,2158
Wasserstoff[1]	20,4	1,5894	1,6777	3,27
Wasserstoff[2]	20,4	2,2423	1,6777	3,92
Helium	4,2	1,9169	0,4133	2,3302

[1] normal-H_2, [2] im ortho-para Gleichgewicht

Während beispielsweise bei Helium der Anteil der Gasabkühlung bei weitem überwiegt, ist derselbe im Gegensatz dazu bei Stickstoff klein im Verhältnis zum Anteil der Kondensationswärme, während bei Wasserstoff beide Anteile von gleicher Größenordnung sind. Für Stickstoff und Wasserstoff sind ferner Verfahren entlang einer überkritischen Isobaren infolge des kontinuierlichen Verlaufs der zu entziehenden Wärmemengen mit der Temperatur vorzuziehen.

Bei Wasserstoff ist zusätzlich die Umwandlungswärme der Ortho-Para-Konversion abzuführen (Abb. 6), wobei sich entlang der Isobaren $p = 1$ bar unter Benutzung von (15) folgende Werte ergeben

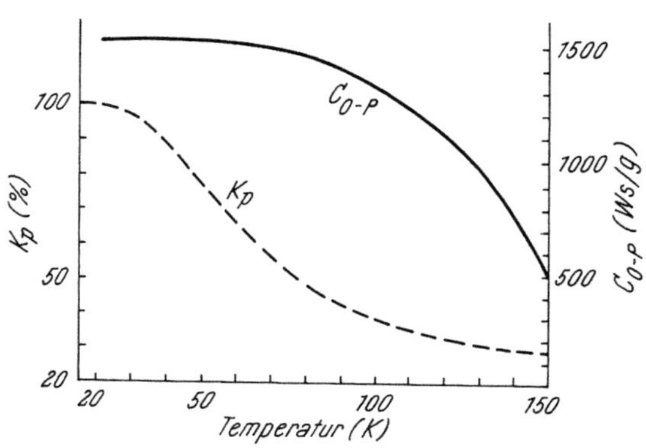

Abb. 6. Konzentration K_p des Parawasserstoffs und Umwandlungswärme C_{0-p} der ortho-para Konversion als Funktion der Temperatur (nach [5])

$$A_{\min} = \int_{T_0}^{T_s} \frac{T_0-T}{T} c_p \mathrm{d}T + \frac{T_0-T_s}{T_s} \cdot L + \int_{C_1}^{C_2} \frac{T_0-T_s}{T_s} C_{0\to P} \cdot \mathrm{d}C \tag{24}$$

$$= (1{,}58 + 1{,}72 + 0{,}62)\ \mathrm{kWh/kg} = 3{,}92\ \mathrm{kWh/kg}.$$

c_p ist die spezifische Wärme bei konstantem Druck (Abb. 7), C die Konzentration des Ortho-Wasserstoffs, C_{op} die temperaturabhängige Umwandlungswärme von Ortho- in Parawasserstoff. Die gesamte Umwandlungsarbeit bei Abkühlung von Umgebungstemperatur T_0 auf die Temperatur T ist in Abb. 8 wiedergegeben.

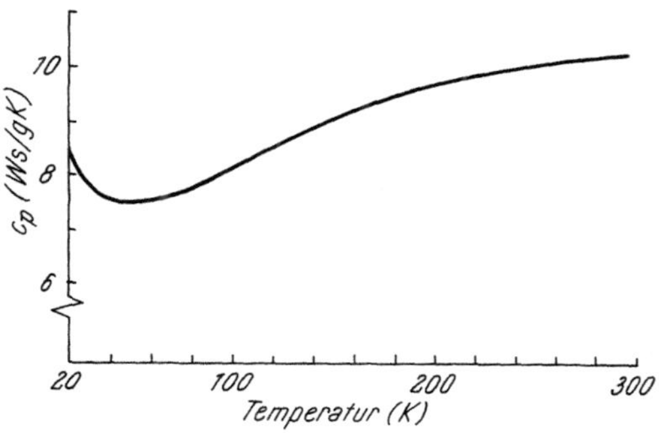

Abb. 7. Spezifische Wärme c_p von Normalwasserstoff bei 1 bar (nach [5])

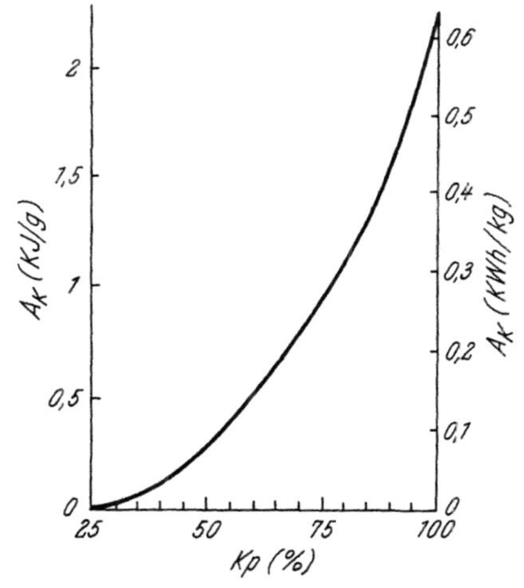

Abb. 8. Konversionsarbeit A_k als Funktion des angestrebten Anteils von Parawasserstoff K_p (nach [5])

Kühlverfahren

Kühlverfahren benutzen Effekte, welche entweder bei äußerer oder innerer Arbeitsleistung zu einer Erniedrigung der Temperatur des Arbeitsmediums führen.

Für die Wasserstoff-Verflüssigung werden bei äußerer Arbeitsleistung des Arbeitsmediums Expansionsmaschinen, bei innerer Arbeitsleistung die gedrosselte Expansion (*Joule-Thomson*-Expansion) verwendet. Das Arbeitsmedium ist hierbei der Wasserstoff selbst oder aber in einzelnen Anwendungsfällen Helium.

Zu den Kühlverfahren mit äußerer Arbeitsleistung und zukünftigen Anwendungschancen zählt ferner neuerdings die adiabatische Entmagnetisierung paramagnetischer bzw. ferromagnetischer Materialien, wo das Elektronengas das Arbeitsmedium darstellt.

Äußere Arbeitsleistung des Arbeitsmediums

Die Entspannung eines Gases unter äußerer Arbeitsleistung in einem Kolbenmotor oder in einer Turbine von einer Isobaren p_1 zur Isobaren p_2 führt stets zu einer Abkühlung des Gases, welche im Idealfall isentrop mit der Entspannungsarbeit $\Delta i = i_1 - i_2$ von Punkt 1 nach Punkt 2 (s. Abb. 9) verläuft. Die nachfolgende isobare Wärmeaufnahme des expandierten Gases ($2 \rightarrow 3$) stellt den angestrebten Kühleffekt dar, wobei das Gas die der schraffierten Fläche unterhalb des Teilstückes ($2 \rightarrow 3$) der Isobaren p_2 entsprechende Wärme aufnimmt. Für den Fall des idealen Gases und $T_3 = T_1$ entspricht dies der Expansionsarbeit, da $i_1 = i_3$.

Unter der Annahme eines idealen Gases – gültig in etwa für reale Gase bei Temperaturen oberhalb der zweifachen kritischen Temperatur und Drücken

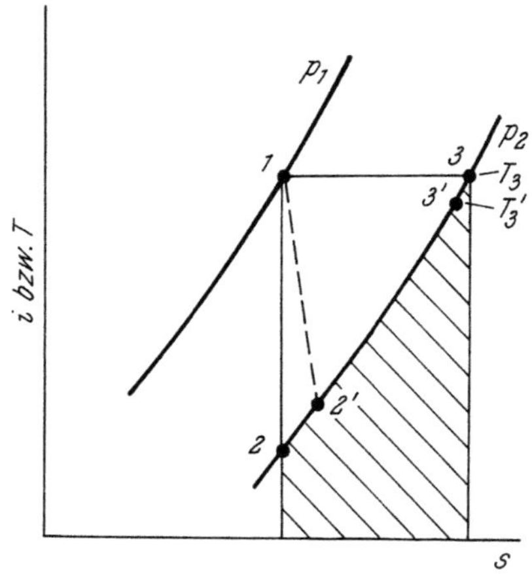

Abb. 9. Isentrope Entspannung und isobare Wärmeaufnahme im *i-s-* bzw. *T-s*-Diagramm

kleiner als etwa dem zehnfachen kritischen Druck – gilt für die Expansionsarbeit A_{Ex}

$$A_{Ex} = i_1 - i_2 = c_p\ (T_1 - T_2). \tag{25}$$

Für isentrope Entspannung des idealen Gases mit konstanten spezifischen Wärmen gilt ferner mit $\kappa = c_p/c_v$ dem Verhältnis der spezifischen Wärmen

$$\frac{T_2}{T_1} = \left(\frac{p_2}{p_1}\right)^{\frac{\kappa-1}{\kappa}} \tag{26}$$

$$c_p = \frac{\kappa R}{\kappa - 1}\ . \tag{27}$$

Mit (26), (27) ergibt sich aus (25)

$$A_{Ex} = \frac{\kappa}{\kappa - 1} R T_1 \left[1 - \left(\frac{p_2}{p_1}\right)^{\frac{\kappa-1}{\kappa}}\right] \tag{28}$$

Angaben über die Temperaturabsenkung sowie die Entspannungsarbeit für eine ideale Expansionsmaschine sind in Tabelle 3 wiedergegeben.

Tabelle 3. *Abkühlung bei isentroper Expansion ausgehend von 293 K. Enddruck 1 bar sowie Expansionsarbeit je Masseneinheit für Helium ($\kappa = 1,6$) und Wasserstoff ($\kappa = 1,4$)*

Ausgangsdruck (bar)	Endtemperatur (K) $\kappa = 1,4$	$\kappa = 1,6$	Expansionsarbeit (Ws/g) $\kappa = 1,4$	$\kappa = 1,6$
2	240	226	63	52
5	184	160	128	104
10	152	124	168	132
20	125	95	200	154
50	96	68	234	176
100	78	52	255	188

Die in Tabelle 3 angegebenen Werte können mit realen Expansionsmaschinen nicht erreicht werden. Bedingt durch Drosselverluste an Ventilen, unvollständige Expansion, Wärmeübergang auf das Arbeitsmedium sowie Kolbenreibung bei Kolbenmaschinen und bedingt durch Ein- und Ausströmverluste, Luftspaltreibung, Laufradverluste und die kinetische Energie des aus der Turbine strömenden Gases bei Expansionsturbinen, ist isentrope Expansion des Arbeitsmediums nicht möglich, d.h. der Gaszustand nach erfolgter Expansion entspricht Punkt 2′ auf der Isobaren p_2, gekennzeichnet gegenüber Punkt 2 durch höhere Temperatur und höhere Entropie.

Der adiabatische Wirkungsgrad des Expanders ist definiert durch

$$\eta_{ad} = \frac{i_1 - i_2'}{i_1 - i_2}\ . \tag{29}$$

Für Kolbenexpander gilt $\eta_{ad} \approx 0,7-0,8$, während Turbinenexpander im allgemeinen höhere Werte aufweisen [1, 3].

Bei kontinuierlich arbeitendem Prozeß ist Rückführung des Arbeitsmediums in den Ausgangszustand (Punkt 1 auf der Isobaren p_1) erforderlich. Infolge der zur Aufrechterhaltung des Wärmeflusses in den Wärmetauschern benötigten Temperaturdifferenz ist dabei der für die Kühlung zur Verfügung stehende Temperaturbereich auf der Isobaren p_1 durch $T_3' < T_3$ begrenzt.

Zur Rückführung in den Ausgangszustand 1 ist Verdichtung des Arbeitsmediums erforderlich, welche nur im Idealfall isotherm ($3 \rightarrow 1$) erfolgen kann.

Die Abweichung vom idealen thermodynamischen Verhalten eines Verdichters kann charakterisiert werden durch den isothermen Wirkungsgrad

$$\eta_{is} = \frac{A_{is}}{A_r} . \tag{30}$$

Für gute Kolbenverdichter gilt $\eta_{is} \approx 0,8-0,85$.

A_{is} ist dabei die isotherme Verdichtungsarbeit und A_r die reale Verdichtungsarbeit, wobei jedoch die mechanischen Verluste wie Reibung usw. hierin nicht berücksichtigt sind.

Auf Details über Expander und Verdichter soll hier nicht weiter eingegangen, sondern auf die hier sehr umfangreiche Literatur verwiesen werden (vgl. [1, 3, 4]).

Magnetokalorische Kühlung

Allgemeines

Die Anlegung eines äußeren Magnetfeldes führt bei magnetischen Substanzen zu einer Änderung des Ordnungszustandes und damit zu magnetischen Entropieänderungen, welche Temperaturänderungen des Gesamtsystems zur Folge haben. Diese magnetischen Entropieänderungen werden bei paramagnetischen Substanzen bekanntlich durch Ausrichtung der resultierenden magnetischen Momente nicht spinabgesättigter Elektronenschalen parallel zum äußeren Feld bewirkt, während dasselbe bei ferromagnetischen Substanzen unterhalb des *Curie*-Punktes durch die Ausrichtung bereits in Abwesenheit äußerer Magnetfelder vorhandener spontan magnetisierter Bereiche erfolgt. Dabei erfolgt in einem äußeren Magnetfeld die Ausrichtung der magnetischen Momente der Elementarmagnete – bestehend aus Bahnmagnetismus und Spinmagnetismus nicht abgesättigter Elektronenschalen – in Übereinstimmung mit dem *Maxwell-Boltzmann*schen Verteilungsgesetz der Energie. Im Gleichgewicht gilt daher für die Wahrscheinlichkeit w_i von Energiezuständen u_i, welche von den Teilchen eingenommen werden können,

$$w_i \sim \frac{e^{-u_i/kT}}{\sum\limits_i e^{-u_i/kT}} \tag{31}$$

woraus sich eine Bevorzugung der niedrigeren Energiezustände ergibt [8, 9].

Beispielsweise nehmen Elektronen zufolge ihres magnetischen Moments ($\mu_B = 9,27 \cdot 10^{-21}$ Oe·cm^3, *Bohr*sches Magneton) die beiden Energiezustände

$u_{1,2} = \pm \mu_B H$ in einem magnetischen Feld H an, welche paralleler bzw. antiparalleler Ausrichtung zum Magnetfeld H entsprechen.

Mit (31) ergibt sich nunmehr nach Anlegen des äußeren Feldes H eine Bevorzugung des niedrigeren Energieniveaus, welches der parallelen Einstellung des magnetischen Moments zum äußeren Feld entspricht. Bei konstanter Temperatur (isotherme Magnetisierung) wird dabei Wärme nach außen abgegeben. Mit zunehmendem Magnetfeld und abnehmender Temperatur nimmt die Ausrichtung der Elektronenspins, die Bevorzugung der niedrigeren Energiezustände und damit der Ordnungsgrad des Systems ebenfalls zu. Dieser Zunahme des Ordnungsgrades entspricht dabei eine Abnahme der magnetischen Entropie s_m, was insgesamt die durch das Magnetfeld bewirkte Entropieabnahme darstellt.

Bei isentroper Entmagnetisierung wird dann im Idealfall eine der Entropieabnahme s_m entsprechende, unterhalb der Ausgangstemperatur befindliche Endtemperatur erreicht.

Diese idealisierten Verhältnisse gelten in dieser Form jedoch nur, wenn das Spinsystem vor der Magnetisierung völlig ungeordnet war und die magnetische Entropieänderung den Hauptteil der insgesamt eingetretenen Entropieänderung darstellt [10, 11, 12].

Völlige Unordnung des Spinsystems bei Abwesenheit eines äußeren Magnetfeldes ist jedoch nur bei verschwindender Wechselwirkung innerhalb des Spinsystems erreichbar. Insbesondere kann bei tiefen Temperaturen durch elektrostatische Wechselwirkung mit Ionen im Festkörper, durch Wechselwirkung der magnetischen Momente der Elektronen untereinander oder durch Wechselwirkung der Kernmomente bereits bei verschwindendem äußeren Magnetfeld eine teilweise Ausrichtung des Spinsystems und damit eine „Nullfeldaufspaltung" der Energiezustände gegeben sein.

Im Interesse einer möglichst großen Änderung der Gesamtentropie muß ferner der Entropieanteil der Gitterschwingungen klein sein gegenüber der Änderung der magnetischen Entropie, da andernfalls die tiefe Temperatur, welche unmittelbar nach Abschaltung des Magnetfeldes im Spinsystem der Elektronen erreicht wird, nur zu einer geringen Abkühlung des Gitters ausreichen würde. Darüber hinaus sind bei Anwendung nicht zu starker Magnetfelder ($< 1\ T$) große Änderungen der magnetischen Entropie bei isothermer Magnetisierung auch für paramagnetische Substanzen mit großen Werten für die magnetische Entropie (möglichst großes magnetisches Moment zufolge nicht spinabgesättigter Elektronenschalen) nur unterhalb einer Temperatur von einigen Kelvin erzielbar.

Abb. 10 zeigt dies für Gadoliniumphosphat (effektives magnetisches Moment je Atom $\mu_{\mathrm{eff}} = 7{,}9\ \mu_B$). Daraus ist zu ersehen, daß erhebliche Änderungen der magnetischen Entropie und damit effektive Kühlung nur unterhalb von etwa 5 K erzielbar ist [14, 15, 16].

Aus diesen Gründen war die Anwendung des Verfahrens der magnetischen Kühlung bisher auf den Temperaturbereich unterhalb von etwa 5 K beschränkt. Eine Anwendung für die Wasserstoffverflüssigung ist daher in dieser Form wegen des relativ hoch liegenden Siedepunktes von Wasserstoff (20,4 K) ausgeschlossen.

Die niedrigste erzielbare Temperatur mittels isentroper Entmagnetisierung (ca. 10^{-3} K) ist dabei im wesentlichen durch die o.e. Nullfeldaufspaltung ge-

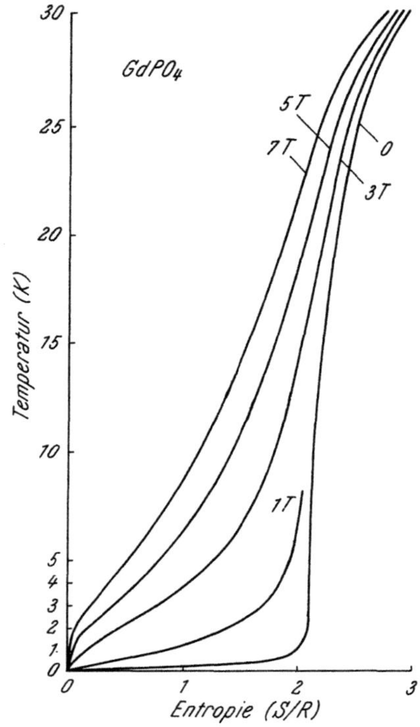

Abb. 10. Entropie *S* von Gadoliniumphosphat als Funktion der magnetischen Induktion (in Tesla) (nach [22])

geben. Niedrigere Temperaturen ($< 10^{-6}$ K) werden durch analoge Anwendung des Kernmagnetismus erreicht [12, 13].

Es hat sich nunmehr gezeigt, daß ferromagnetische Materialien im Bereich des *Curie*-Punktes starke Änderungen der magnetischen Entropie aufweisen können [12, 16, 17]. Dies ist bedingt durch die Balance zwischen der ordnenden Austauschwechselwirkung innerhalb der dadurch spontan magnetisierten Bereiche, und der thermischen Bewegung, welche diesem Ordnungseffekt entgegenwirkt. Unterhalb des *Curie*-Punktes überwiegt die Austauschwechselwirkung während oberhalb desselben – wo kein Ferromagnetismus existiert – die thermische Bewegung überwiegt. Demzufolge bewirkt die Anwendung starker Magnetfelder in der Umgebung des *Curie*-Punktes eine größere Änderung der Magnetisierung und damit der magnetischen Entropie, als etwa bei höherer Temperatur, wo nur mehr paramagnetische Magnetisierung erfolgt, oder aber bei tieferen Temperaturen, wo infolge spontaner Magnetisierung und magnetischer Sättigung keine starken Änderungen der Magnetisierung und der Entropie des Spinsystems bewirkt werden können. Voraussetzung sind dabei möglichst geringe Hystereseverluste, was die Verwendung „magnetisch weicher" Materialien mit möchlichst flacher Hystereseschleife und hoher Sättigungsmagnetisierung erfordert.

Es gibt eine Reihe ferromagnetischer Stoffe mit *Curie*-Punkten im Bereich von 20 K bis Umgebungstemperatur [15, 16]. Insbesondere sind hier die „seltenen Erdmetalle" von Bedeutung sowie deren Legierungen und Verbindungen. Dies ermöglicht nunmehr grundsätzlich auch eine Anwendung des Verfahrens der magnetokalorischen Kühlung zur Verflüssigung von Wasserstoff.

Abb. 11 zeigt mögliche Temperaturänderungen zufolge eines Magnetfeldes von 7 *T* für Gadolinium in der Umgebung des *Curie*-Punktes (293 K), sowie die erzielbare Entropieänderung bei isothermer Magnetisierung.

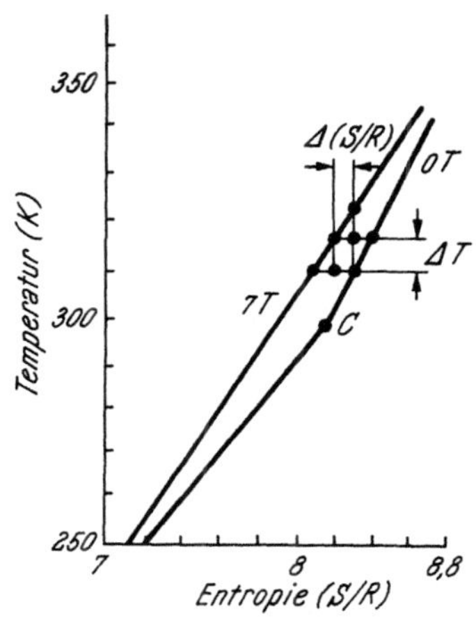

Abb. 11. Änderung von Temperatur und Entropie von Gadolinium zufolge Magnetisierung im Bereich des *Curie*-Punktes C (239 K) (nach [15])

Thermodynamische Beziehungen

Im folgenden werden zunächst Ausdrücke für Entropie, spezifische Wärme und Magnetisierung einer Substanz in einem äußeren Magnetfeld H benötigt (vgl. [15, 16]).

Bei Änderung der Magnetisierung M (magnetisches Dipolmoment je Masseneinheit) in einem äußeren Feld H wird einer magnetisierbaren Substanz die Energie $H\mathrm{d}M$ zugeführt. Wird außerdem noch Wärme $\mathrm{d}q$, aber keine äußere Arbeit zugeführt, so gilt für die innere Energie u nach dem ersten Hauptsatz der Thermodynamik

$$\mathrm{d}u = \mathrm{d}q + H\mathrm{d}M \tag{32}$$

oder nach Umformung

$$\mathrm{d}q = \mathrm{d}u - H\mathrm{d}M\,. \tag{33}$$

Der Vergleich mit der die mechanische Arbeit $p\mathrm{d}v$ enthaltenden Form des ersten Hauptsatzes

$$\mathrm{d}q = \mathrm{d}u + p\mathrm{d}v \tag{34}$$

ergibt, daß (33) aus (34) hervorgeht, indem formal der Druck p durch die Feldstärke H und das Volumen v durch die Magnetisierung M ersetzt wird. In gleicher Weise gilt mit der Enthalpie i

$$\mathrm{d}q = \mathrm{d}i + M\mathrm{d}H. \tag{35}$$

Nach Einführung der Entropie $s = s(T, H)$

$$\frac{\mathrm{d}q}{T} = \mathrm{d}s = \left(\frac{\partial s}{\partial T}\right)_H \mathrm{d}T + \left(\frac{\partial s}{\partial H}\right)_T \mathrm{d}H \tag{36}$$

ergibt sich

$$T\mathrm{d}s = \mathrm{d}u - H\mathrm{d}M = \mathrm{d}i + M\mathrm{d}H. \tag{37}$$

Aus (35), (36) erhält man für die spezifische Wärme bei konstantem Feld H

$$c_H = T\left(\frac{\partial s}{\partial T}\right)_H \tag{38}$$

In (38) kann $\left(\frac{\partial s}{\partial T}\right)_H$ durch die Magnetisierung M ausgedrückt werden.

Man erhält aus (35) und (36) durch Koeffizientenvergleich

$$\left(\frac{\partial s}{\partial T}\right)_H = \frac{1}{T}\left(\frac{\partial i}{\partial T}\right)_H \tag{39}$$

$$\left(\frac{\partial s}{\partial H}\right)_T = \frac{1}{T}\left[\left(\frac{\partial i}{\partial H}\right)_T + M\right]. \tag{40}$$

Durch Bildung der gemischten Ableitung $\frac{\partial^2 s}{\partial T \partial H}$ aus (39), (40) und Gleichsetzen derselben ergibt sich

$$\left(\frac{\partial i}{\partial H}\right)_T + M = T\left(\frac{\partial M}{\partial T}\right)_H. \tag{41}$$

Einsetzen von (41) in (40) ergibt nunmehr

$$\left(\frac{\partial s}{\partial H}\right)_T = \left(\frac{\partial M}{\partial T}\right)_H. \tag{42}$$

(42) stellt die magnetische Form einer der *Maxwell*schen Beziehungen der Thermodynamik dar.

Aus (38), (42) und (36) erhält man nunmehr für die Entropie

$$\mathrm{d}s = \frac{c_H}{T}\mathrm{d}T + \left(\frac{\partial M}{\partial T}\right)_H \mathrm{d}H. \tag{43}$$

Da $\mathrm{d}s$ ein vollständiges Differential ist, ergibt sich aus (36) und (43) unter Anwendung der Integrabilitätsbedingung

$$\frac{\partial}{\partial H}\left(\frac{c_H}{T}\right)_T = \left(\frac{\partial^2 M}{\partial T^2}\right)_H \tag{44}$$

und nach Integration

$$c_H = c_0 + T \int_0^H \left(\frac{\partial^2 M}{\partial T^2}\right)_H \mathrm{d}H\,. \tag{45}$$

c_0 ist dabei die spezifische Wärme bei verschwindendem Magnetfeld H. Zur Berechnung von c_H ist demnach die Kenntnis der Magnetisierung $M(T,H)$ erforderlich.

Für die Magnetisierung $M(H,T)$ gilt ganz allgemein

$$M(H,T) = M_s \cdot B_J(x) \tag{46}$$

Hierbei gilt für die Sättigungsmagnetisierung M_s

$$M_s = n \cdot g \cdot \mu_B \cdot J\,. \tag{47}$$

n Zahl der magnetischen Dipole je Masseneinheit. μ_B *Bohr*sches Magneton, $\mu_B = 0.917 \cdot 10^{-20}$ Oe/cm³ $= 0{,}917 \cdot 10^{-23}$ A·m², J Gesamtdrehimpulsquantenzahl der zur Magnetisierung beitragenden Elektronen. Für den Gesamtdrehimpuls gilt dabei $j = \frac{h}{2\pi}\sqrt{J(J+1)}$, h *Planck*sches Wirkungsquantum

$$g = 1 + \frac{J(J+1) + S(S+1) - L(L+1)}{2J(J+1)} \tag{48}$$

*Lande*scher Aufspaltungsfaktor. Dieser gibt die Aufteilung des Gesamtdrehimpulses einer Elektronenschale an in Bahndrehimpuls (L Bahndrehimpulsquantenzahl) bzw. Spindrehimpuls (S Spinquantenzahl), bzw. die Aufteilung der den Drehimpulsen zugeordneten magnetischen Momente. Für den Gesamtdrehimpuls gilt

$$l = \frac{h}{2\pi}\sqrt{L(L+1)},\ \text{für den Spindrehimpuls}\ s = \frac{h}{2\pi}\sqrt{S(S+1)}.$$

Für $g = 1$: Gesamtdrehimpuls ist reiner Bahndrehimpuls, $g = 2$ Gesamtdrehimpuls ist reiner Spindrehimpuls. Das gleiche gilt sinngemäß für die den Drehimpulsen zugeordneten magnetischen Momente.

Für die *Brillouin*-Funktion $B_J(x)$ gilt

$$B_J(x) = \frac{2J+1}{2J} \coth \frac{2J+1}{2J} x - \frac{1}{2J} \coth \frac{x}{2J}. \tag{49}$$

Für paramagnetische Substanzen gilt

$$x = \frac{g \cdot \mu_B \cdot J \cdot H}{kT} \tag{50}$$

$k = 1{,}380 \cdot 10^{-16}$ erg/K *Boltzmann*-Konstante.

Für ferromagnetische Substanzen gilt in der Molekularfeldnäherung [16]

$$x = g \cdot \mu_B \cdot J \cdot [H - (D \cdot \rho/G)M + (\lambda\,\rho/G)M]/kT\,. \tag{51}$$

Dabei ist D der Entmagnetisierungsfaktor, ρ Dichte, G Molekulargewicht,

λ Molekularfeldkonstante.

$$\lambda = 3\,kT_c \cdot G/n \cdot \rho \cdot g^2 \mu_B \cdot J(J+1)\,. \tag{52}$$

Aus (43) (45) (49) kann nunmehr mittels (50) c_H und s für paramagnetische Substanzen berechnet werden.

Für die magnetische Entropie s_m erhält man ganz allgemein aus (42)

$$s_m = \int_0^H \left(\frac{\partial M}{\partial T}\right)_H \cdot \mathrm{d}H = n \cdot k \cdot \ln \frac{\sin h \dfrac{2J+1}{2J}}{\sin h \dfrac{x}{2J}} - n \cdot k \cdot x \cdot B_J(x)\,, \tag{53}$$

während die feldabhängige spezifische Wärme aus (38) bzw. (45) erhalten werden kann.

Für ferromagnetische Materialien erfolgt die weitere Berechnung der thermodynamischen Größen zweckmäßig über ein Rechnerprogramm.

Für paramagnetische Substanzen ergeben sich bei kleiner Feldstärke und genügend hoher Temperatur T ($x \ll 1$) folgende Näherungen:

Mit $x \to 0$ erhält man für die Magnetisierung aus (46) (49) nach Entwicklung von $\coth x = \frac{1}{x} + \frac{x}{3} + \ldots$

$$M = n \cdot \frac{g^2 \cdot \mu_B^2 \cdot J(J+1)}{3\,k} \cdot \frac{H}{T} = \chi \cdot H\,. \tag{54}$$

Dies ist das *Curie*sche Gesetz [8] mit der temperaturabhängigen Suszeptibilität

$$\chi = \frac{C}{T} \tag{55}$$

und der *Curie*-Konstanten

$$C = \frac{J(J+1)\,n \cdot g^2 \cdot \mu_B^2}{3\,k}\,. \tag{56}$$

Für die magnetische Entropie s_M erhält man aus (53)

$$\begin{aligned}\lim_{x \to 0} s_m &= n \cdot k \cdot \ln(2J+1) - n \cdot k \cdot \frac{J(J+1)\,g^2 \cdot \mu_B^2 H^2}{3\,k^2\,T^2} = \\ &= n \cdot k \cdot \ln(2J+1) - C \cdot \frac{H^2}{T^2}\,.\end{aligned} \tag{57}$$

Für das im vorigen Kapitel gebrachte Beispiel des reinen Spinmagnetismus mit zwei Energieniveaus $J = \frac{1}{2}, g = 2$ ergibt sich allgemein aus (49) (50)

$$M = n \cdot \mu_B \cdot \mathrm{tg}\,h \frac{\mu_B H}{kT} \tag{58}$$

oder im Grenzfall $\frac{H}{T} \to 0$ das *Curie*sche Gesetz

$$M = \frac{n\mu_B^2}{kT} H = \chi \cdot H\,. \tag{59}$$

Mittels (57) kann nunmehr die Temperaturabsenkung bei isentroper Entmagnetisierung einer paramagnetischen Substanz abgeschätzt werden. Für die Gesamtentropie s_{tot} gilt

$$s_{tot} = s_g + s_E + s_m \ . \tag{60}$$

Hierbei ist die Gitterentropie in *Debye*scher Näherung

$$s_g(T) = 77{,}9 \cdot n \cdot k \cdot \left(\frac{T}{\theta_D}\right)^3 = A \cdot \left(\frac{T}{\theta_D}\right)^3 \tag{61}$$

mit der für das betreffende Material typischen *Debye*-Temperatur θ_D. Die Entropie s_E der Leitungselektronen kann wegen ihrer Kleinheit gegenüber der Gitterentropie vernachlässigt werden.

Für die Gesamtentropie gilt daher näherungsweise mit (61) (57)

$$s_{tot} = s_g(T) + s_m = A \cdot \left(\frac{T}{\theta_D}\right)^3 + n \cdot k \cdot \ln(2J+1) - \frac{C \cdot H^2}{T^2} \tag{62}$$

Bei isentroper Entmagnetisierung bleibt s_{tot} konstant, während die Temperatur auf T_u abfällt[2]. Daher gilt

$$s_{tot} = s_g(T) + s_m(T) = s_g(T_u) + s_m(T_u) \ . \tag{63}$$

Daraus kann mit (61) und (57) die Temperatur $T_u < T$ berechnet werden, welche sich nach isentroper Entmagnetisierung unter Vernachlässigung der Nullfeldaufspaltung einstellt. Berücksichtigt man, daß $s_m(T)$ bei isothermer Magnetisierung im günstigsten Falle gegen Null gehen kann, d.h.

$$\frac{C \cdot H^2}{T^2} = n \cdot k \cdot \ln(2J+1) \ , \tag{64}$$

dann ergibt sich

$$T_u \geqslant T\left[1 - \frac{n \cdot k \cdot \ln(2J+1)}{s_g(T)}\right]^{1/3} \ . \tag{65}$$

(64) kann im Rahmen der Näherung $x \ll 1$ (s. (54)) am ehesten durch einen großen Wert der *Curie*-Konstanten C erfüllt werden, während für eine möglichst niedrige Temperatur T_u die Gitterentropie $s_g(T)$ möglichst klein sein soll (s. (65)), womit die günstigsten Bedingungen zur Erzielung möglichst tiefer Endtemperatur T_u gegeben sind.

Eine Abschätzung für ferromagnetische Materialien unter Verwendung der Gln. (49) (53) (61) zeigt, daß unter günstigsten Bedingungen in der Umgebung des *Curie*-Punktes isentrope Temperaturabsenkungen von etwa 1 K/T (1 T = 1 Vs/m^2) erzielt werden können.

---

[2] Aus Gl. (43) erhält man mit $ds = 0$ nach Integration für die Temperaturänderung

$$\Delta T = -T \int_{H_1}^{H_2} \frac{1}{c_H} \left(\frac{\partial M}{\partial T}\right)_H \mathrm{d}H.$$

Abkühlung zufolge innerer Arbeitsleistung

Eine Abkühlung zufolge innerer Arbeitsleistung ist beim idealen Gas infolge Fehlens von Kohäsionskräften zwischen den Molekülen nicht möglich. Dies kommt thermodynamisch darin zum Ausdruck, daß die Enthalpie des idealen Gases eine reine Temperaturfunktion ist. Führt man die gedrosselte Expansion eines idealen Gases von Druck p_1 auf den Druck p_2 in der Weise durch, daß keine kinetische Strömungsenergie entsteht, also keine äußere Arbeit geleistet wird (*Joule-Thomson*-Expansion), so beträgt die Änderung der inneren Energie unter Berücksichtigung der Volumenänderung $v_1 \to v_2$

$$u_2 - u_1 = p_1 v_1 - p_2 v_2 \tag{66}$$

oder

$$u_2 + p_2 v_2 = u_1 + p_1 v_1 = i\,, \tag{67}$$

womit zum Ausdruck kommt, daß bei der *Joule-Thomson*-Expansion die Enthalpie i und beim idealen Gas damit auch die Temperatur T konstant bleibt.

Im Gegensatz dazu wird bei der Expansion des realen Gases infolge der Volumenänderung innere Arbeit gegen die Kohäsionskräfte geleistet, was Temperaturänderungen zur Folge hat.

Maßgebend für die Temperaturänderung ist der *Joule-Thomson*-Koeffizient t

$$t = \left(\frac{\partial T}{\partial p}\right)_i . \tag{68}$$

Für $s = s(p, T)$ und $i = i(p, T)$ ergibt sich aus dem ersten Hauptsatz

$$T \cdot \mathrm{d}s = \mathrm{d}q = \mathrm{d}i - v\mathrm{d}p = \left(\frac{\partial i}{\partial T}\right)_p \mathrm{d}T + \left[\left(\frac{\partial i}{\partial p}\right)_T - v\right] \mathrm{d}p \tag{69}$$

mit

$$\mathrm{d}s = \left(\frac{\partial s}{\partial T}\right)_p \mathrm{d}T + \left(\frac{\partial s}{\partial p}\right)_T \mathrm{d}p\,. \tag{70}$$

Aus (69) und (70) erhält man durch „kreuzweise Differentiation“ (s. (39) bis (42)) und Gleichsetzen der gemischten Ableitungen

$$\left(\frac{\partial i}{\partial p}\right)_T = v - T\left(\frac{\partial v}{\partial T}\right)_p . \tag{71}$$

(69) gibt nun mit $\mathrm{d}i = 0$ für den *Joule-Thomson*-Koeffizienten

$$\left(\frac{\partial T}{\partial p}\right)_i = \frac{1}{c_p}\left[T\left(\frac{\partial v}{\partial T}\right)_p - v\right] . \tag{72}$$

In Abhängigkeit davon, ob der Klammerausdruck rechts positiv oder negativ ist, erhält man Temperaturabnahme für $\left(\frac{\partial T}{\partial p}\right)_i > 0$ bzw. Temperaturzunahme für $\left(\frac{\partial T}{\partial p}\right)_i < 0$.

Die Inversionskurve

$$p_i = p_i(T) \tag{73}$$

ergibt sich für

$$c_p \cdot \left(\frac{\partial T}{\partial p}\right)_i = T\left(\frac{\partial v}{\partial p}\right)_p - v = 0\,. \tag{74}$$

Werte für die Temperaturänderung von Wasserstoff bei der *Joule-Thomson*-Expansion können aus dem *T-s* Diagramm direkt entnommen werden. Die Inversionskurve für Normal-Wasserstoff ist in Abb. 12 dargestellt. Sie kann ferner in *Van der Waals*scher Näherung mit Hilfe der *Van der Waals*schen Zustandsgleichung

$$\left(p + \frac{a}{v^2}\right)(v - b) = RT \tag{75}$$

näherungsweise berechnet werden.

Aus (74) erhält man

$$\left(\frac{\partial v}{\partial T}\right)_p = \frac{R}{\left(p + \frac{a}{v^2}\right) - \frac{2a}{v^3}(v - b)}\,. \tag{76}$$

Einsetzen von (76) in (74) ergibt für die Inversionskurve

$$\frac{2a}{v^2} - \frac{RTb}{(v-b)^2} = 0\,. \tag{77}$$

Bezieht man Druck, Temperatur und Volumen v auf die Werte p_k, T_k, $v_k = 1/\rho_k$ am kritischen Punkt (*Amagat*-Variable), so erhält man mit

$$b = \frac{1}{3\rho_k} = \frac{v_k}{3}, \quad a = 3\,p_k v_k^2, \quad R = \frac{8}{3}\frac{p_k v_k}{T_k} \tag{78}$$

und

$$\overline{T} = T/T_k, \quad \overline{p} = p/p_k, \quad \overline{v} = v/v_k \tag{79}$$

die reduzierte Zustandsgleichung

$$\left(\overline{p} + \frac{3}{\overline{v}^2}\right)(3\overline{v} - 1) = 8\,\overline{T} \tag{80}$$

die reduzierte allgemeine Inversionskurve in *Van der Waals*scher Näherung

$$\frac{\overline{p}}{3} = 4\,\overline{T}^{1/2}(2\sqrt{3} - \overline{T}^{1/2})\,. \tag{81}$$

Dieselbe ist mit den Werten des *n*-Wasserstoffs

$$T_k = 33{,}18\ \text{K}, \quad \rho_k = 1/v_k = 0{,}02988\ \text{g/cm}^3, \quad p_k = 12{,}98\ \text{bar}$$

ebenfalls in Abb. 12 eingetragen.

Tabelle 4 gibt überschlägige Daten über die Temperaturänderungen von Wasserstoff bei *Joule-Thomson*-Expansion ausgehend von verschiedenen Ausgangsdrücken und Ausgangstemperaturen auf einen Enddruck von 1 bar.

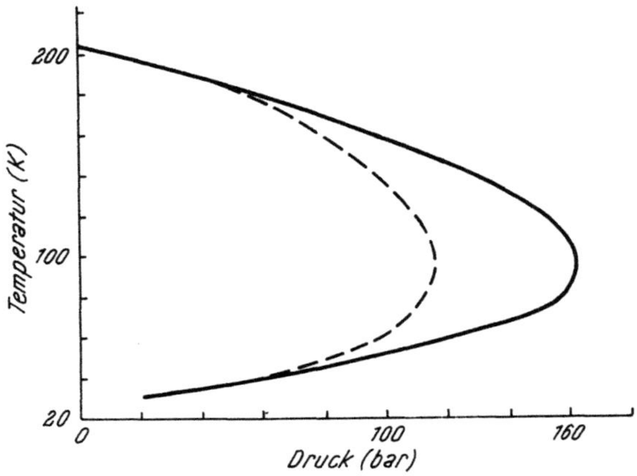

Abb. 12. Inversionskurve für Normalwasserstoff. Die gestrichelte Kurve gibt die Inversionskurve in *van der Waal*scher Näherung wieder

Tabelle 4. *Temperaturänderung für Wasserstoff bei Joule-Thomson-Expansion*

	200 bar	150 bar	100 bar	50 bar	25 bar
300 K	6	5	4	2	1
200 K	2	1,6	0	0	0
100 K	– 9	– 9	– 8	– 6	– 5
80 K	– 16	– 16	– 15	– 9	– 6
60 K	–	–	– 25	– 22	– 8
40 K	–	–	– 20	– 20	– 20

Die auf diese Weise erreichbaren Temperaturabsenkungen sind größer als die vergleichsweise bei isentroper Entmagnetisierung erreichbaren, jedoch erheblich kleiner als bei isentroper Expansion unter äußerer Arbeitsleistung.

Wie man jedoch aus dem *T-s*-Diagramm entnehmen kann, erfordert Expansion unter äußerer Arbeitsleistung, ausgehend von Umgebungstemperatur oder mäßig darunterliegender Temperatur, extrem hohe Ausgangsdrücke, wenn man auf diese Weise direkt in das Zweiphasengebiet gelangen will. Darüber hinaus ist Expansion mit Phasenübergängen Gas–Flüssigkeit in Expansionsmaschinen nur schwer durchführbar. Aus diesem Grunde wird bei nahezu allen kontinuierlich arbeiteitenden Verflüssigungsverfahren für Wasserstoff in der eigentlichen Verflüssigungsstufe die *Joule-Thomson*-Expansion eingesetzt.

3.2 Verflüssigungsanlagen kleiner und mittlerer Größenordnung

Zur Verflüssigung von Wasserstoff wurde eine Reihe von Verfahren entwickelt, die sich zum Teil auch heute noch im Einsatz befinden. Dieselben sind eingehend in der Fachliteratur beschrieben, so daß hier nur auf besonders markante Eigenschaften oder Entwicklungen eingegangen wird, die mehr allgemeinerer Art sind oder zur Zeit ihrer Erstanwendung besonders bahnbrechend waren.

Die einzelnen Verflüssigertypen unterscheiden sich voneinander im wesentlichen durch den verwendeten thermodynamischen Prozeß, die verwendeten Kühlverfahren und die Arbeitsmedien.

Linde-Hampson-Prozeß zur Wasserstoffverflüssigung

Diese Verflüssiger benutzen einen thermodynamischen Prozeß, der aus dem einstufigen *Linde-Hampson*-Prozeß zur Luftverflüssigung entwickelt wurde und mit welchem *Carl von Linde* erstmals großtechnisch die Luftverflüssigung durchführte.

Das Arbeitsmedium (Luft) wird dabei im Idealfall (Abb. 13) isotherm bei der Temperatur T_1 auf den Druck p_2 verdichtet und isobar in einem Wärmetauscher im Gegenstrom abgekühlt. Als Kühlverfahren wird *Joule-Thomson*-Expansion (J-T-Expansion) verwendet. Bei Punkt 4 (Abb. 13) befindet sich ein Teil der Luft im flüssigen Zustand und wird abgeschieden, während das abströmende Gas entlang der Isobaren p_1 im Gegenstrom mit der ankommenden Luft auf Umgebungstemperatur aufgewärmt wird.

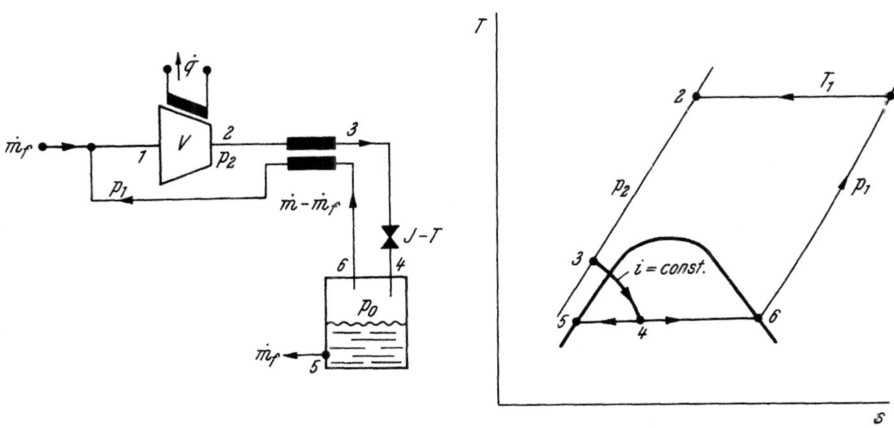

Abb. 13. Einstufiger *Linde-Hampson*-Prozeß

Aus dem ersten Hauptsatz ergibt sich mit den Massenflüssen und Enthalpien (s. (19))[3]

$$(\dot{m}-\dot{m}_f)\cdot i_1+\dot{m}_f\cdot i_5=\dot{m}\cdot i_2 \; . \tag{82}$$

Daraus ergibt sich für den verflüssigten Anteil φ

$$\varphi=\frac{\dot{m}_f}{\dot{m}}=\frac{i_1-i_2}{i_1-i_5} \; . \tag{83}$$

---

3 Hierbei tritt bei 2 ein Enthalpiestrom $\dot{m}\,i_2$ in den Gegenstromwärmetauscher ein, während dort ein solcher vom Betrag $(\dot{m}-\dot{m}_f)\,i_1$ austritt.

Die ideale Verflüssigungsarbeit $\alpha = \dfrac{N_r}{\dot m_f}$ ergibt sich aus [4]

$$\dot q + N_r = -\dot m\,(i_1 - i_2)\,, \tag{84}$$

wobei für isotherme Kühlung im Verdichter bei der Temperatur T_1 (Abb. 13) gilt

$$\dot q = -\dot m \cdot T_1 (s_1 - s_2)\,. \tag{85}$$

Man erhält aus (84) (85) (83)

$$\alpha = \frac{N_r}{\dot m_f} = \frac{1}{\varphi} \cdot \frac{N_r}{\dot m} = \frac{i_1 - i_5}{i_1 - i_2} \cdot [T_1 (s_1 - s_2) - (i_1 - i_2)]\,. \tag{86}$$

Es gilt ferner $0 < \varphi \leqslant 1$. Ein Vergleich von (83) mit (23) ergibt ferner, daß φ das Verhältnis zwischen der idealen Verflüssigungsarbeit α_i und der Verflüssigungsarbeit α des hier vorliegenden Prozesses darstellt. Der reziproke Wert $(\alpha_i/\alpha) \leqslant 1$ ist als Güteziffer des Prozesses definiert, wobei $(\alpha_i/\alpha) = 1$ dem idealen Prozeß entspricht.

Für den hier vorliegenden Prozeß ergeben sich die in Tabelle 5 angegebenen Werte für die Güteziffer bzw. den Energieaufwand zur Verflüssigung. Die erhebliche Abweichung vom idealen Prozeß ist auf die irreversible Entropieänderung bei der J-T-Expansion zurückzuführen, da alle anderen Komponenten wie Verdichter, Wärmetauscher usw. als ideal, d.h. verlustfrei und damit ohne irreversible Entropieänderungen vorausgesetzt wurden. Bei Berücksichtigung auch dieser Verluste ergibt sich eine weitere Reduzierung der Güteziffer bzw. eine Erhöhung des Energieaufwandes zur Verflüssigung.

Abkühlung durch die J-T-Expansion kann nur mit T_1 bzw. i_1 innerhalb der Inversionskurve erfolgen. Maximale Verflüssigungsrate erhält man dabei, wenn $i_1 - i_2$ möglichst groß gemacht wird (i_5 ist durch i_1, d.h. durch p_1 und T_1 bereits vorgegeben).

Dabei ist i_2 durch T_1 und den maximal möglichen Druck p_2 gegeben, wobei p_2 auf der Inversionskurve liegt. (Für Luft von Umgebungstemperatur ist

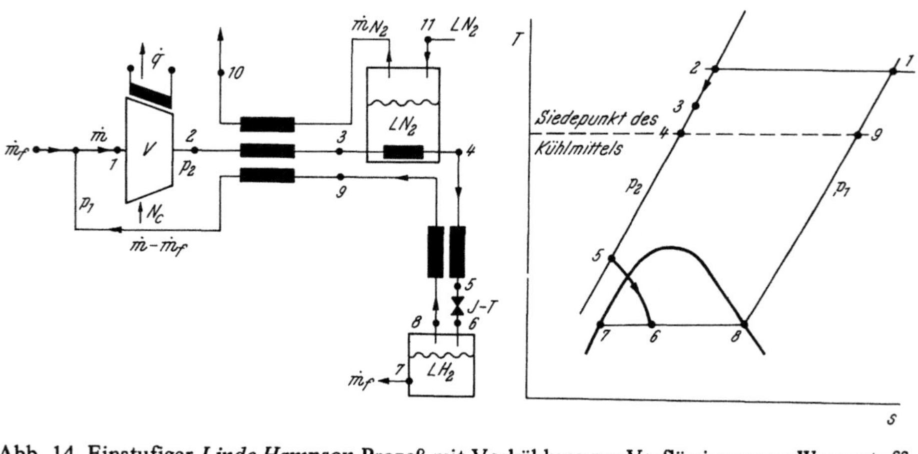

Abb. 14. Einstufiger *Linde-Hampson*-Prozeß mit Vorkühlung zur Verflüssigung von Wasserstoff

[4] Vgl. S. 17.

$p_2 \sim 400$ bar, normalerweise sind etwa 200 bar in Anwendung.)

Da bei Wasserstoff die höchste Inversionstemperatur 205 K beträgt, muß hier bei Anwendung dieses Verfahrens vorgekühlt werden, wozu im allgemeinen flüssiger Stickstoff verwendet wird, der entweder von einer vorgeschalteten Verflüssigungsanlage geliefert oder aus einem Speichergefäß entnommen wird.

Für den verflüssigten Wasserstoffanteil φ_{H_2} erhält man mit Abb. 14 und (83)

$$\varphi_{H_2} = \frac{\dot{m}_f}{\dot{m}} = \frac{i_9 - i_4}{i_9 - i_7} . \tag{87}$$

Analog zu (82) erhält man als Energiebilanz (Abb. 14) mit dem abdampfenden Stickstoff $\dot{m}_{N_2}$ und den Enthalpien i' für Stickstoff

$$\dot{m}_{N_2} \cdot i'_{10} + (\dot{m} - \dot{m}_f)\, i_1 + \dot{m}_f \cdot i_7 = \dot{m}_{N_2} \cdot i'_{11} + \dot{m} \cdot i_2 . \tag{88}$$

Nach Einführung des Verhältnisses der Rate $\dot{m}_{N_2}$ des verdampfenden Stickstoffs zu der des verdichteten Wasserstoffs $\dot{m}$

$$\psi = \frac{\dot{m}_{N_2}}{\dot{m}} \tag{89}$$

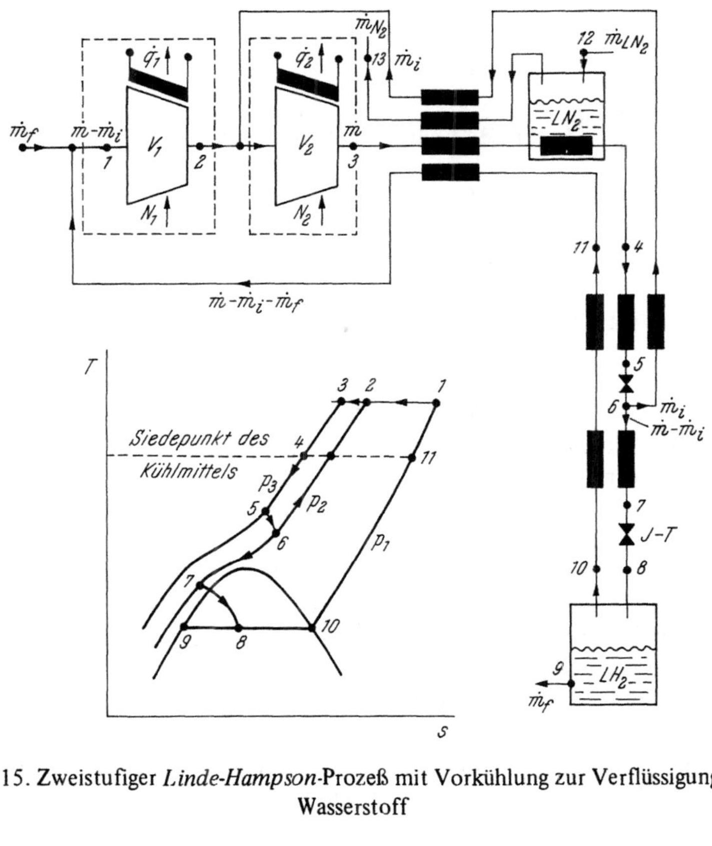

Abb. 15. Zweistufiger *Linde-Hampson*-Prozeß mit Vorkühlung zur Verflüssigung von Wasserstoff

ergibt sich aus (88)

$$\varphi_{H_2} = \frac{i_1 - i_2}{i_1 - i_7} + \psi \frac{i'_{10} - i'_{11}}{i_1 - i_7} \tag{90}$$

und für den Stickstoffverbrauch r, bezogen auf den verflüssigten Wasserstoff

$$r = \frac{\dot{m}_{N_2}}{\dot{m}_f} = \frac{\psi}{\varphi_{H_2}} \; . \tag{91}$$

Aus (87) ist ferner zu entnehmen, daß φ_{H_2} zunimmt, wenn i_4 und damit T_4 abnimmt. Eine Absenkung von T_4 kann vorteilhaft durch Absenkung des Druckes im Flüssigstickstoffbad erfolgen, wobei der minimale Wert von T_4 durch T_{tr} = 63,15 K, den Tripelpunkt von Stickstoff, gegeben ist.

In ähnlicher Weise wie bei der Luftverflüssigung läßt sich auch der mit Vorkühlung arbeitende *Linde-Hampson*-Prozeß grundsätzlich mit zweistufiger J-T-Expansion durchführen (Abb. 15). Der Vorteil besteht auch hier in einer Verringerung der Verdichterleistung, weil nur der zur Verflüssigung beitragende Massenstrom vom Umgebungsdruck auf ca. 200 bar voll verdichtet werden muß, während der Hauptteil des Gasflusses durch J-T-Expansion unter Abkühlung lediglich auf einen Zwischendruck p_2 (etwa 50 bar) entspannt wird. (Bei Luftverflüssigungsanlagen wird auch hier Verflüssigung in einem sich auf dem Druckniveau p_2 befindlichen Zwischenspeicher vorgenommen.)

Man erhält als Summe der Verdichterleistungen $N = N_1 + N_2$ und dem Massenflußverhältnis $\mu = \dot{m}_i/\dot{m}$

$$\frac{N}{\dot{m}} = [T_1(s_1 - s_3) - (i_1 - i_3)] - \mu \cdot [T_1(s_1 - s_2) - (i_1 - i_2)] \; . \tag{92}$$

Ein Vergleich mit (86) zeigt die Verringerung von $N/\dot{m}$, bewirkt durch den rechten Term in (86). Für den zur Verflüssigung gelangenden Anteil $\varphi_{H_2} = \dot{m}_f/\dot{m}$ ergibt sich mit $\psi = \dot{m}_{N_2}/\dot{m}$, $\mu = \dot{m}_i/\dot{m}$ und Abb. 14

$$\varphi_{H_2} = \frac{i_1 - i_3}{i_1 - i_9} + \psi \frac{i'_{13} - i'_{12}}{i_1 - i_9} - \mu \frac{i_1 - i_2}{i_1 - i_9} \; . \tag{93}$$

Ein Vergleich mit (90) ergibt eine geringfügige Abnahme von φ_{H_2}, bewirkt durch den dritten Term in (93). Diese Abnahme wird jedoch aufgewogen durch die Verringerung der benötigten Verdichterleistung (92).

Wasserstoffverflüssigungsanlagen nach dem zweistufigen *Linde-Hampson*-Prozeß und Vorkühlung mit flüssigem Stickstoff sind offenbar nur in geringer Zahl gebaut worden. Der Grund dürfte darin liegen, daß die Entwicklung in den vergangenen drei Jahrzehnten eindeutig Verfahren bevorzugte, bei welchen die Abkühlung vorwiegend durch reversible Prozeßführung (Expander), im Gegensatz zu den beim *Linde-Hampson*-Prozeß ausschließlich verwendeten Verfahren der J-T-Expansion erfolgt.

Tabelle 5 zeigt den Energieaufwand α, sowie die Güteziffern φ zur Wasserstoffverflüssigung beim ein- und zweistufigen *Linde-Hampson*-Prozeß ohne bzw. mit Flüssigstickstoffvorkühlung und Ortho-Para-Konversion bei 80 und 20 K, ohne Berücksichtigung der Verluste der Einzelkomponenten.

Tabelle 5

Prozeß	α_1 (kWh/kg)	$\varphi = \frac{\dot{m}_f}{\dot{m}}$	α_2 (kWh/kg)	$\varphi = \frac{\dot{m}_f}{\dot{m}}$	$\psi = \frac{\dot{m}_{N_2}}{\dot{m}_f}$
Linde einstufig	13,14	0,30	16,27	0,24	14,8
Linde zweistufig	9,49	0,41	12,14	0,32	12,5

α_1 ohne bzw. α_2 mit Berücksichtigung des Energieaufwandes zur Verflüssigung des Stickstoffs.

Die irreversiblen Entropieänderungen im J-T-Prozeß und der damit zusammenhängende relativ hohe Energieaufwand zur Wasserstoffverflüssigung lassen demzufolge das *Linde*-Verfahren heute trotz seiner Einfachheit und Zuverlässigkeit weniger attraktiv erscheinen.

Claude-Prozeß zur Wasserstoff-Verflüssigung

Beim *Claude*-Prozeß wird das Gas durch äußere Arbeitsleistung in einem Expander abgekühlt. Diese Abkühlung ist insbesondere bei hohem Ausgangsdruck erheblich (s. 3.1.2, Tabelle 3) und übertrifft diejenige der J-T-Expansion bei weitem.

Darüber hinaus ist für einen idealen Expander der Expansionsprozeß isentrop, also nicht durch inhärente irreversible Entropiezunahme gekennzeichnet wie der J-T-Prozeß.

Obwohl im Gegensatz zum *Linde-Hampson*-Prozeß der *Claude*-Prozeß grundsätzlich keine Vorkühlung benötigt – bei Expansion unter äußerer Arbeitsleistung findet in jedem Falle Abkühlung des Gases statt – kann die Prozeßführung durch Vorkühlung mit flüssigem Stickstoff verbessert werden.

Der einfache *Claude*-Prozeß zur Wasserstoff-Verflüssigung und Vorkühlung mit flüssigem Stickstoff ist in Abb. 16 gezeigt. Das verdichtete Gas wird nach Vorkühlung mit flüssigem Stickstoff nach Passieren des Wärmetauschers (Punkt 5) in zwei Teilströme aufgespaltet, wobei etwa 80% ($\dot{m}_E = 0{,}8\ \dot{m}$) in einem Expander unter Arbeitsleistung abgekühlt werden (Punkt 11), während der restliche Massenstrom ($\dot{m} - \dot{m}_E$) nach Passieren eines weiteren Wärmetauschers im Gegenstrom abgekühlt (Punkt 7) und nach J-T-Expansion zum Teil verflüssigt wird. Obwohl beim *Claude*-Prozeß grundsätzlich auf J-T-Expansion verzichtet werden kann, weil die Verflüssigung im Expander durchgeführt werden könnte – bei Axialturbinen sind zum Teil erhebliche Flüssigkeitsanteile in der Gasströmung zulässig – bringt die Beherrschung der Zweiphasenströmung im Expander im allgemeinen doch erhebliche Probleme mit sich, so daß auch hier der J-T-Prozeß eingesetzt wird. Allerdings lassen sich hier die Betriebsparameter so wählen, daß möglichst geringe irreversible Entropieänderungen auftreten.

Aus der Bilanz der Energieflüsse erhält man ähnlich wie beim *Linde-Hampson*-Prozeß die Verflüssigungsrate $\dot{m}_f$ und damit für die Güteziffer φ_{H_2} mit Abb. 16 und den Enthalpien i' des Stickstoffs

$$\varphi_{H_2} = \frac{i_1 - i_2}{i_1 - i_9} + x \cdot \frac{i_5 - i_{11}}{i_1 - i_9} + \psi \frac{i_2' - i_4'}{i_1 - i_9} \qquad (94)$$

mit $\qquad x = \dot{m}_E/\dot{m}\,, \quad \psi = \dot{m}_{N_2}/\dot{m}\ .$

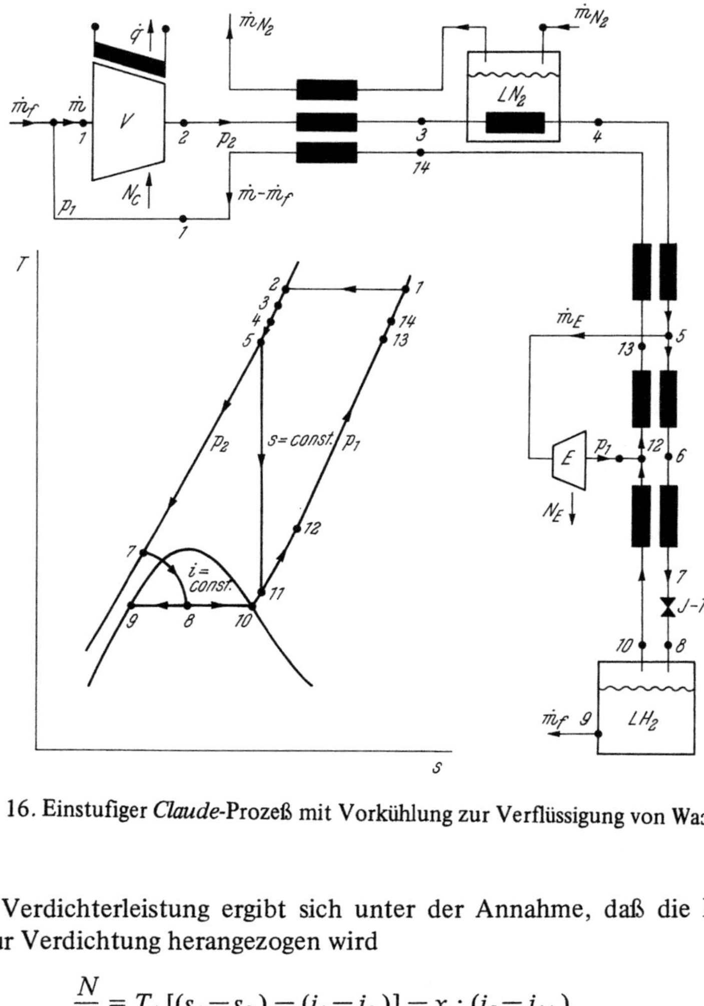

Abb. 16. Einstufiger *Claude*-Prozeß mit Vorkühlung zur Verflüssigung von Wasserstoff

Für die Verdichterleistung ergibt sich unter der Annahme, daß die Expanderarbeit zur Verdichtung herangezogen wird

$$\frac{N}{\dot{m}} = T_1\,[(s_1 - s_2) - (i_1 - i_2)] - x \cdot (i_5 - i_{11})\ . \tag{95}$$

Dies entspricht der Verdichterleistung im einstufigen *Linde-Hampson*-Prozeß abzüglich der Expanderarbeit. In (94) entspricht ferner der zweite Term dem Gewinn zufolge des Expanders gegenüber dem *Linde-Hampson*-Prozeß (83).

Eine eingehende Untersuchung unter Benutzung der thermodynamischen Zustandsdiagramme ergibt nach Wahl des Anfangsdrucks p_1 und des Teilstromes $x = \dot{m}_E/\dot{m}$ durch den Expander, für minimalen Energieaufwand zur Verflüssigung eine definierte Lage des Punktes 5 im *T-s*-Diagramm (Abb. 16).

Eine weitere Verbesserung kann in Analogie zum zweistufigen *Linde-Hampson*-Prozeß durch Teilexpansion auf einen mittleren Druck erzielt werden.

Abb. 17 zeigt einen derartigen zweistufigen *Claude*-Prozeß, der nach [4] eingehend untersucht worden ist. Der Zwischendruck beträgt hier etwa 8 bar, der Maximaldruck 100 bar.

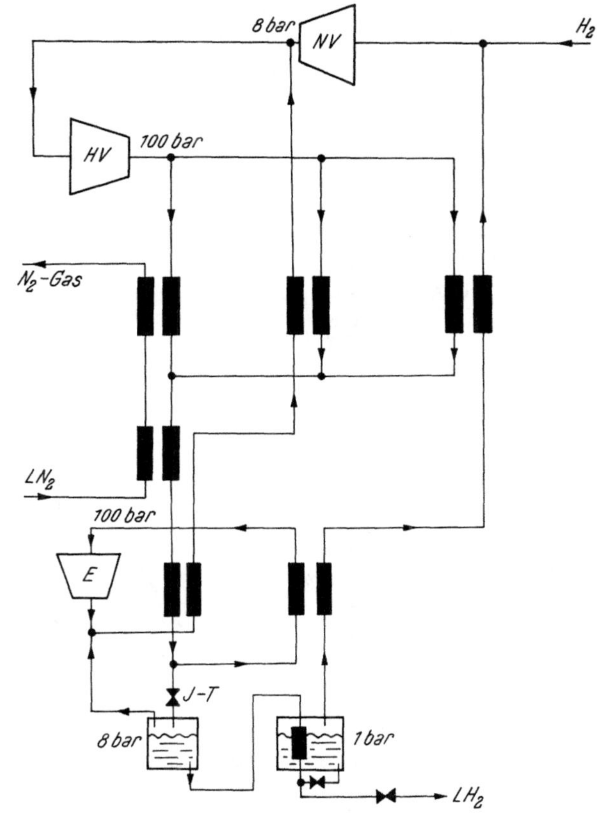

Abb. 17. Zweistufiger *Claude*-Prozeß mit Stickstoffvorkühlung und Zwischenstufe zur Verflüssigung (nach [4]). Die Stufen zur Ortho-Para-Konversion sind nicht eingezeichnet. *NV* Niederdruckverdichter, *HV* Hochdruckverdichter, *E* Expansionsmaschine

Tabelle 6 zeigt den Energieaufwand α zur Verflüssigung, die Güteziffer φ_{H_2} sowie den Stickstoffanteil ψ, Ortho-Para-Konversion bei 80 K und 20 K bei Vernachlässigung der Komponentenverluste.

Tabelle 6

Prozeß	α_1 (kWh/kg)	$\varphi_{H_2} = \dot{m}_f/\dot{m}$	$\psi = \dot{m}_{H_2}/\dot{m}_f$
Claude einstufig	7,5	0,52	12
Claude zweistufig	6,67	0,59	9,5

Einen Markstein in der Entwicklung kleiner Anlagen stellt der *Collins*-Heliumverflüssiger dar, der auch in einer Refrigeratorversion gebaut wird [1, 3]. Er erlaubte zum Zeitpunkt seiner Markteinführung die bequeme Erzeugung von flüssigem Helium im Versuchslabor und trug so wesentlich zu den Erfolgen der Tieftemperaturphysik bzw. Tieftemperaturtechnik bei.

Sowohl der Verflüssiger als auch der Refrigerator kann zur Wasserstoffverflüssigung im Labormaßstab eingesetzt werden (Abb. 18).

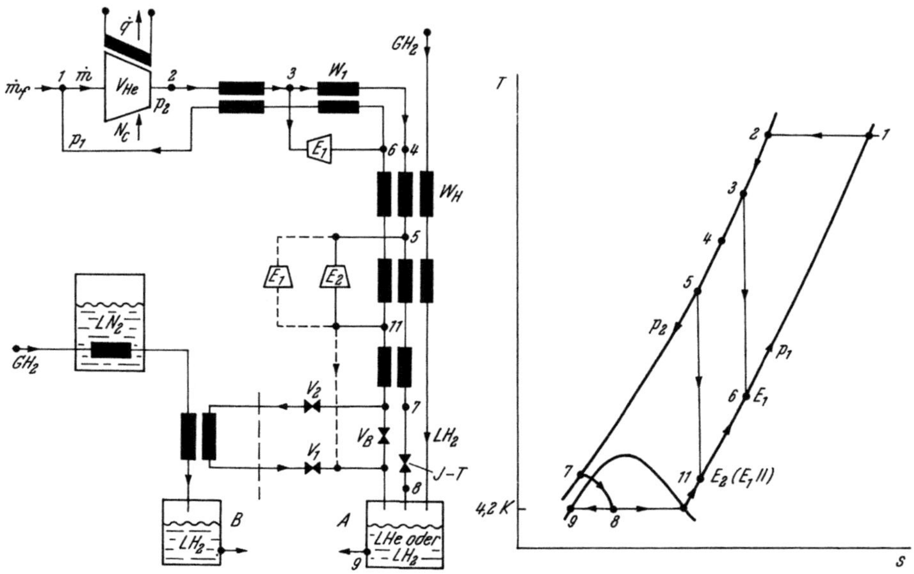

Abb. 18. *Collins*-Refrigerator bzw. Heliumverflüssiger zur Verflüssigung von Wasserstoff, mit Helium als Arbeitsgas. Fall A: Verflüssiger; V_1, V_2, V_B entfallen. Fall B: Refrigerator; E_1 und E_2 parallel (gestrichelter Pfad), Wärmetauscher W_H und W_1 entfallen. Der Konverter zur Ortho-Para-Umwandlung ist der Übersichtlichkeit wegen nicht eingezeichnet

Beim Verflüssiger, welcher zwei voneinander unabhängige Expansionsmaschinen besitzt, ist hierzu ein Wärmetauscher W_H vorgesehen, in welchem gasförmiger Wasserstoff unter Umgebungsdruck abgekühlt, verflüssigt und im Bodengefäß (Unterteil des Kryostaten, in welchem sich Wärmetauscher und Expander befinden) nach erfolgter Ortho-Para-Konversion gesammelt wird. Die Verflüssigung erfolgt dabei entlang der Niederdruck-Isobaren (Abb. 3), wodurch Hochdruckverdichter entbehrlich sind, was im Laborbetrieb durchaus erwünscht ist. (Die Heliumverdichter V_{He} arbeiten bei dem relativ niedrigen optimalen Arbeitsdruck von $p_2 = 30$ bar und sind vierstufig ausgeführt.)

Auf ähnliche Weise kann der Refrigerator mit einer außerhalb der Anlage befindlichen Kondensiereinheit B zur Wasserstoffverflüssigung gekoppelt werden.

Der Refrigerator liefert dabei über die Ventile V_1 und V_2 bei geschlossenem Bypassventil V_B und geschlossenem J-T-Ventil (Abb. 18) kaltes Heliumgas unter niedrigem Druck, welches den Wärmetauscher W_K[5] durchströmt, an welchem Wasserstoff kondensiert. Der sich im Bodengefäß ansammelnde flüssige Wasserstoff kann auch hier vorher im Gaszustand mit flüssigem Stickstoff vorgekühlt und einer zweistufigen Ortho-Para-Konversion bei 80 K und 20 K unterzogen werden.

Mit großem Erfolg haben sich in der Tieftemperaturtechnik die von *Philips* entwickelten Anlagen nach dem *Stirling*-Prozeß bewährt [17, 47], welche in einstufiger Anordnung den Temperaturbereich von etwa 70–100 K, in zweistufiger Anordnung den von ca. 15–30 K erfassen [3].

Der ideale *Stirling*-Prozeß (Abb. 19) verläuft entlang zweier Isothermen und zweier Isochoren:

Phase I: Isotherme Verdichtung eines Arbeitsmediums (Helium) entlang 1 → 2 und Wärmeabgabe $\dot{q}_c$.

Phase II: Isochore Verdrängung und innere Kühlung entlang 2 → 3.

Phase III: Isotherme Expansion entlang 3 → 4 und Wärmeaufnahme.

Phase IV: Isochore Verdrängung und innere Aufwärmung entlang 4 → 1.

Der ideale *Stirling*-Prozeß wird bei der zweistufigen Anordnung in ähnlicher Weise wie in der einstufigen Anordnung durch die Bewegung eines Arbeitskolbens A und eines Verdrängerkolbens V angenähert.

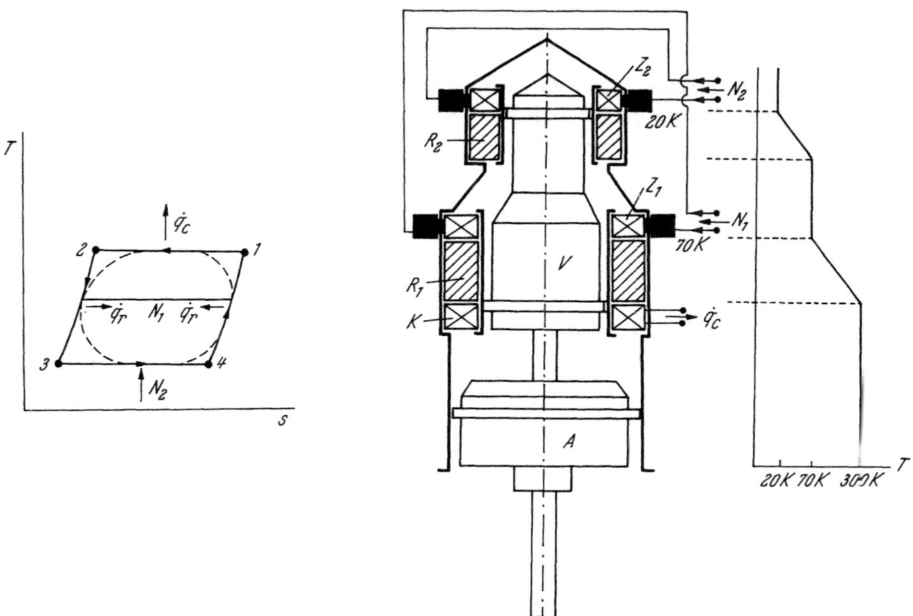

Abb. 19. Zweistufiger *Philips-Stirling*-Refrigerator. A, V Arbeits- bzw. Verdrängerkolben, K Kühler, Z_1, Z_2 Zwischenkühler mit Wärmetauschern, R_1, R_2 Regeneratoren

5 Oberhalb von B in Abb. 18 angeordnet.

In Phase I befindet sich V am oberen Totpunkt, während A das Arbeitsgas isotherm verdichtet, wobei die Wärme $\dot{q}_c$ an den Wasserkühler K abgegeben wird. Darauf wird in Phase II durch Abwärtsbewegung des Verdrängerkolbens V das Arbeitsmedium unter Abkühlung isochor durch die Regeneratoren R_1, R_2 gedrückt, wobei R_1 als Wärmesenke für R_2 dient. In Phase III bewegen sich Arbeitskolben A und Verdrängerkolben V abwärts, wobei sich das Arbeitsmedium in R_1 und K_1 auf etwa 70 K, in R_2 und K_2 auf etwa 20 K abkühlt. In Phase IV wird durch Aufwärtsbewegung des Verdrängerkolbens V das Arbeitsmedium unter Wärmeaufnahme in den Regeneratoren R_1 und R_2 aus den oberen Kompressionsräumen verdrängt, womit der Ausgangszustand von Phase I wieder erreicht ist.

An den Zwischenkühlern Z_1 und Z_2 steht die Kühlleistung N_1 und N_2 bei etwa 70 K bzw. 20 K zur Verfügung.

Die Annäherung dieses realen Prozesses (gestrichelte Kurve in Abb. 19) an den idealen *Stirling*-Prozeß ist dank der Entwicklung hochwertiger Regeneratoren sehr gut [18], was die hohe thermodynamische Qualität dieser Anlagen bedingt.

Infolge der zweistufigen Anordnung steht bei ca. 70 K zusätzlich Kühlleistung zur Verfügung, wodurch Vorkühlung mit flüssigem Stickstoff entbehrlich wird. Dieser Vorteil, die Einfachheit des technischen Konzeptes sowie die Vermeidung von Hochdruckkreisläufen läßt auch die Wasserstoff-Verflüssigung im Labormaßstab attraktiv erscheinen, obwohl *Stirling*-Maschinen zufolge ihrer isothermen Wärmeabfuhr am unteren Temperaturniveau für Refrigeratoranwendungen besser geeignet sind. Bei *Stirling*-Wasserstoff-Verflüssigern wird Wasserstoff entlang der Niederdruck-Isobaren (Abb. 3) abgekühlt und verflüssigt. Für diesen isobaren Prozeß ergibt sich mit (6), den Enthalpien i_0 und i_f für Wasserstoff im Normalzustand bzw. flüssigen Zustand, sowie der verfügbaren Kälteleistung N_1 und N_2 der ersten bzw. zweiten Stufe der Gaskältemaschine für die Verflüssigungsrate

$$\dot{m}_{H_2} = \frac{N_1 + N_2}{i_0 - i_f} \quad . \tag{96}$$

Bei einer Kühlkapazität von $N_1 + N_2 = 240 + 900 \approx 1100$ W ermöglicht damit beispielsweise die zweistufige *Stirling*-Gaskältemaschine vom Typ PGH 420 eine Verflüssigungsrate von $\dot{m}_{H_2} \sim 1$ kg/h (12–13 l/h) und kann mit Vorteil dort eingesetzt werden, wo flüssiger Wasserstoff schwer erhältlich ist bzw. die Transportkosten zu hoch sind.

3.3 Magnetokalorische Verflüssiger

Diese Verflüssiger können, zusammen mit einem geeigneten thermodynamischen Kreisprozeß isentrope Entmagnetisierung eines ferromagnetischen Materials in der Umgebung des *Curie*-Punktes als Kühlverfahren benutzen. Magnetokalorische Refrigeratoren wurden eingehend für den Temperaturbereich von etwa 1 K bis 20 K untersucht und ausgeführt [11, 14, 17, 21, 22, 23]. Auch für Umgebungstemperatur und darunter wurden derartige Refrigeratoren für terrestrische Anwendungen bzw. Anwendungen in der Raumfahrt vorgeschlagen und untersucht [10, 12, 52].

Magnetokalorische Verflüssiger hingegen wurden bisher weder ausgeführt noch angewendet, sie befinden sich aber wegen ihrer vielversprechenden Eigenschaften im Stadium intensiver Untersuchungen, weshalb hier näher darauf eingegangen werden soll [16, 19].

Magneto-thermodynamische Prozesse

Die magnetokalorische Kühlung kann grundsätzlich in ähnlicher Weise in thermodynamische Prozesse eingegliedert werden wie beispielsweise bei reinen Gasprozessen die isentrope Expansion in Expandern. Während bei letzteren ein Gas als Arbeitsmedium dient, übernimmt beim magnetokalorischen Prozeß ein ferromagnetisches (bzw. bei sehr tiefen Temperaturen auch paramagnetisches) Material, d.h. ein Festkörper, diese Rolle [12].

Dabei ist aus (28) (29) zu entnehmen, daß dem Druck bzw. dem spezifischen Volumen des Gasprozesses die magnetische Feldstärke bzw. die Magnetisierung entspricht. Damit erhält man aus den entsprechenden Gasprozessen den magnetischen *Carnot-*, *Brayton-*, *Ericson-* und *Stirling*-Prozeß [15, 23, 24].

Der magnetische *Carnot*-Prozeß [23] besteht wie der Gasprozeß aus zwei Isothermen und zwei Isentropen (Abb. 20). Entlang 1 → 2 erfolgt isotherme

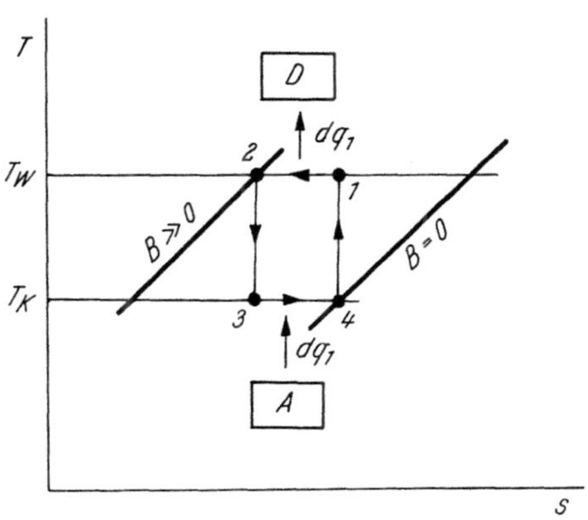

Abb. 20. Magnetischer *Carnot*-Prozeß

Magnetisierung bei der Temperatur T_w unter Wärmeabgabe d q_1 des magnetischen Arbeitsmediums an die Wärmesenke D. Nach Unterbrechung des thermischen Kontaktes zur Wärmesenke D wird von 2 → 3 isentrop eine partielle Entmagnetisierung vorgenommen, was Abkühlung des magnetischen Arbeitsmediums auf T_k zur Folge hat. Nach Herstellung eines thermischen Kontaktes mit der Wärmequelle A wird die Entmagnetisierung unter Wärmeaufnahme isotherm von 3 → 4 zu Ende geführt, was den angestrebten Kühleffekt darstellt. In einem letzten Schritt wird nach gelöster Verbindung zur Wärmequelle A wiederum eine isentrope partielle Magnetisierung entlang 4 → 1 vorgenommen, was Erwärmung des Arbeitsmediums auf T_w zur Folge hat, womit der Ausgangszustand 1 wieder erreicht ist.

Der magnetische *Carnot*-Prozeß erfordert keinen internen Wärmetausch, kann aber auch in der Umgebung des *Curie*-Punktes nur eine relativ kleine Temperaturspanne (5–10 K je 10 Tesla) erzeugen (Abb. 11) und ist sehr empfindlich auf thermische Belastung während der isentropen Phasen.

Der magnetische *Brayton*-Prozeß [15], (Abb. 21), welcher zwischen zwei Isentropen und zwei Kurven konstanter Feldstärke verläuft, erfordert internen Wärmetausch, kann aber eine größere Temperaturspanne – im Idealfall etwa 15–20 K je 10 Tesla – erzeugen als der magnetische *Carnot*-Prozeß. Er benötigt hochwertige Wärmetauscher für den internen Wärmetausch, die wegen der instationären Magnetisierungs- bzw. Entmagnetisierungsphasen zweckmäßig als Regeneratoren ausgebildet werden. Er ist ferner wie der magnetische *Carnot*-Prozeß sehr empfindlich auf irreversible Entropieänderungen während der isentropen Magnetisierungs- bzw. Entmagnetisierungsphasen.

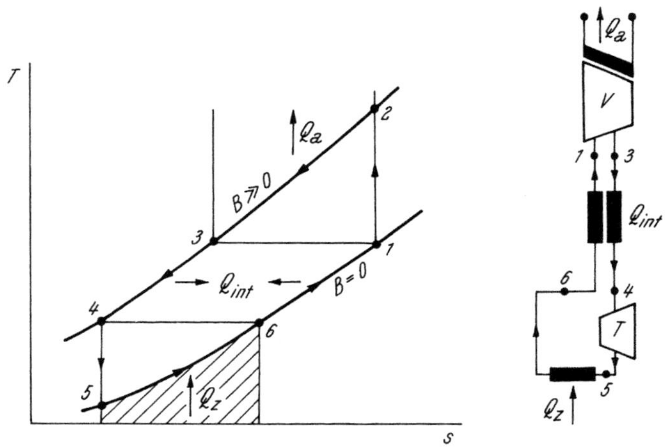

Abb. 21. Magnetischer *Brayton*-Prozeß. Die Kurven B = const. übernehmen die Rolle der Isobaren. Daneben zum Vergleich der gewöhnliche Brayton-Prozeß zur Kühlung. V Verdichter, T Turbine als Expander

Vorteilhaft ist, daß während der Magnetisierungs- bzw. Entmagnetisierungsphasen kein Wärmetausch erforderlich ist und Wärmeaufnahme (5 → 6) bzw. Wärmeabgabe (2 → 3) nicht isotherm erfolgen müssen, was höhere Temperaturspannen in den externen Wärmetauschern zuläßt.

Der magnetische *Ericson*- und der magnetische *Stirling*-Prozeß [15, 23], (Abb. 22), haben isotherme Wärmezu- und -abfuhr während der Magnetisierungs- bzw. Entmagnetisierungsphasen gemeinsam und erfordern ebenfalls internen Wärmetausch mit hochwertigen Wärmetauschern.

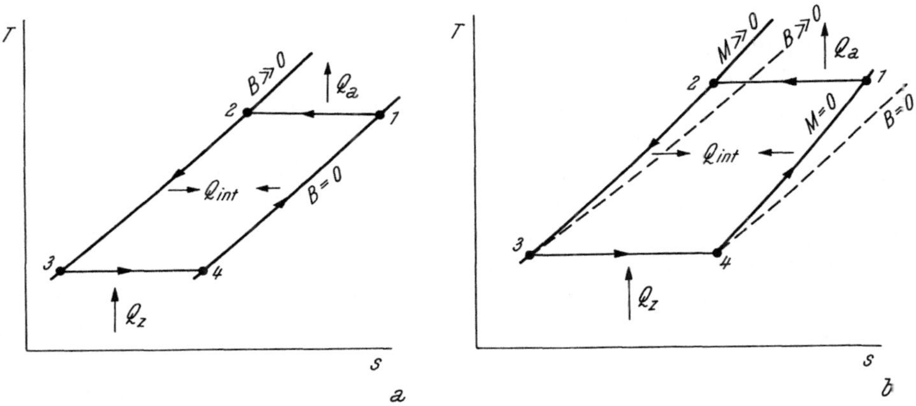

Abb. 22. Magnetischer *Ericson*-Prozeß (a) und magnetischer *Stirling*-Prozeß (b).
B magnetische Induktion, *M* Magnetisierung

Der magnetische *Ericson*-Prozeß ermöglicht gegenüber dem magnetischen *Stirling*-Prozeß die Ausnutzung einer größeren Temperaturspanne in der Umgebung des *Curie*-Punktes, wie am Beispiel des Gadoliniums kurz gezeigt werden soll. Aus Abb. 20 folgt für den dort eingezeichneten *Carnot*-Prozeß seine geringe Temperaturspanne von etwa 5 K und die geringe Änderung der reversiblen magnetischen Entropie von 0,096 R je Zyklus und Mol, für Feldstärken zwischen 0 und 7 Tesla. Dies resultiert aus dem im Vergleich zur Gesamtentropie kleinen Wert der zufolge Magnetisierung bzw. Entmagnetisierung bewirkten Änderung der magnetischen Entropie des Spinsystems (47) (54).

Wird Abb. 20 auf ein Diagramm mit der magnetischen Entropie s_m (54) übertragen (Abb. 23), so zeigt sich, daß der magnetische *Carnot*-Prozeß

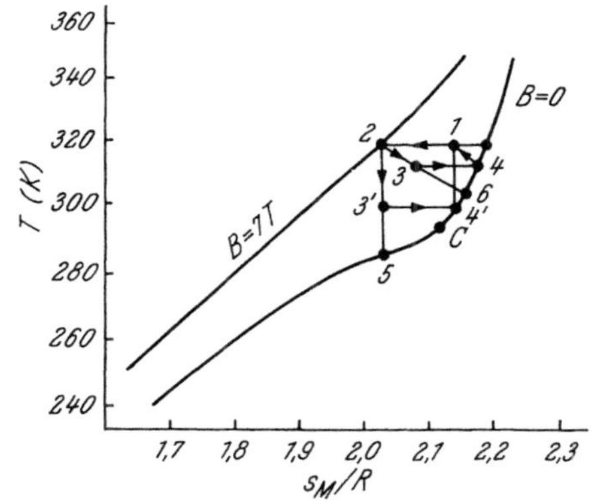

Abb. 23. Magnetischer *Carnot*-Prozeß ($1 \rightarrow 2 \rightarrow 3 \rightarrow 4 \rightarrow 1$) und magnetischer *Stirling*-Prozeß ($1 \rightarrow 2 \rightarrow 3' \rightarrow 4' \rightarrow 1$) im *T*-*s*-Diagramm für die magnetische Entropie s_M des Spinsystems für Gadolinium. *C* Curiepunkt von Gadolinium (nach [15])

($1 \rightarrow 2 \rightarrow 3 \rightarrow 4$) nur einen geringen Teil des zwischen den Kurven 0 T und 7 T zur Verfügung stehenden Bereiches ausfüllt. Der magnetische *Stirling*-Prozeß ($1 \rightarrow 2 \rightarrow 3' \rightarrow 4'$) mit konstanter Magnetisierung (s_m = const., M = const.) und einer Temperaturspanne von maximal 35 K ist demzufolge wesentlich günstiger. Nach *van Geuns* [24] wird hierbei die thermische Last zufolge Abkühlung des Festkörpergitters vom Regenerator aufgenommen bzw. bei der Erwärmung wieder zurückgegeben und das Spinsystem damit entlastet. Der magnetokalorische Effekt steht hier also voll zur Kühlung bzw. Aufwärmung des Spinsystems sowie zur Durchführung des Kühlprozesses zur Verfügung.

Eine weitere Verbesserung ist möglich, wenn durch geeignete Prozeßführung erreicht werden kann, daß der Regenerator auch die zyklische Abkühlung bzw. Aufwärmung des Spinsystems übernimmt [15, 24], weil dann der gesamte magnetokalorische Effekt ausschließlich für den Kühlprozeß zur Verfügung steht. Dies trifft nun gerade auf den in Abb. 22 und 24 gezeigten *Ericson*-Prozeß zu, wo regenerativer Wärmetausch bei konstantem äußeren Feld stattfindet, was hier im Idealfall eine maximale Temperaturspanne von $\Delta T = 70$ K zuläßt.

Dem Regenerator kommt hier fundamentale Bedeutung zu, weil er durch zyklische Wärmeaufnahme bzw. -abgabe das Festkörpergitter sowie das Spinsystem zwischen den Temperaturen von Wärmequelle und Wärmesenke unter minimal zulässigen Verlusten bewegen muß. Eine prinzipielle Verlustquelle ergibt sich aus der unterschiedlichen magnetischen Wärmekapazität des ferromagnetischen Arbeitsmediums entlang der Kurven $4 \rightarrow 1$ und $2 \rightarrow 3$, woraus sich unterschiedliche, vom Regenerator auszunehmende bzw. abzugebende Wärmemengen ergeben, die aber im Idealfall gleich groß sein müssen. Darüber hinaus sollen im Interesse maximalen thermodynamischen Wirkungsgrades, d.h. dem des *Carnot*-Prozesses, die Entropieänderungen Δs_{12} und Δs_{34} dem Betrag nach gleich groß (Abb. 24) sein. Dies kann durch zeitliche Variation des Magnetfeldes während des Prozeßverlaufs von $4 \rightarrow 1'$ (Abb. 24) erreicht werden, was bedeutet, daß nach isothermer Entmagnetisierung $3 \rightarrow 4$ das Magnetfeld während

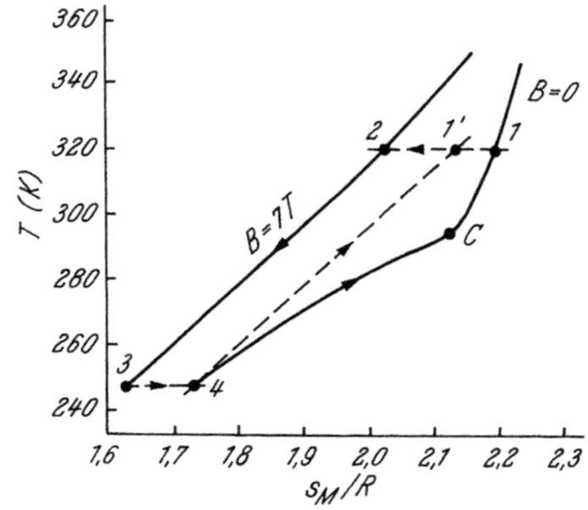

Abb. 24. Magnetischer *Ericson*-Prozeß ($1' \rightarrow 2 \rightarrow 3 \rightarrow 4 \rightarrow 1'$) im *T*-*s*-Diagramm für die magnetische Entropie s_M des Spinsystems für Gadolinium. *C Curie*-Punkt von Gadolinium (nach [15])

der Aufwärmung durch den Regenerator entlang 4 → 1′ zeitlich wieder zunehmen muß.

Aktiver magnetischer Regenerator

Für die hochwertigen Regeneratoren, welche für den magnetischen *Brayton-*, *Ericson-* und *Stirling*-Prozeß erforderlich sind, kann nach [15, 24] das magnetische Arbeitsmedium selbst benutzt werden.

Der Austausch der Wärme für das Festkörpergitter sowie für das Spinsystem wird damit direkt am magnetischen Material durchgeführt, während die für den Kühlprozeß erforderliche Wärmezu- bzw. -abfuhr von einem gasförmigen oder flüssigen Arbeitsmedium, welches den Regenerator zyklisch durchströmt, übernommen wird.

Wenn dabei größere Temperaturspannen und Entropieänderungen benötigt werden, als mit Hilfe eines einzigen ferromagnetischen Materials in der Umgebung seines *Curie*-Punktes erreicht werden können, besteht die Möglichkeit, den Regenerator stufenweise aus einer Folge ferromagnetischer Stoffe mit sukzessive abnehmender *Curie*-Temperatur auszubauen. Dies kann vorteilhaft mit Legierungen von „seltenen Erdmetallen" im Bereich von Umgebungstemperatur bis in den Bereich des flüssigen Wasserstoffs erreicht werden (s. Tabelle 7).

Tabelle 7. *Curie-Punkt von Gadolinium-Legierungen bzw. Verbindungen, für welche das magnetische Moment des Gadolinium-Atoms (~ 7,5 μ_B) praktisch voll erhalten bleibt* (nach [17])

Material	T_c (K)	Material	T_c (K)
$Gd_{2,71}S_4$	21	$Gd_{0,5}Ag^*_{0,5}$	100
$Gd\,Ag_{0,8}In_{0,2}$	24	$Gd\,Ag_{0,5}In_{0,5}$	111
$Gd_{2,73}S_4$	28	$Gd_{0,68}N_{0,32}$	125
$Gd_{0,65}Th_{0,36}Al_2$	30	$Gd_{0,8}Au^*_{0,2}$	150
$Gd\,Ni_5$	32	$Gd\,Al_2$	153
$Gd\,Ni_2$*	38	$Gd_{0,7}La_{0,3}$	185
$Gd_{2,76}S_4$	42	Gd Ga	200
$Gd_{0,7}Th_{0,3}Al_2$	50	$Gd_{0,67}Y_{0,33}$	211
$Gd\,Ag_{0,7}In_{0,3}$	57	$Gd\,Zn_{0,85}In_{0,15}$	224
$Gd_{2,8}S_4$	58	$Gd_{0,8}Y_{0,2}$	254
Gd N	65	Gd Zn	268
$Gd\,Ni_2^{**}$	81	$Gd_{0,9}Y_{0,1}$	281
$Gd_{0,8}Th_{0,2}Al_2$	90	Gd	293
		$Gd\,Mn_2$	300

* amorph

** kristallin

Ein magnetischer Regenerator ist demnach aus einer Folge poröser ferromagnetischer Materialien mit stufenweise verschiedenen *Curie*-Punkten T_{c1} bis T_{cn} (s. Abb. 25) aufgebaut [16]. Seine Funktionsweise entspricht der eines gewöhnlichen Regenerators – etwa in der *Philips-Stirling*-Gaskältemaschine.

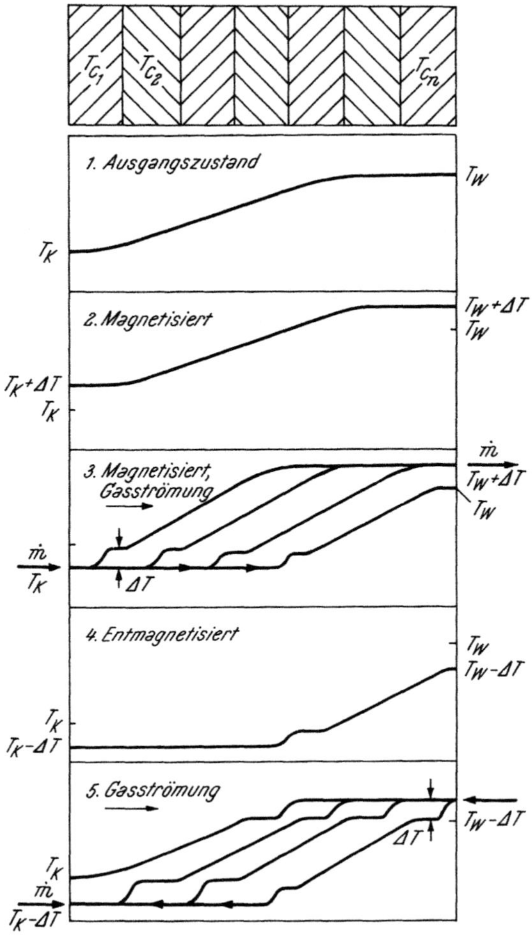

Abb. 25. Prinzip des aktiven magnetischen Regenerators

Der Unterschied besteht darin, daß die Temperatur des Regeneratormaterials durch Anlagen bzw. Abschalten eines Magnetfeldes erhöht bzw. erniedrigt wird, wodurch sich im Zusammenwirken mit der zyklischen Durchströmung des Regenerators durch ein gasförmiges bzw. flüssiges Medium, eine thermische Wellenfront zyklisch im Regenerator bewegt. Da sich das An- und Abschalten eines starken Magnetfeldes bei den benötigten supraleitenden Magneten wegen des instationären Charakters nicht ohne große Verluste durchführen läßt, bietet sich hierfür als äquivalentes Verfahren die Bewegung des Regenerators in bzw. aus dem stationären Magnetfeld eines supraleitenden Magneten an.

Im Regenerator stellt sich nach einigen Zyklen eine Temperaturverteilung nach Abb. 25/1 ein. Dabei sind T_k bzw. T_w die Temperatur im Regenerator an der Kalt- bzw. Warmseite. Nach Aufbringen des Magnetfeldes steigt die

Temperatur im Regenerator annähernd konstant um $\Delta T \approx 15-20$ K je 10 Tesla (Abb. 25/2), weil ΔT in der Umgebung des *Curie*-Punktes näherungsweise von der Temperatur T unabhängig ist (vgl. [17]).

Danach strömt ein gasförmiges Medium (beispielsweise Helium oder Wasserstoff) von der Kaltseite her durch den Regenerator, dessen Temperatur nunmehr an der Kaltseite $T_k + \Delta T$ beträgt. Dabei erwärmt sich das Gas unter Abkühlung des Regenerators, wobei zunächst eine thermische Wellenfront mit der Temperaturdifferenz ΔT entsteht (Abb. 25/3). Eine thermische Wellenfront mit der Temperaturdifferenz $T_w + \Delta T - T_k$ bewegt sich dann in Strömungsrichtung zum warmen Ende des Regenerators, wo das Gas solange mit der Temperatur $T_w + \Delta T$ austritt, bis infolge Eintreffens der thermischen Wellenfront dort die Gastemperatur auf T_w absinkt. Nach Stoppen der Gasströmung wird isentrop entmagnetisiert, wobei die Temperatur im Regenerator konstant um Δ abnimmt (Abb. 25/4). Nunmehr strömt das Gas, nachdem es durch Wärmeabgabe in einem Kühler um ΔT abgekühlt wurde, mit der Temperatur T_w von der Warmseite her in den Regenerator (Abb. 25/5), wobei nunmehr eine thermische Wellenfront der Temperaturdifferenz $T_w - (T_k - \Delta T)$ zur Kaltseite des Regenerators hin wandert. Das Gas verläßt die Kaltseite mit $T_k - \Delta T$ und kann nunmehr um ΔT auf T_k aufgewärmt werden, wodurch der Kühleffekt auf der Kaltseite gegeben ist. Nach Stoppen der Gasströmung bei Eintreffen der Wellenfront auf der Kaltseite ist der Zyklus geschlossen und kann von neuem beginnen.

Die Kühlleistung $\dot{Q}_k$ dieser Anordnung ist dabei für den magnetischen *Brayton*-Prozeß, der im folgenden wegen seiner leichteren Durchführbarkeit ausschließlich behandelt werden soll

$$\dot{Q}_k = \dot{m}_k \cdot c_p \cdot \Delta T_k \; . \tag{97}$$

c_p ist hierbei die spezifische Wärme des Gases bei konstantem Druck, ΔT_k bzw. $\dot{m}_k$ die magnetische Temperaturänderung bzw. der Massenfluß des Gases auf der Kaltseite des Regenerators.

Auf der Warmseite gilt sinngemäß

$$\dot{Q}_w = \dot{m}_w \cdot c_p \cdot \Delta T_w \; . \tag{98}$$

Im Idealfall des *Carnot*-Wirkungsgrades gilt

$$\frac{\dot{Q}_w}{T_w} = \frac{\dot{Q}_k}{T_k} \; . \tag{99}$$

Aus (97) (98) (99) ergibt sich unter Annahme von konstantem c_p

$$\frac{T_w}{T_k} = \frac{\dot{m}_w}{\dot{m}_k} \cdot \frac{\Delta T_w}{\Delta T_k} \tag{100}$$

oder im Falle $\Delta T_w \approx \Delta T_k = \Delta T$

$$\frac{T_w}{T_k} = \frac{\dot{m}_w}{\dot{m}_k} \; . \tag{101}$$

(100) kann durch entsprechende Verteilung der magnetischen Feldstärke entlang des Regenerators und den dann damit voneinander verschiedenen Werten ΔT_w

und ΔT_k erfüllt werden. Damit ist aber nach (99) (98) (97) die Kühlleistung bei der Temperatur T_k durch $\dot{Q}_w$ und T_w bereits vorgegeben, so daß ΔT_k und damit $\dot{Q}_k$ im allgemeinen nicht mehr den maximal möglichen Wert annehmen können.

Vorteilhafter ist es, (100) durch Ändern der Massenflüsse $\dot{m}_w$ bzw. $\dot{m}_k$ auf der Warm- bzw. Kaltseite in der Weise zu erfüllen, daß sowohl ΔT_w als auch ΔT_k den maximal möglichen Wert von etwa 15–20 K je 10 Tesla annehmen kann [17]. Die sich damit aus (101) ergebende Variation der Massenflüsse mit der Temperatur stellt für den magnetokalorischen Refrigerator eine Komplikation dar.

Im Falle des magnetokalorischen Wasserstoffverflüssigers ist zu berücksichtigen, daß eine kontinuierliche Abkühlung des Gases von Umgebungstemperatur bis zum Siedepunkt erforderlich ist, wobei infolge der Ortho-Para-Konversion sowie der Kondensation in den verschiedenen Temperaturbereichen unterschiedliche Wärmemengen abzuführen sind, was nur durch variable Massenflüsse $\dot{m}$ in den einzelnen Temperaturbereichen erfüllbar ist. Demzufolge bedeutet hier die zusätzliche Erfüllung von (101) keine weitere Komplikation.

Beim *Brayton*-Prozeß gilt für die vom Regenerator je Zyklus auszunehmende Wärmemenge $\dot{Q}_R$ ·

$$\dot{Q}_R = 2 M_{\mathrm{Gd}} \cdot \nu \cdot T_m \cdot \Delta s_R \ . \qquad (102)$$

M_{Gd} ist die Masse des Gadolinium-Regenerators und ν die Zahl der Zyklen je Zeiteinheit, wobei je Zyklus zwei regenerative Phasen auftreten. Für den Mittelwert T_m der Temperaturen T_k bzw. T_w auf der Kalt- bzw. Warmseite gilt $T_m = \frac{1}{2}(T_k + T_w)$; für die Entropieänderung Δs_R je Masseneinheit während der regenerativen Phase kann geschrieben werden

$$\Delta s_R = \left(\frac{\partial s_R}{\partial T}\right)_H (T_w - T_k) \, , \qquad (103)$$

wobei unter der Annahme einigermaßen parallelen Verlaufs der Kurven $B = 0$ und $B \gg 0$ (Abb. 21) in grober Näherung entlang der Kurvenstücke $3 \rightarrow 4$ und $6 \rightarrow 1$ für $\left(\frac{\partial s_R}{\partial T}\right)_H$ der gleiche Wert verwendet werden kann.

Für die Kälteleistung $\dot{Q}_K$ des *Brayton*-Prozesses gilt

$$\dot{Q}_K = \dot{m} \cdot c_p \cdot \Delta T \qquad (104)$$

mit $\dot{m}$ Massenfluß der Gasströmung, c_p spezifische Wärme des Gases bei konstantem Druck, ΔT Temperaturänderung des Gases im Regenerator.

Bei der üblichen Anpassung der Wärmekapazität des Regenerators an diejenige der Gasströmung [18] gilt

$$M_{\mathrm{Gd}} \cdot \nu \cdot c_H = \dot{m} \, c_p \ . \qquad (105)$$

Mit (33) und dem Mittelwert der Gastemperatur $\overline{T} = T_k + \frac{\Delta T}{2}$ erhält man

$$c_H = \overline{T} \left(\frac{\partial s_R}{\partial T}\right)_H = \left(T_k + \frac{\Delta T}{2}\right) \cdot \left(\frac{\partial s_R}{\partial T}\right)_H \ . \qquad (106)$$

Für das Verhältnis der Regeneratorleistung zur Kühlleistung ergibt sich dann aus (102) bis (106) nach [17]

$$\frac{\dot{Q}_R}{\dot{Q}_K} = \frac{T_w^2 - T_k^2}{\Delta T \left(T_k + \frac{\Delta T}{2}\right)} \quad . \tag{107}$$

Tabelle 8 zeigt das Verhältnis $\dot{Q}_R / \dot{Q}_K$ für verschiedene Temperaturen T_w und T_k der Warm- bzw. Kaltseite des Regenerators für eine Temperaturspanne zufolge magnetischer Kühlung von $\Delta T = 14$ K. Daraus ist ersichtlich, daß bezogen auf

Tabelle 8

T_k \ T_w	300 K	230 K	160 K	90 K	20 K
230 K	10,4	0	–	–	–
160 K	27,5	11,7	0	–	–
90 K	60,3	33,0	12,9	0	–
20 K	221	139	66,7	20,4	–

die zu- bzw. abzuführenden Wärmemengen der magnetische Regenerator bei höheren Temperaturen außerordentlich große Wärmemengen zu speichern hat, wodurch selbst bei der Aufrechterhaltung kleinerer Temperaturdifferenzen (beispielsweise 70 K) der Entwicklung entsprechend verlustarmer magnetischer Regeneratoren eine Schlüsselrolle zukommt.

Für die Refrigeratorleistung $\dot{Q}_k$ erhält man mit (104) (105) (106)

$$\dot{Q}_k = M_{\mathrm{Gd}} \cdot \nu \cdot \left(T + \frac{\Delta T}{2}\right) \left(\frac{\partial s_R}{\partial T}\right)_H \cdot \Delta T \, . \tag{108}$$

Für $\nu = 1$ (ein Zyklus je Sekunde) erhält man für Gadolinium in der Umgebung des *Curie*-Punktes mit einem Mittelwert von

$$\left(\frac{\partial s_R}{\partial T}\right)_H = 0{,}1555 \text{ Ws/Mol K}^2$$

für $T_k = 290$ K und $\Delta T = 14$ K, für die Refrigeratorleistung $\dot{Q}_k = 650$ W/Mol, oder mit $\rho_{\mathrm{Gd}} = 7{,}9$ g cm^{-3} auf das Regeneratorvolumen bezogen von

$$\dot{Q}_k = 32{,}5 \text{ kW/l}.$$

Magnetokalorische Refrigeratoren bzw. Verflüssiger wären demnach grundsätzlich sehr kompakte Anlagen, welche im Vergleich zu den reinen Gasprozessen sehr hohe Leistungen je Volumeneinheit umsetzen können [17].

Prinzipieller Aufbau magnetokalorischer Verflüssiger

Magnetokalorische Verflüssiger sind, wie schon erwähnt, bisher nicht gebaut worden. Aufgrund der Untersuchungen an ausgeführten magnetischen Refrigeratoren im Bereich des flüssigen Heliums [14, 16, 21, 22], aber auch solcher bei Umgebungstemperatur (s. [15, 23]) kann der prinzipielle Aufbau nach [17] wie folgt umrissen werden:

Ein magnetokalorischer Verflüssiger besteht im wesentlichen aus einer mehrstufigen Anordnung von magnetischen Regeneratoren, welche mit Wärmetauschern zur Abkühlung des zu verflüssigenden Wasserstoffs gekoppelt sind. Die mechanische Verflüssigungsarbeit wird aufgebracht mit der Bewegung der magnetischen Regeneratoren gegen die magnetischen Kräfte, die auf das Regeneratormaterial wirken. Eine schematische Anordnung eines kleinen vierstufigen Wasserstoffverflüssigers nach [17] zeigt Abb. 26. Jede der vier Stufen, deren

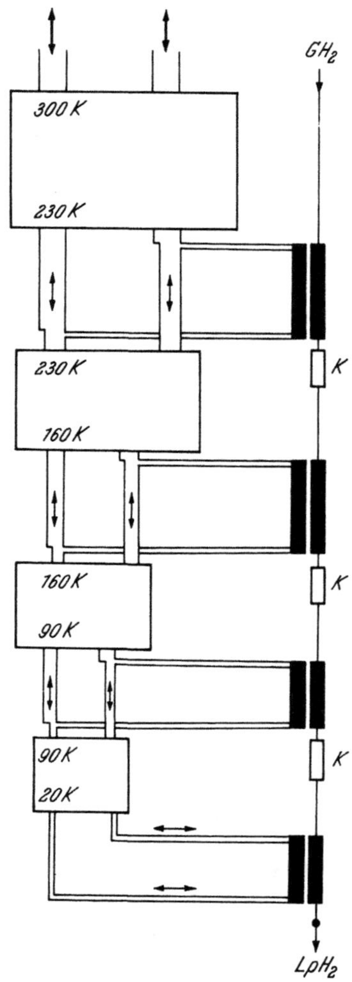

Abb. 26. Prinzip eines vierstufigen magnetokalorischen Verflüssigers nach dem magnetischen *Brayton*-Prozeß und dreistufiger Ortho-Para-Konversion (*K*). Magnete, Ventile usw. sind der Übersicht halber weggelassen (nach [17])

Temperaturspanne im Hinblick auf ein nicht zu großes Verhältnis von $\dot{Q}_R/\dot{Q}_k$ (s. (107) bzw. Tabelle 8) etwa 70 K beträgt, stellt einen magnetischen Regenerator nach Abb. 25 dar. Nach der jeweils ersten, zweiten und dritten Stufe liegen Wärmetauscher im Bypass, welche zur Kühlung des zu verflüssigenden Wasserstoffs einschließlich der Ortho-Para-Konversion dienen und darüber hinaus verschieden große Massenflüsse der Gasströmung in den einzelnen Regeneratorstufen zwecks besserer Ausnutzung des Regeneratormaterials (s. (100), (101)) ermöglichen.

Für die vier Regeneratoren ist ein gemeinsames Magnetfeld vorgesehen, welches von einem supraleitenden Magneten erzeugt wird. Die Kühlung des supraleitenden Magneten (etwa 8–10 Tesla) erfordert etwa 120 mW bei 4,2 K und kann grundsätzlich durch eine fünfte, sehr kleine Regeneratorstufe aufgebracht werden. Diese zusätzliche thermische Last hat nach [20] nur einen sehr kleinen Einfluß auf den Gesamtwirkungsgrad.

Die Steuerung des intermittierenden Helium-Gasstromes durch die Regeneratoren wird mittels entsprechender Ventilanordnungen und Gaszwischenspeicher mit Hilfe eines Verdichters durchgeführt, der lediglich die Energie zur Aufrechterhaltung der Gaszirkulation, jedoch nicht die Verflüssigungsarbeit aufzubringen hat.

Eine eingehende Untersuchung der irreversiblen Entropiezunahme zufolge Wärmeleitung und Gasmischung in den Regeneratoren, Strömungsverluste, innerem Wärmeübergang im Regenerator, Wärmetauscherverluste usw. ergab nach Tabelle 9 ([17]) folgende Daten.

Tabelle 9

Zyklusdauer	ca. 10 s
Magnetfeld	ca. 10 T
Kühlleistung	20 W bei 20,4 K
Verflüssigungsrate	0,7 l/h
Verflüssigungsarbeit	7,26 kWh/kg (54% Carnot)
Leistungsbedarf	557 W
Wärmeabgabe bei 300 K	621 W
Volumen	ca. 76 l
Masse	ca. 166 kg

Solange keine experimentellen Erfahrungen mit magnetokalorischen Verflüssigern vorliegen, kann ein Vergleich mit den bestehenden, im Einsatz befindlichen Verflüssigern bzw. Refrigeratoren nur mit Vorbehalt durchgeführt werden.

Vergleicht man die Daten von Tabelle 9 mit den Ergebnissen in [38], so ergibt sich für magnetokalorische Verflüssiger eine Verringerung der Verflüssigungsarbeit bei derartigen kleinen Anlagen auf etwa ein Siebentel, des Volumens auf etwa ein Zehntel und der Masse auf etwa ein Drittel. Bedeutungsvoll ist vor allem die Verringerung der Verflüssigungsarbeit für dieses kleine System auf 7,26 kWh/kg, was einem Wirkungsgrad von 54% *Carnot* entspricht. Im Vergleich dazu erreichen heutige Großverflüssiger eben etwa 40% *Carnot* (vgl. Abb. 27).

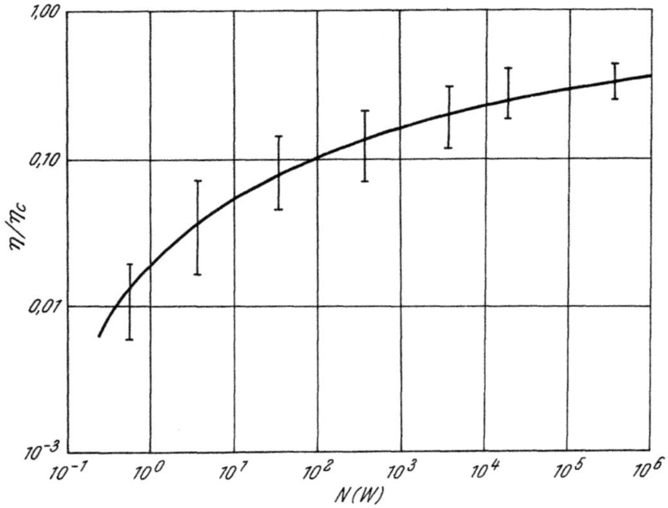

Abb. 27. Wirkungsgrad η von Refrigeratoren bzw. Verflüssigern, bezogen auf den Wirkungsgrad η_c des *Carnot*-Prozesses, als Funktion der Kühlleistung N (nach [49])

Weitere intensive Untersuchungen erfordert der Einfluß der axialen Wärmeleitung in den magnetischen Regeneratoren sowie der Einfluß des Wärmeübergangs im porösen Material auf die irreversible Entropiezunahme. In diesem Zusammenhang sind auch im Hinblick auf die Strömungsverluste Zyklusdauern von weniger als einer Sekunde wahrscheinlich schwer erreichbar, wodurch die Größe der Regeneratoren bei gleicher Verflüssigungsleistung nicht mehr weiter reduziert werden kann.

Trotzdem ist es nicht überraschend, daß die Verflüssigungsarbeit von magnetokalorischen Verflüssigern im Vergleich zu anderen Verfahren erheblich kleiner sein kann, weil kritische Komponenten wie Verdichter, Zwischenkühler oder Expander nicht verwendet werden, die bei den bestehenden Anlagen trotz hohen Entwicklungsstandes in erheblichem Maße zu den irreversiblen Entropieänderungen beitragen (s. Tabelle 12).

3.4 Industrielle Großverflüssigungsanlagen

Als Folge der Raumfahrtprogramme entstand in den U.S.A. insbesondere in Zusammenhang mit dem *Apollo*-Programm ab etwa 1956 ein erheblicher Bedarf an flüssigem Wasserstoff. Obwohl im wesentlichen nur Erfahrungen an kleinen bis mittelgroßen Anlagen (maximal etwa 0,2 t/Tag) vorlagen, wurden innerhalb kurzer Zeit Großanlagen erfolgreich entwickelt und gebaut [25–31]. Am Höhepunkt dieser Entwicklung war hierbei eine Gesamtanlagenkapazität von mehr als 200 t LH_2/Tag vorhanden. Nach Abschluß der Triebwerkentwicklung für das *Apollo*-Programm setzte ein starker Rückgang des Bedarfs ein, so daß eine

Reihe von Anlagen wieder stillgelegt bzw. abgebaut wurde. Diese Entwicklung setzte sich mit Beendigung des *Apollo*-Projektes weiter fort, wobei mit Einsetzen des *Space Shuttle*-Programms wiederum eine Trendumkehr erfolgte.

In Tabelle 10 sind typische in den U.S.A. auch derzeit in Betrieb befindliche Großanlagen aufgeführt [41]. Zum Vergleich ist ferner die größte, in den U.S.A. in Betrieb gewesene (*) und die größte europäische [32] in Betrieb befindliche Anlage enthalten[6].

Tabelle 10. *H_2-Großverflüssigungsanlagen*

Ort	Hersteller, Betreiber	Kapazität	Inbetriebnahme
Mississippi, Test Fac.	Air Products	36 t/Tag	1960
Long Beach, Calif.	Air Products	30 t/Tag	1958
Ontario, Calif.	Union Carbide, Linde Div.	30 t/Tag	1962
Sacramento, Calif.	Union Carbide, Linde Div.	60 t/Tag	1966*
Frais-Marais, France	L'Air Liquide	1,3 t/Tag	

Charakteristisch für Großverflüssigungsanlagen ist die Forderung nach Wirtschaftlichkeit, da Großabnehmer von flüssigem Wasserstoff ein entsprechend billiges Produkt benötigen. Abgesehen von den Betriebskosten spielen dabei auch die Investitionskosten eine wesentliche Rolle. Ferner werden Verflüssigungsprozesse bevorzugt, die Zuverlässigkeit, leichte Bedienbarkeit und gute Regelbarkeit aufweisen. Es ist daher schwierig, allgemeine Kriterien für die Auslegung derartiger Anlagen aufzustellen, die den Investitionen und Kosten nach am ehesten mit Anlagen der Verfahrenschemie und Petrochemie verglichen werden können.

Es zeigt sich jedoch, daß ein Kompromiß zwischen möglichst niedrigen Investitionskosten zusammen mit möglichst hohem thermodynamischen Wirkungsgrad des verwendeten Verflüssigungsprozesses anzustreben ist. Darüber hinaus sind Standortfragen hinsichtlich der Verfügbarkeit von billigem Rohwasserstoff zu berücksichtigen, was die Errichtung von Großverflüssigungsanlagen in der Nähe von Raffinerien oder Anlagen der Großchemie nahelegt, wo Wasserstoff in großen Mengen anfällt bzw. als Rohstoff benötigt wird.

Als Verflüssigungsverfahren haben sich als günstigste Lösung Variationen des zweistufigen *Claude*-Prozesses (s. Abb. 17) erwiesen. Dabei werden als Expander Turbinen verwendet – im allgemeinen eine oder zwei – da diese im Vergleich zu Kolbenexpandern größere Massenflüsse bei allerdings kleinerem Druckverhältnis bewältigen können (vgl. [33–37]).

Aufgrund der Erfahrungen mit den gegenwärtig im Einsatz befindlichen Großanlagen besteht nach Untersuchungen von *Baker* und *Shaner* [38] die Möglichkeit, auf diese Weise wirtschaftliche Anlagen mit einer Verflüssigungskapazität bis zu 250 t LH_2/Tag zu bauen [39]. Größere Leistungen können dann durch Anwendung der Modulbauweise erzielt werden.

6 Nach Kenntnis des Autors existieren in der Bundesrepublik Deutschland derzeit nur zwei Verflüssigungsanlagen mit einer Tageskapazität von ca. 100 kg LH_2 bzw. 50 kg LH_2, wobei erstere kommerziell genutzt wird.

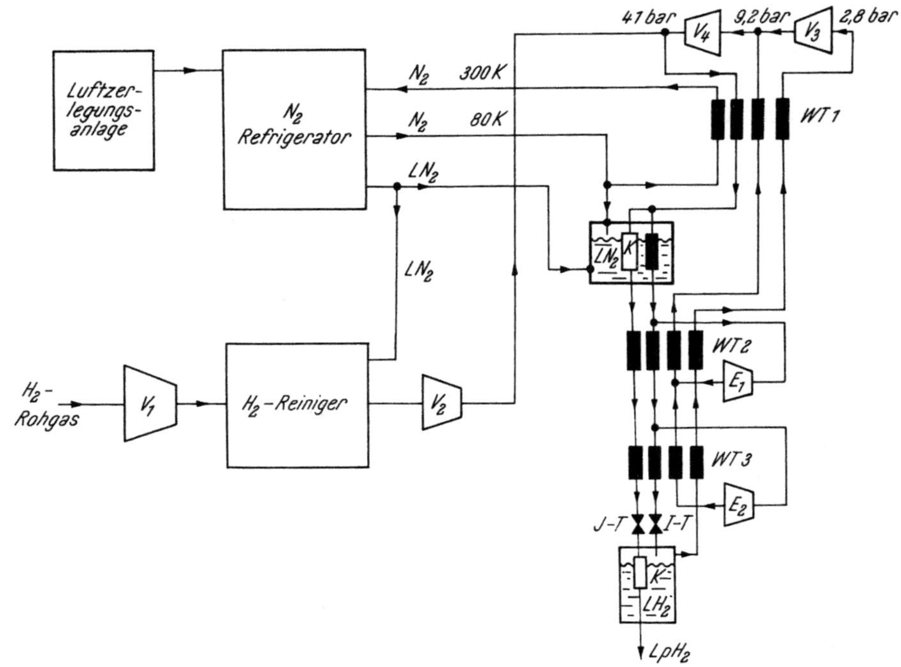

Abb. 28. Wasserstoff-Großverflüssigungsanlage (nach [38]). *V* Kolbenverdichter, *WT* Wärmetauscher, *K* Ortho-Para-Konverter

Ein stark vereinfachtes Flußschema derartiger Großanlagen zeigt Abb. 28, genauere Angaben und Daten sind in [38] zu finden. Der Prozeß verwendet, wie der in Abb. 17 skizzierte, Wasserstoff als Arbeitsmedium, aber zwei Expansionsturbinen zur Abkühlung des in einem getrennten Verflüssigungszweig zugeführten Wasserstoffs (Rezirkulations- bzw. Verflüssigungszweig).

Ein dritter Zweig dient zur Vorkühlung mit flüssigem Stickstoff, der von einer eigenen Anlage geliefert wird. Dabei wird der von der Verflüssigungsanlage abströmende gasförmige Stickstoff in einem Refrigerator wiederum verflüssigt und zurückgeführt. Zur Deckung von Stickstoffverlusten ist der Stickstoffrefrigerator mit einer Luftzerlegungsanlage gekoppelt.

Nicht behandelt werden soll hier die Stufe für die Reinigung des zur Anlage gelangenden Rohwasserstoffs [41–43], der im allgemeinen Stickstoff, Kohlenmonoxid, Kohlendioxid, Sauerstoff, Methan und Wasserdampf als Verunreinigungen enthalten kann. Der Rohwasserstoff muß im allgemeinen auf etwa 1 ppm gereinigt werden, um Ausfrieren der Verunreinigungen und die damit zusammenhängenden Probleme im Verflüssiger mit Sicherheit zu vermeiden. Die in Anwendung befindlichen kryogenen Reinigungsverfahren benutzen entweder Absorption in unterkühlten flüssigen Kohlenwasserstoffen oder aber physikalische Adsorption an geeigneten Adsorbermaterialien, beispielsweise Silikagel (s. [41, 43]).

Nach Abkühlung des Wasserstoffs auf etwa 26 K wird die Verflüssigung ähnlich wie in Abb. 17 über eine zweistufige J-T-Expansion auf 9 bzw. 1 bar durchgeführt. Der gasförmige Rückstrom der ersten Stufe (9 bar) wird dem Niederdruckverdichter zugeführt. Damit wird in ähnlicher Weise wie beim zweistufigen *Linde*-Prozeß, s. Abb. 15, eine Verringerung der Verdichterleistung erreicht.

Die Drücke und Temperaturen (s. Tabelle 11) entsprechen dabei dem minimalen Energieaufwand für die Verflüssigung unter Berücksichtigung der irreversiblen Verluste der Komponenten. Der Speisedruck hat hierbei etwa bei 41 bar ein eindeutiges Minimum für die Verflüssigungsarbeit, was durch eine günstige Überlappung der Arbeitstemperaturbereiche der als Expander arbeitenden Turbinen bedingt ist. Der niedrigste Druck im Rezirkulationszweig ist auf etwa 2,8 bar begrenzt, um Verflüssigung im Turbinenaustritt zu vermeiden. Dabei ist diese Turbinenaustrittstemperatur im Interesse kleiner Verflüssigungsarbeit mit 26 K möglichst tief gewählt, um möglichst geringe irreversible Entropiezunahme durch die nachgeschaltete J-T-Expansion zu erhalten. Typisch für Großanlagen ist ferner die zu einer weiteren Verringerung der Verflüssigungsarbeit verwendete vierstufige Ortho-Para-Konversion, die unter Verwendung von Wärmetauschern (Abb. 29) quasikontinuierlich durchgeführt werden kann [41, 44–48]. Der Übersicht halber ist dies in Abb. 28 nicht dargestellt.

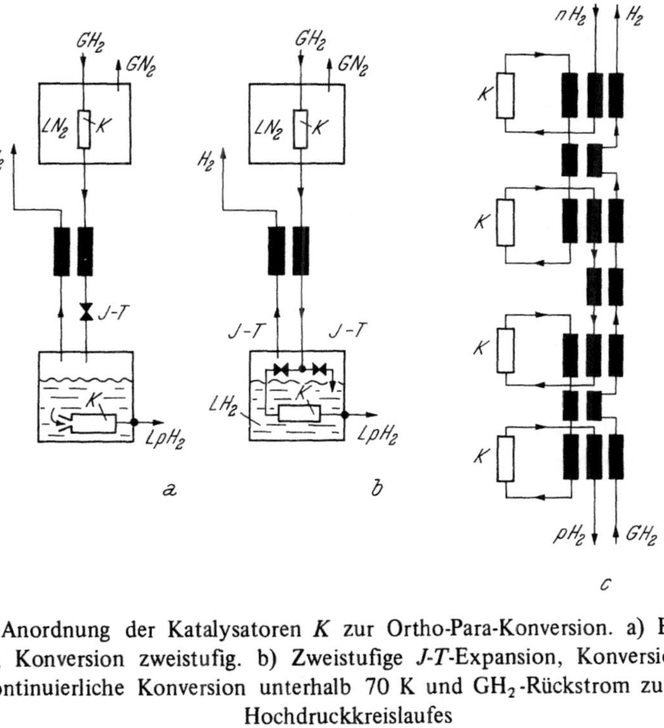

Abb. 29. Anordnung der Katalysatoren *K* zur Ortho-Para-Konversion. a) Einstufige *J-T*-Expansion, Konversion zweistufig. b) Zweistufige *J-T*-Expansion, Konversion zweistufig. c) Quasikontinuierliche Konversion unterhalb 70 K und GH_2-Rückstrom zur Kühlung des Hochdruckkreislaufes

Tabelle 11. *Typische Daten für eine Großanlage (250 t/Tag) zur Verflüssigung von Wasserstoff nach* [38] (s. Abb. 29)

	H_2-Zufuhr	H_2-Verflüssigung
Druck (bar)	1	9,2
Temperatur (K)	308	20,57
Massenfluß (kg/s)	2,625	2,625
Anteil p-H_2 (%)	25	99
Niedrigster Druck (bar)	2,87	
Höchster Druck (bar)	41	
Expander Austrittstemperatur (K)	26	
Temperaturdifferenz am Wärmetauscher (K)	8	
Wirkungsgrad der H_2-Turbine (%)	79	
Wirkungsgrad der N_2-Turbine (%)	84	
Mittlerer Verdichterwirkungsgrad (%)	79	
Verflüssigungsarbeit (kWh/kg)	–	10,8*

* Entspricht 36% Carnot.

Die hier angegebene Verflüssigungsarbeit von 10,8 kWh/kg entspricht mehr den konservativen Werten der in [49] enthaltenen Daten für Verflüssiger entsprechender Größenordnung.

Sehr aufschlußreich sind ferner die Anteile der Komponenten an den durch irreversible Entropiezunahme bedingten Verlusten nach Tabelle 12 [38–40].

Tabelle 12. *Irreversible Verluste an den Komponenten von Wasserstoff-Großverflüssigern nach* [38]

$W_i = 3{,}92$ kWh/kg $W = 10{,}8$ kWh/kg	$W - W_i = 6{,}88$ kWh/kg
Kreislaufkompressor	29,35%
Speisekompressor	8,61%
Turbinen	12,96%
Wärmetauscher	12,65%
o-p-Konversion	4,08%
LN_2-Refrigerator	25,02%
Sonstige Verluste	7,33%
Summe	100%

Ein Vergleich zeigt, daß die Wasserstoffkompressoren den größten Verlustanteil beitragen, gefolgt von Stickstoffrefrigerator, Turbinen und Wärmetauschern. Fühlbare Verbesserungen sind demzufolge vor allem hier durchzuführen.

In den hier untersuchten Beispielen ermöglicht eine Verbesserung des Verdichter- bzw. Turbinenwirkungsgrades um 1% eine Verringerung der Verflüssigungsenergie um jeweils 1,35% bzw. 0,69%.

Eine weitere Verringerung der Verflüssigungsarbeit auf etwa 9,8 kWh/kg entsprechend etwa 40% *Carnot* oder etwas darüber, ist durch Entwicklung verbesserter Komponenten möglich, was nach [49] den für Anlagen kleinerer Größenordnung erzielten besten Werten entspricht. Wegen der hohen Investitionskosten sind derartige Entwicklungen allerdings nur bei entsprechendem Bedarf zu erwarten.

Literatur

1. Barron, R.: Cryogenic Systems. New York: McGraw Hill 1966.
2. Westbröck, A. J.: Liquefaction of Oxygen, Nitrogen and Hydrogen. In: Applied Cryogenic Engineering. Vance, R. D., Duke, W. M. (eds.), 170–191. New York: Wiley & Sons 1962.
3. Haselden, G. G.: Refrigeration and Liquefaction Cycles. In: Cryogenic Fundamentals. Haselden, G. G. (ed.), 17–89. London: Academic Press 1971.
4. Scott, R. B., Denton, W. H., Nicholls, C. M.: Technology and Use of Liquid Hydrogen. Oxford: Pergamon Press 1964.
5. Scott, R. B.: Cryogenic Engineering. Princeton, N. J.: D. van Nostrand 1959.
6. Macinko, J., Chelton, D. B., Dean, J.: Hydrogen Liquefaction Cycles. Adv. Cryog. Eng., Vol. 3. New York: Plenum Press 1960.
7. Plank, R. (ed.): Handbuch der Kältetechnik. Plank, R. (Hrsg.). Berlin-Göttingen-Heidelberg: Springer 1959.
8. Kittel, Ch.: Einführung in die Festkörperphysik. München-Wien: R. Oldenbourg 1969.
9. Simon, F. E., Kurti, N., Allen, J. F., Mendelssohn, K.: Low Temperature Physics. Four Lectures. London: Pergamon Press 1952.
10. Barclay, J. A., Steyert, W. A.: Magnetic Refrigeration for Space Applications, Report on a Design Study. Los Alamos Sci. Lab. Rep. LA-8134 (1980).
11. Hasimoto, T., Numasawa, T., Shino, M., Okada, T.: Magnetic Refrigeration in the Temperature Range from 10 K to Room Temperature: The Ferromagnetic Refrigerants. Cryogenics, November 1981.
12. Kurti, N.: The Temperature Range below 1° Absolute. In: Low Temperature Physics, Four Lectures. Simon, F. E., Kurti, N. (eds.). London: Pergamon Press 1952.
13. Betts, D. S.: Refrigeration and Thermometry below 1 K. Sussex University Press, 1976.
14. Barclay, J. A., Moze, O., Paterson, L.: A Reciprocating Magnetic Refrigerator for 2–4 K Operation: Initial Results. J. Appl. Phys. *50*, 5870–5877 (1979).
15. Brown, G. V.: Magnetic Heat Pumping Near Room Temperature. J. Appl. Phys. *47*, 3673–3680 (1976).
16. Barclay, J. A., Steyert, W. A.: Materials for Magnetic Refrigeration between 2 K and 20 K. Cryogenics *22*, 73–79 (1982).
17. Barclay, J. A.: Can Magnetic Refrigerators Liquefy Hydrogen at High Efficiency. ASME-paper 81-HT-82, 20th Joint ASME/AIChE National Heat Transfer Conf., Milwaukee, Wisc., August 2–5, 1981.
18. Köhler, J. W. L., Jonkers, C. O.: Grundlagen der Gaskältemaschine – Konstruktion einer Gaskältemaschine. Philips Tech. Rdsch. *11* und *12* (1954).
19. Köhler, W. L., Stevens, P. F., de Jonge, A. K., Beuzekom, D. C.: Computation of Regenerators Used in Regenerative Refrigerators. Cryogenics *15*, 521–530 (1975).

20. Barclay, J. A., Stewart, W. F.: The Effect of Parasitic Refrigeration on the Efficiency of Magnetic Liquefiers, 1166–1170. Proc. 17th IECEC, CH 1789-7/82/0000-1166, August 1982.
21. Steyert, W. A.: Rotating Carnot-Cycle Magnetic Refrigerators for Use Near 2 K. J. Appl. Phys. *49*, 1227–1230 (1978).
22. Barclay, J. A.: A 4 K to 20 K Rotational-Cooling Magnetic Refrigerator Capable of 1 mW to 1 W Operation. Los Alamos Sci. Lab. Rep., LA-81111, 1980.
23. Steyert, W. A.: Stirling Cycle Rotating Magnetic Refrigerators and Heat Engines for Use Near Room Temperature. J. Appl. Phys. *49*, 1227 (1978).
24. van Geuns, J. R.: Philips Res. Rep., Suppl. 6 (1966).
25. Chopey, N. P.: Industry Joins Liquid Hydrogen Scene. Chem. Eng. *61*, 164–167 (1960).
26. van der Arend, P. C.: Large-Scale Liquid Hydrogen Production. Chem. Eng. Progr. *57*, 62–67 (1961).
27. Coplen, H. L.: Large-Scale Production and Handling of Liquid Hydrogen. J. Amer. Rocket Soc. *22*, 309–322 (1952).
28. van der Arend, P. C.: Liquid Hydrogen – Ultimate Fuel. Chem. Eng. Progr. Symp. Series *57*, No. 34, 1–7 (1961).
29. Flynn, T. M., Smith, C. N.: Trends in Cryogenic Fluid Production in the United States. Proc. Int. Inst. of Refrigeration, 241–247, Tokyo, Japan 1970.
30. van der Arend, P. C.: Large-Scale Production, Handling and Storage of Liquid Hydrogen. Adv. Cryog. Eng., Vol. 5, pp. 49–54. New York: Plenum Press 1959.
31. Baker, C. R., Matsch, L. C.: Production and Distribution of Liquid Hydrogen. Adv. Petrol. Chem. and Refining *10*, 36–81 (1965).
32. Fujita, H.: Liquefied Hydrogen in France. Production, Storage, Transportation and Utilization. Koatsu Gasu *12*, 18–27 (1975).
33. Blackford, J., Halford, P., Tantam, D. H.: Expanders and Pumps, Chapt. 8. In: Cryogenic Fundaments. Haselden, G. G. (ed.). London: Academic Press 1971.
34. Smith, Jr., J. L.: A Metal Bellows Expansion Engine. Adv. in Cryog. Eng., Vol. 12, pp. 595–601. New York: Plenum Press 1967.
35. Morain, W. A.: Design of a Cryogenic Expansion Engine for Tonnage Hydrogen Liquefaction. Adv. Cryog. Eng., Vol. 12, pp. 585–594. New York: Plenum Press 1967.
36. Land, M. L.: Expansion Engines and Turbines for Low Temperature Processing. Adv. Cryogenic Eng., Vol. 2. New York: Plenum Press 1960.
37. Eber, N., Quack, H., Schmidt, C.: Gas Bearing Turbines with Dynamic Gas Bearings and their Application. In: Helium Refrigerators. Cryogenics *18*, 585–588 (1978).
38. Baker, C. R., Shaner, R. L.: A Study of the Efficiency of Hydrogen Liquefaction. Int. J. Hydrogen Energy *3*, 321–334 (1978).
39. Baker, C. R.: Economics of Hydrogen Production and Liquefaction updated to 1980. NASA Contractor Rep. 159163 (1979), also see NASA-CR-132631, NASA-CR-145077, NASA-CR 145282.
40. Voth, R. O., Daney, D. E.: H_2-liquefaction: Effects of Component Efficiencies. Proc. 14th IECEC, Newark, Delaware, 1356–1362, August 1975.
41. Foerg, W.: Purification of Hydrogen by Means of Low Temperatures. Sci. Technol. *15*, 18–26 (1970).
42. Baker, C. R., Paul, R. S.: Purification of Liquefaction-Grade Hydrogen. Chem. Eng. Progr. *59*, 61–64 (1963).
43. Wilson, K.: Adsorption. In: Cryogenic Fundamentals. Haselden, G. G. (ed.), 375–403. London: Academic Press 1971.
44. Weitzel, D. H., van Valin, C. C., Draper, J. W.: Design Data for Ortho-Parahydrogen Converters. Adv. Cryog. Eng., Vol. 3. New York: Plenum Press 1980.

45. Singleton, A. H., Kucirka, J. F., Lapin, A.: Investigation of the Para-Ortho Shift of Hydrogen. Air Force Prop. Lab. (APFL), Tech. Rep. AFAPL-TR-66-111, 80 p., Wright Patterson Air Force Base, Ohio 1966.
46. Barrick, P. L., Brown, L. F., Hutchinson, H. L., Cruse, R. L.: Improved Ferric Oxide Gel for Ortho-Parahydrogen Conversion. Adv. Cryog. Eng., Vol. 10. New York: Plenum Press 1965.
47. Singleton, A. H., Lapin, A.: Design of Para-Orthohydrogen Catalytic Reactors. Adv. Cryog. Eng., Vol. 10A. New York: Plenum Press 1965.
48. Singleton, A. H., Lapin, A., Wenzel, L. A.: Rate Model for Ortho-Parahydrogen Reaction on a Highly Active Catalyst. Adv. Cryog. Eng., Vol. 13. New York: Plenum Press 1968.
49. Strobridge, T. R.: Cryogenic Refrigerators – an Updated Survey. NBS, Tech. Note 655 (1974).
50. Dros, A. A.: Large Capacity Industrial Stirling Machine. Adv. Cryog. Eng., Vol. 10A. New York: Plenum Press 1965.
51. Kanoldt, W.: Selected Examples for European Cryogenic Design Practice. Adv. Cryogenic Eng., Vol. 10A. New York: Plenum Press 1965.
52. Keller, W. E.: Worldwide Cryogenics – U.S., Cryogenics at the Los Alamos Scientific Laboratory. Cryogenics *20*, 547–556 (1980).
53. McCormick, J. E., Brauer, J. B.: The Feasibility of Solid State Cryogenic Refrigeration to 70 K. Adv. Cryog. Eng., Vol. 10. New York: Plenum Press 1965.

4. Thermische Isolation, Speicherung und Transport von flüssigem Wasserstoff

Wasserstoff als tiefkalte Flüssigkeit muß zwecks Vermeidung unwirtschaftlich hoher Verdampfungsverluste in thermisch isolierten Behältern gespeichert und transportiert werden. Das gleiche gilt hinsichtlich der Isolierung von Leitungen für flüssigen Wasserstoff.

Das Gebiet der Isoliertechniken ist dabei ein Teilgebiet der allgemeinen Probleme des Wärmeübergangs, einschließlich der Wärmeübertragung durch strömende Medien, beispielsweise in Wärmetauschern. Die Fragen des Wärmeüberganges strömender Medien sind hier im Zusammenhang mit der Berechnung und dem Bau hocheffizienter Wärmetauscher für die einzelnen Verfahren der Wasserstoffverflüssigung ganz allgemein von fundamentaler Bedeutung. Da eine Behandlung dieses Themas der Kryotechnik im Rahmen dieses Buches nicht möglich ist, muß auf die einschlägige Literatur verwiesen werden. Die hier angegebenen Zitate betreffen Beiträge, welche einen Einstieg in dieses besonders wichtige Gebiet ermöglichen [1, 2, 3, 4]. Im folgenden wird im wesentlichen ein Überblick über die gängigen Verfahren der Tieftemperaturisolation unter Berücksichtigung der Erfordernisse des Wasserstoffs gegeben.

Bis etwa 1955 wurde flüssiger Wasserstoff im wesentlichen im Labormaßstab benötigt und gehandhabt, wofür vorwiegend mit flüssigem Stickstoff gekühlte Laborspeicherbehälter, Metallkryostaten sowie Glas-Dewargefäße im Einsatz waren.

Als Folge des in der Raumfahrt einsetzenden Bedarfs wurden in ähnlicher Weise wie auf anderen Gebieten der Kryotechnik auch für Wasserstoff Entwicklungen durchgeführt, die seine großtechnische Handhabung ermöglichen[1]. Für flüssigen Wasserstoff stehen heute insbesondere in den U.S.A. stationäre Speichertanks bis zu etwa 4000 m^3 Fassungsvermögen, Eisenbahntransporttanks bis zu etwa 100 m^3 sowie Straßentransporttanks bis zu etwa 70 m^3 zur Verfügung.

Bezüglich der angewendeten Isoliertechnik befindet sich Wasserstoff hinsichtlich seines Temperaturbereichs in etwa zwischen flüssigem Helium und flüssigem Sauerstoff bzw. flüssigem Stickstoff. In Abhängigkeit vom Einsatzzweck finden dabei einerseits hocheffiziente Isolierverfahren (Hochvakuumsuperisolation) Anwendung, beispielsweise bei der Langzeitspeicherung kleinerer Mengen von flüssigem Wasserstoff, während andererseits – vor allem im großtechnischen Bereich – Verfahren, die für Stickstoff bzw. Sauerstoff anwendbar sind, wie beispielsweise die Vakuumpulverisolation, auch für Wasserstoff eingesetzt werden. Da, wie schon erwähnt, die Isolationsart wesentlich vom

---

[1] Siehe Nachtrag Seite 91.

Einsatzzweck sowie den umzusetzenden Mengen an flüssigem Wasserstoff abhängt, soll im folgenden kurz auf typische Probleme der thermischen Isolation eingegangen, hinsichtlich der Details jedoch auf die Fachliteratur verwiesen werden.

4.1 Mechanismen des Wärmetransports und Isolationstechniken

Wärmeübertragung erfolgt allgemein durch Konvektion, Wärmeleitung und Strahlung. Konvektion überwiegt bei unisolierten Oberflächen, die der Luft ausgesetzt sind. Dies ist bei flüssigem Wasserstoff aus Sicherheitsgründen problematisch, da infolge seines niedrigen Siedepunktes Luft an unisolierten Behälteraußenwänden bzw. Leitungen flüssig wird, abtropft und mit brennbaren Materialien explosionsartig reagieren kann.

Trotzdem können für Sonderanwendungen unter entsprechenden Sicherheitsbedingungen unter Umständen unisolierte Leitungen bzw. Behälter eingesetzt werden, beispielsweise wenn dies infolge hohen Massendurchsatzes, z.B. rasches Befüllen spezieller Behälter wie etwa Treibstofftanks für Raketen usw., oder sehr kurzer Speicherzeit wirtschaftlich ist. Nach [5] wurden in Abhängigkeit von der Windgeschwindigkeit an unisolierten Oberflächen (Rohrleitungen) Wärmeübergangszahlen im Bereich von etwa 38–65 W/m^2 K und Windgeschwindigkeiten bis zu etwa 20 km/h gemessen. Für allgemeinere Anwendungen kommt dieses Verfahren jedoch aus Sicherheitsgründen kaum in Betracht.

Herkömmliche Isolation ohne Vakuum in Form von Mineralwolle, Kork, gummiartigen Schaumstoffen auf Polystyrolbasis, Perlite, Polyurethan-Hartschaum sowie Schaumglas und Balsaholz werden für Anwendungen, wo insbesondere Leichtbauweise erforderlich ist – vorzugsweise in der Raketentechnik und gegebenenfalls in der Luftfahrt – eingesetzt. Hier wird die Konvektion der Luft im wesentlichen durch die Porenstruktur des Materials unterbunden [6–17].

Diese Materialien weisen nach Abb. 30 in etwa folgende Eigenschaften auf:

- Wärmeleitfähigkeit im Bereich derjenigen von Gasen, insbesondere Luft
- niedrige Dichte im Bereich von 20–250 kg/m^3
- Änderung der Wärmeleitfähigkeit im Tieftemperaturbereich um einen Faktor 2–4
- Hartschäume, Holz, Kork und Schaumglas können in wabenartigen Strukturen als Füllmaterial dienen und haben bei mäßiger Flächenpressung im Bereich bis etwa 10^6 N/m^2 in etwa konstante Wärmeleitfähigkeit.

Die Auslegung und Anbringung der Isolation muß auch bei Wasserstoff in der Weise erfolgen, daß die Temperatur auf der Warmseite oberhalb des zu erwartenden Taupunktes der Luft liegt. Darüber hinaus muß entweder durch Versiegelung bzw. Fugenfüller oder durch entsprechende Folienabdichtung das Eindringen von Wasserdampf und Luft und die dadurch bedingte Kondensation in die Isolation hinein unterbunden werden [18]. Im letzteren Falle können die Poren und Hohlräume der Isolation auf der Warmseite anstelle von Luft auch mit einem Inertgas wie Stickstoff oder Argon beaufschlagt werden.

Doppelmantel-Vakuumisolation: Diese wird für flüssigen Wasserstoff vor-

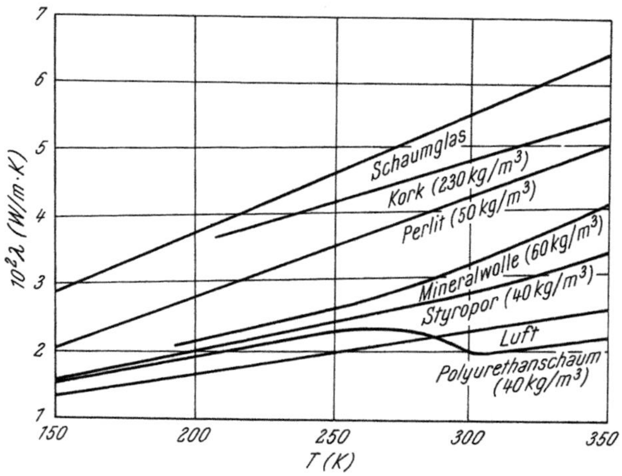

Abb. 30. Wärmeleitzahlen λ für Isolation ohne Vakuum als Funktion der absoluten Temperatur T

zugsweise bei großen Dimensionen angewendet [19–23]. Dabei wird der Wärmetransport durch Konvektion und Wärmeleitung im Gas durch Absenken des Gasdrucks, d.h. durch Anwendung eines mäßigen Vakuums, sehr stark reduziert. Der Anteil der Konvektion nimmt in grober Näherung proportional mit der Dichte des Gases ab, während die Wärmeleitung des Gases druckunabhängig ist, solange die mittlere freie Weglänge L der Moleküle für Stöße untereinander klein ist gegenüber den Dimensionen D im Vakuummantel. In diesem Falle sind Stöße der Teilchen der Masse m mit den Gefäßwandungen wesentlich seltener als zwischen den Teilchen selbst [24–27].

Dabei gilt für die vom Druck unabhängige Wärmeleitzahl λ und $L \ll D$

$$\lambda \sim \sqrt{\frac{T}{m}} \quad . \tag{109}$$

Bei weiterer Druckabsenkung übertrifft schließlich die mittlere freie Weglänge die Dimensionen im Vakuummantel und die Zahl der Wandstöße beginnt zu überwiegen [24, 25]. In diesem Fall ergibt sich für den nunmehr druckabhängigen Wärmefluß $\dot{q}$ und $L \gg D$

$$\dot{q} \sim \alpha_{12} \cdot \frac{p}{\sqrt{T \cdot m}} (T_1 - T_2). \tag{110}$$

p ist hierbei der Druck, T_1, T_2 die Temperatur der Wände und α_{12} der Akkomodationskoeffizient, der den Energietausch mit den Wänden charakterisiert.

Da im vorliegenden Falle Wasserstoff den dominierenden Anteil des Restgases im Vakuummantel darstellt, gilt nach [25]

$$\dot{q} = 9{,}18 \cdot \alpha_{12} \left(\frac{\kappa + 1}{\kappa - 1} \right) \cdot p \cdot (T_1 - T_2) \cdot A_2 \quad (\mathrm{W/m^2}). \tag{111}$$

p ist hierbei der Druck in Torr, T_1 und T_2 die absolute Temperatur der äußeren bzw. inneren Oberfläche, A_2 die innere Oberfläche in m^2 und κ das Verhältnis der spezifischen Wärmen.

Für den Gesamt-Akkomodationskoeffienten α_{12} gilt

$$\alpha_{12} = \frac{\alpha_1 \cdot \alpha_2}{\alpha_1 + \alpha_2 (1 - \alpha_1)(A_2/A_1)} . \tag{112}$$

Für die individuellen Akkomodationskoeffizienten α_1 und α_2 (die ebenfalls zwischen 0 und 1 liegen) gilt für Wasserstoff nach Tabelle 13.

Tabelle 13

Oberflächentemperatur (K)	α_1, α_2
300	0,3
80	0,5
20	1

Unter Gültigkeit von (110) kann die Wärmeleitung durch das Restgas bei Drücken $< 10^{-5}$ Torr auf Werte reduziert werden, die sowohl gegenüber dem Wärmefluß durch die Aufhängung des Innenbehälters als auch dem erheblichen durch Strahlung auf den Innenbehälter gelangenden Wärmefluß vernachlässigbar sind.

Durch Einbringen von pulverartigen Materialien geringer Korngröße wie Perlit, expandiertes SiO_2 usw. wird der Wärmetransport durch Strahlung erheblich reduziert [28, 30]. Bei höheren Gasdrücken zwischen den Pulverpartikeln verbleibt zusätzlich die Wärmeleitung durch das Gas sowie die effektive Wärmeleitung durch das Pulver selbst, welche jedoch infolge der nur losen Berührung der Pulverkörner untereinander gegenüber der reinen Festkörperwärmleitfähigkeit erheblich reduziert ist. Bei Gasdrücken im Pulver unterhalb von etwa 10^{-2} bis 10^{-3} Torr ist (110) erfüllt, so daß die Wärmeleitung durch das Gas vernachlässigbar wird und der Wärmetransport im wesentlichen durch Strahlung und durch die effektive Wärmeleitung des Pulvers gegeben ist. Demzufolge ist ein Gewinn an Wärmedämmung durch Einbringen von Pulvern in den Vakuumzwischenraum dann zu erzielen, wenn die Verringerung des Wärmetransportes durch Strahlung die effektive Festkörperwärmleitfähigkeit des Pulvers überkompensiert (Abb. 31).

Durch Beimischung hochreflektierender Metallpartikel, beispielsweise Aluminiumpulver, kann der Wärmetransport durch Strahlung weiter verringert werden, während sich der Wärmeleitungsanteil infolge der größeren Wärmeleitfähigkeit des Metallpulvers erhöht. Bei bestimmten Kombinationen von Korngröße und Metallpulveranteil lassen sich dabei Minima der effektiven Wärmeleitzahl finden, die einer Verbesserung um den Faktor 2–3 entsprechen [28, 29].

Eine Verringerung der effektiven Wärmeleitfähigkeit gegenüber den pulverartigen Isoliermaterialien etwa um den Faktor 5–10 kann im Vakuum (10^{-2} bis 10^{-3} Torr) mit Mikrohohlglaskugeln, bestehend aus Borglas mit Durch-

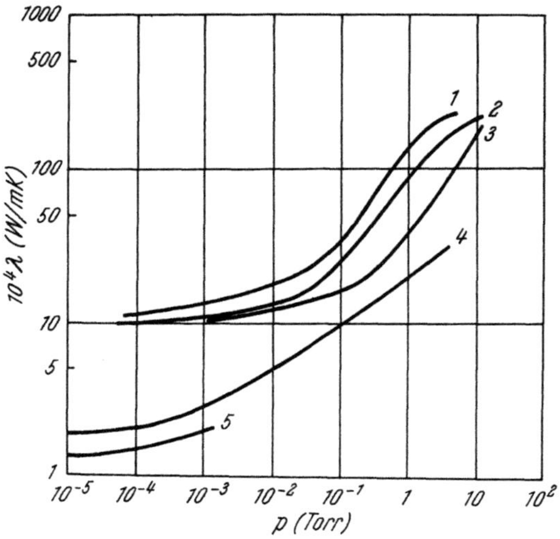

Abb. 31. Effektive Wärmeleitzahl λ von Pulver-Vakuum-Isolation als Funktion des Gasdrucks *p* (Stickstoff bzw. Helium). *1* Phenolharz-Kugeln, *2* Perlit (300/78 K, Stickstoff). *3* Kieselgur, *4* Perlit (78/20 K, Helium)

messern im Bereich von 15–150 μm erzielt werden [31], wobei je nach Temperaturbereich nichtmetallisierte, metallisierte bzw. Mischungen beider Kugelsorten Vorteile bieten [32].

Dieses Isolierverfahren besitzt neben der verbesserten Wärmedämmung und dem sehr geringen Gewicht in etwa die gleichen Vorteile wie die herkömmliche Pulver-Vakuumisolation, also einfache Verarbeitung einschließlich der Umgebung im Bereich von Stützen, Aufhängungen und Durchführungen sowie geringe Abhängigkeit der Wärmedämmung von der Flächenpressung hin bis zu Anpreßdrücken von etwa 10^4 N/m² [31, 34].

Mikrohohlglaskugeln werden daher zufolge dieser Eigenschaften und weil sie darüber hinaus nicht brennbar sind, auch in der Isoliertechnik für Wasserstoff steigende Bedeutung gewinnen.

Hochvakuum-Superisolation: Durch Hochvakuum kann der Wärmetransport des Restgases praktisch völlig eliminiert werden, während der Wärmetransport durch Strahlung mittels einer großen Anzahl den Innenbehälter umgebender reflektierender Schichten weiter verringert werden kann [26, 35, 37].

Für die in Normalenrichtung abgestrahlte Energiestromdichte einer Oberfläche mit dem Emissionskoeffizienten ϵ und der Temperatur T gilt das *Stefan-Boltzmann*sche Gesetz

$$\dot{q} = \sigma \cdot \epsilon \cdot T^4 \tag{113}$$

mit der *Stefan-Boltzmann*schen Konstante $\sigma = 5{,}67 \cdot 10^{-8}$ W/m² K⁴ *.

* Die in den Halbraum mit dem Raumwinkel 2π emittierte Gesamtstrahlung ergibt sich aus (113) durch Multiplikation mit π.

Für die zwischen zwei parallelen Flächen der Temperatur T_1 und T_2 übertragene Wärmestromdichte gilt

$$\dot{q}_{12} = \sigma \cdot \epsilon_t \cdot (T_1^4 - T_2^4) , \qquad (114)$$

wobei sich der totale Emissionskoeffizient ϵ_t aus den individuellen Emissionskoeffizienten ϵ_1 und ϵ_2 für die Emission in den Halbraum ergibt [36]:

$$\epsilon_t = \frac{1}{1/\epsilon_1 + 1/\epsilon_2 - 1} . \qquad (115)$$

Für konzentrische Kugeln bzw. lange koaxiale Zylinder ergeben sich für (115) entsprechend modifizierte Werte [36, 37].

Bei Anbringung von n Strahlungsschirmen mit jeweils zwei reflektierenden Oberflächen gleicher Beschaffenheit ($\epsilon_1 = \epsilon_2 = \epsilon_m \ll 1$) erhält man für die Wärmestromdichte aus (114)

$$\dot{q}_{12}(n) = \frac{\dot{q}_{12}}{n+1} = \frac{\sigma \cdot \epsilon_m}{n+1} (T_1^4 - T_2^4) . \qquad (116)$$

Demzufolge läßt sich der Wärmestrom mit Hilfe derartiger Schirme sowie durch kleine Emissionskoeffizienten der hier in Betracht kommenden langwelligen Infrarotstrahlung wesentlich vermindern. Da nach dem *Kirchoff*schen Gesetz kleiner Emission auch kleine Absorption und damit gute Reflexion entspricht, kommen für die Schirmoberflächen im wesentlichen Metalle bzw. metallbedampfte Flächen in Betracht. Um gute Reflexion zu erzielen, muß dabei die Schichtdicke des Metalls größer sein als etwa 0,8 μm.

Dabei wird eine hinreichend große Zahl von Lagen als Isolation um den Innenbehälter aufgebracht. Diese Lagen bestehen dabei im wesentlichen entweder aus Kunststoff-Folien (Mylar), die ein- oder zweiseitig im Metall bedampft sind, oder aber aus sehr dünn gewalzten Aluminiumfolien mit Zwischenlagen (Spacern) aus Glasseidengewebe oder ähnlichem Material.

Diese Art der Isolation stellt das derzeit beste Isolierverfahren dar und wird als Superisolation bezeichnet [38, 39, 40].

Von erheblicher Bedeutung ist das Reflexionsvermögen der metallischen Folien. Typische Werte für den Emissionskoeffizienten verschiedener Metalle sind in Tabelle 14 angegeben [36, 41, 42, 43].

Die hier angegebenen und in der Literatur enthaltenen Werte für ϵ sind im allgemeinen nur als Richtwerte aufzufassen und werden bei Isolierungen kaum erreicht, weil die Bedingungen, unter welchen die Meßwerte erhalten wurden, bei der praktischen Fertigung kaum realisiert werden können [44, 45]. Insbesondere ist es nicht möglich, absolut saubere, d.h. fettfreie und oxidfreie bzw. chemisch nicht korrodierte Oberflächen – beispielsweise durch Sulfidbildung bei Kupfer oder Silber – zu erhalten, was die Lagerung derartiger Isolierfolien an der Luft infolge ihres Schadstoffgehaltes heute problematisch macht.

Erschwerend kommt hinzu, daß die geforderte optische Qualität der Oberflächen im langwelligen Infrarotbereich vorliegen muß und demzufolge aus der visuellen Begutachtung im sichtbaren Bereich hochwertig erscheinender Oberflächen noch keine verläßlichen Aussagen über deren Verhalten im Infrarotbereich gemacht werden können.

Darüber hinaus können Kondensationsprodukte auf den einzelnen Schichten wie beispielsweise Wasserdampf, Kohlendioxid, Kohlenwasserstoffe usw. bei entsprechender Schichtdicke den Emissionskoeffizienten erhöhen und damit das Wärmedämmvermögen reduzieren.

Tabelle 14. *Emissionskoeffizienten reiner Metalloberflächen*

Material		Temperatur (K)	ϵ
Aluminium		4	0,011
	poliert	77	0,018
		300	0,03
	rauh	300	0,07
	stark oxidiert	300	0,2–0,3
Kupfer	elektrolytisch	4	0,005
	poliert	77	0,008
		300	0,02
	poliert	300	0,04
	matt	300	0,15
Silber		4	0,0044
	poliert	77	0,008
		300	0,02
	oxidiert	300	0,02–0,04
Gold	poliert	77	0,01
		300	0,02
Edelstahl	poliert	77	0,048
		300	0,08
Metallisierte Folien (Ag, Au, Cu, Al)		300	0,02–0,04

Erfahrungsgemäß ist im Vergleich mit Tabelle 14 eine Streubreite der dort angegebenen Werte um 100% durchaus möglich, so daß es nicht sinnvoll erscheint, hier zwischen der totalen und der normalen Emissivität (Emission in den Halbraum bzw. Emission in Normalenrichtung der Fläche) zu unterscheiden oder den Temperatureinfluß (s. Tabelle 14) zu überschätzen.

Ferner ist zu beachten, daß die Annahme von Strahlungsschirmen ohne gegenseitigen mechanischen Kontakt, welche zu (116) führte, nicht realisiert werden kann. Die einzelnen Lagen stehen stets in mechanischem Kontakt, was in starker Abhängigkeit von der Flächenpressung zusätzlichen Wärmeübergang durch Wärmeleitung zur Folge hat. Dies kommt darin zum Ausdruck, daß die Wärmedämmung mit wachsender Lagenzahl infolge zunehmender Flächenpressung, deren Reproduzierbarkeit beim Fertigungsprozeß Probleme aufwirft, nicht monoton zunimmt, sondern etwa zwischen 60–100 Lagen einem Sättigungswert zustrebt, der nicht weiter unterschritten werden kann (s. Abb. 32, 33) [46].

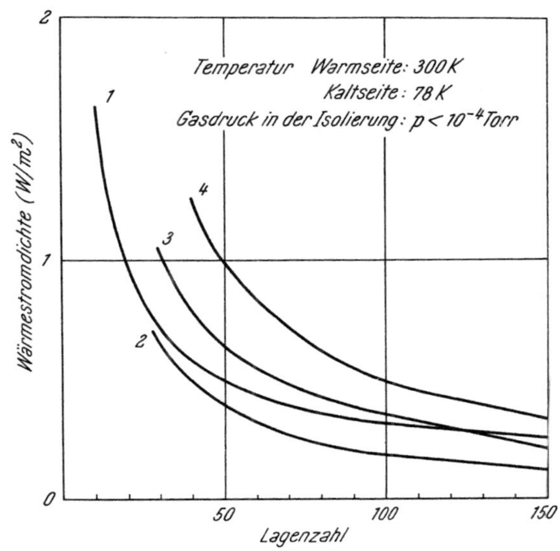

Abb. 32. Wärmestromdichte von Superisolation als Funktion der Lagenzahl mit der Zahl der Lagen je cm (Lagendichte) als Parameter. *1* Linde-Dimplar. 10 Lagen je cm. *2* NRC 2-Mylarfolie, einseitig bedampft, 15 Lagen je cm. *3* wie *2*, 30 Lagen je cm. *4* wie *3* und *2*, 60 Lagen je cm (nach Angaben der Hersteller)

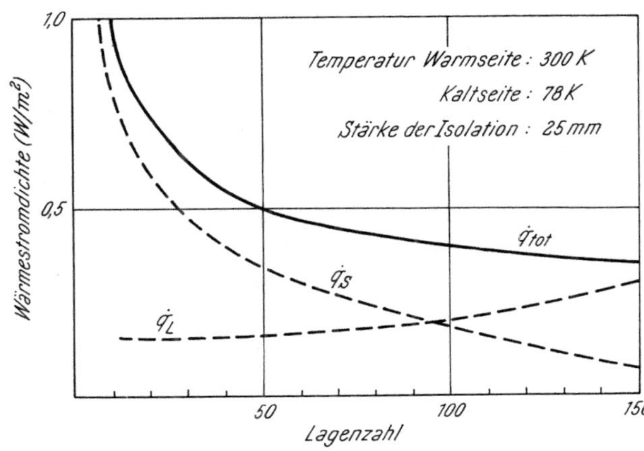

Abb. 33. Gesamtwärmestromdichte $\dot{q}_{tot}$ von NRC 2 Superisolation als Funktion der Lagenzahl bei konstanter Isolationsstärke (nach Angaben des Herstellers). Vakuum zwischen den Schichten: $p < 10^{-4}$ Torr. $\dot{q}_L$ bzw. $\dot{q}_s$ entsprechen den vom Verfasser abgeschätzten Anteilen von Wärmeleitung bzw. Wärmestrahlung

Das Temperaturprofil in der Isolation entspricht daher nicht dem für reine Strahlung, sondern liegt im Bereich gemischter Wärmeübertragung zwischen reiner Strahlung und reiner Wärmeleitung (Abb. 34), wodurch die Ähnlichkeit des Wärmetransportmechanismus mit demjenigen bei Pulverisolation bzw. Mikrohohlglaskugelisolation ersichtlich wird.

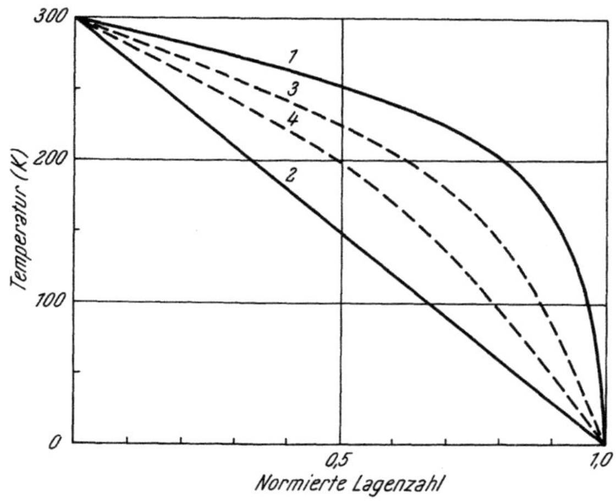

Abb. 34. Temperaturverteilung innerhalb der Superisolation. *1* Reine Wärmestrahlung mit ϵ = const.; *2* reine Wärmeleitung mit λ = const.; *3* Superisolation mit kleiner bzw. *4* mit großer Lagendichte

Allgemein kann gesagt werden, daß bei höheren Temperaturen, insbesondere im Bereich der Umgebungstemperatur, in der Superisolation der Wärmetransport durch Strahlung dominiert, während bei tiefen Temperaturen – etwa unterhalb 60–80 K – die Wärmeleitung gegenüber der Strahlung zufolge deren starker Abnahme mit T^4 zu überwiegen beginnt.

Eine Reihe von Rechenverfahren wurde entwickelt, welche den Wärmefluß durch die Superisolation zu ermitteln gestatten. Im allgemeinen reichen eindimensionale Berechnungsverfahren, welche nur den Wärmefluß senkrecht zur Oberfläche erfassen, aus, während für erhöhte Anforderungen zweidimensionale Verfahren entwickelt wurden, welche auch die Querleitfähigkeit entlang der einzelnen Schichten und damit das stark anisotrope Verhalten der Superisolation erfassen können [47].

Gerade das im Vergleich zur Pulverisolation bzw. Mikrohohlglaskugelisolation stark anisotrope Verhalten der Superisolation wirft bei der Verarbeitung teilweise erhebliche Probleme auf. Da die Superisolation aus dem bisher Gesagten sehr empfindlich auf Handhabungsfehler und Randstörungen reagiert [45], ergeben sich insbesondere bei der Durchführung von Rohrleitungen und Behälteraufhängungen durch die Isolation Probleme, weil die Berührung kalter und warmer Isolationslagen sowie Strahlungsaustausch zwischen denselben vermieden werden muß [48].

Darüber hinaus bereitet es erhebliche Schwierigkeiten, das erforderliche Vakuum von $\leqslant 10^{-4}$ Torr zwischen den einzelnen Lagen zu erzielen. Einerseits ist das Abpumpen des Restgases zufolge der schmalen Spalte zwischen den einzelnen Lagen sehr behindert und andererseits gasen die Oberflächen der einzelnen Lagen sehr stark aus, wodurch gerade im Bereich niedriger Drücke hohe volumenbezogene Gasraten anfallen [49].

Das in der Isolation verbleibende Restgas, dessen Druck um den Faktor 10–100 höher liegen kann als im freien Vakuumraum [50], ist offenbar mit verantwortlich für die Restwärmeleitfähigkeit der Superisolation, insbesondere bei den auf tiefer Temperatur befindlichen Lagen (vgl. Abb. 35). Nach [51] wird eine erhebliche Verringerung der Restwärmeleitfähigkeit erzielt, indem die als Abstandshalter zwischen den Metallfolien wirkenden Lagen aus Glasfaser, Papier oder ähnliches mit adsorbierenden Materialien, beispielsweise Aktivkohle, belegt werden, um das Vakuum zwischen den einzelnen Lagen zu verbessern (*Scurlock*-Isolation). Auf diese Weise kann die Wärmedämmung um den Faktor 3 und darüber erhöht werden. Es erscheint offenbar möglich, effektive Wärmeleitzahlen im Bereich von $5–6 \cdot 10^{-6}$ W/mK erreichen zu können.

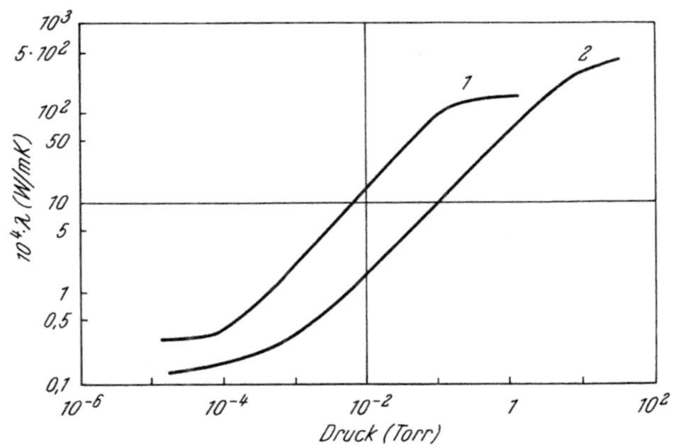

Abb. 35. Effektive Wärmeleitfähigkeit λ von Superisolation als Funktion des Vakuums zwischen den Schichten (nach Daten von [40, 46]). *1* Aluminisierte Polyesterfolie, Luft; *2* Aluminiumfolie und Glasseide, Helium

Die Abweichung des Wärmeflusses der bisher üblichen Superisolation vom reinen Strahlungstransport wird demzufolge offenbar wesentlich durch die Wärmeleitung des Restgases in der Isolation und weniger durch Festkörperkontakt zwischen den einzelnen Lagen verursacht.

Das Isolationsvakuum zwischen Außen- und Innenbehälter wird für die gewünschte Standzeit des Behälters (Größenordnung mehrere Jahre) durch Gettermaterialien und Adsorbermaterialien aufrechterhalten, welche die infolge Ausgasung und Mikrolecks anfallenden Gasmengen binden. Gettermaterialien werden hierbei für höhere Temperaturen (warme Wand) benutzt, während nichtbrennbare Adsorbermaterialien, insbesondere Molekularsiebe, auf der Kaltseite eingesetzt werden.

Isolationskühlung durch das Abgas: Eine erhebliche Verringerung der Abdampfrate $\dot{m} = \dot{q}/i_v$ des Innenbehälters (i_v Verdampfungsenthalpie) zufolge des Wärmelecks $\dot{q}$ kann durch Kühlung der Isolation mit dem kalten Abgas erzielt werden. Dies kann zweckmäßig durch innerhalb der Isolation angebrachte metallische Schilde erfolgen, welche mittels aufgelöteter bzw. aufgeklebter Rohrschlangen vom Abgas gekühlt werden, ein Verfahren, welches vor allem bei Großbehältern Anwendung findet [52].

Für Superisolation mit Folien von hoher Querleitfähigkeit besteht darüber hinaus noch die Möglichkeit, die einzelnen Lagen durch direkten thermischen Kontakt an geeigneter Stelle des Abgasrohres bzw. des Halses (Abb. 36) direkt zu kühlen, ein Verfahren, welches insbesondere bei kleinen Behältern (einige 100 Liter Fassungsvermögen) für Helium und Wasserstoff der bestmöglichen technisch realisierbaren Wärmedämmung bereits sehr nahe kommt [52, 53, 54, 55, 56].

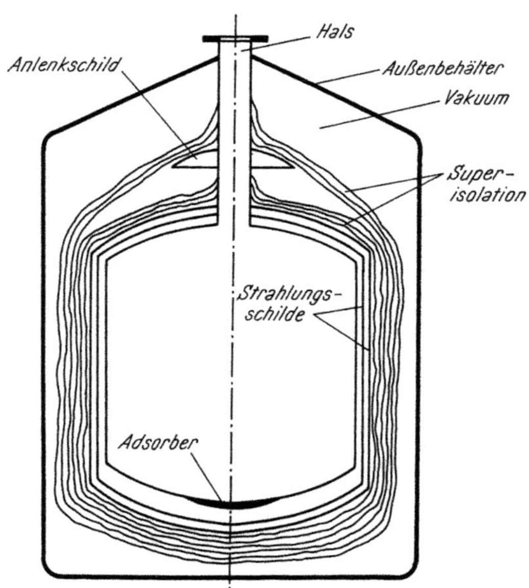

Abb. 36. Prinzip eines Kryobehälters mit abgasgekühlter Superisolation (nach [52] sowie nach Angaben der Messer Griesheim GmbH)

Die Effektivität einer derartigen Abgaskühlung hängt vom Verhältnis der Enthalpiedifferenz des Gases zwischen Umgebungstemperatur und Siedetemperatur zur Verdampfungsenthalpie i_v der Flüssigkeit (s. Tabelle 15) ab.

Tabelle 15. *Verdampfungsenthalpie i_v und Enthalpiedifferenz Δi des Gases zwischen Siedepunkt und 300 K*

	i_v (Ws/kg)	Δi (Ws/kg)	$(i_v + \Delta i)/i_v$	$\left(\frac{\dot{m}}{\dot{m}_0}\right)_\infty$	$\left(\frac{\dot{m}}{\dot{m}_0}\right)_1$
N_2	$199 \cdot 10^5$	$2{,}35 \cdot 10^5$	2,18	0,67	0,85
Ne	$8{,}72 \cdot 10^4$	$2{,}8 \cdot 10^5$	4,2	0,45	0,75
H_2*	$4{,}48 \cdot 10^5$	$4 \cdot 10^6$	9,9	0,26	0,5
He	$2{,}09 \cdot 10^4$	$1{,}57 \cdot 10^6$	76	0,06	0,2

* im ortho-para-Gleichgewicht

Für den Fall vollständiger Ausnutzung der zur Verfügung stehenden Abgasenthalpie, d.h. völlige Aufwärmung des Abgases auf Umgebungstemperatur, läßt sich die resultierende Abdampfrate einfach abschätzen. Dieser Fall gilt streng für eine über alle Grenzen wachsende Zahl von Abgasschilden, kann aber in guter Näherung durch kontinuierliche Kühlung der einzelnen Superisolationslagen erreicht werden, die zu diesem Zweck entsprechend gute Querleitfähigkeit besitzen müssen und an entsprechender Stelle mit dem Abgasrohr (beispielsweise Hals des Innenbehälters) in thermischem Kontakt stehen (Abb. 36).

Für das Verhältnis der Verdampfungsrate mit bzw. ohne Abgaskühlung $\dot{m}$ bzw. $\dot{m}_0$ (Tabelle 15) ergibt sich nach [52, 56]

$$\left(\frac{\dot{m}}{\dot{m}_0}\right)_\infty = \frac{\ln s}{s-1}$$

$$s = \frac{i_v + \Delta i}{i_v} \quad . \tag{117}$$

Die entsprechenden Werte für $\left(\frac{\dot{m}}{\dot{m}_0}\right)_\infty$ sind in Tabelle 15 angegeben.

Daraus wird die insbesondere für Helium und Wasserstoff erhebliche Reduzierung der Verdampfungsrate durch kontinuierliche Abgaskühlung der Superisolation ersichtlich. Zum Vergleich sind die entsprechenden Werte $(\dot{m}/\dot{m}_0)_1$ für einen einzigen abgasgekühlten Schild, der sich etwa in der Mitte innerhalb der Isolation befindet [19], angegeben. Die geringeren Werte gegenüber kontinuierlicher Kühlung ergeben sich aus der naturgemäß geringeren Ausnutzung der Abgasenthalpie mittels nur eines diskreten Temperaturniveaus.

Derartige einzelne abgasgekühlte Schilde können auch innerhalb von Vakuumpulverisolation angebracht werden und ermöglichen insbesondere im Falle der Verwendung von Mikrohohlglaskugeln eine erhebliche Verringerung der Verdampfungsrate.

Die Verlegung von Superisolation auf diskreten, abgasgekühlten Schilden [54, 55] kann ebenfalls Vorteile bringen, da auf diese Weise eine Aufteilung der Gesamtisolation in Gruppen kleinerer Lagenzahl auf die einzelnen Schilde und demzufolge verbesserte Wärmedämmung infolge verringerter Flächenpressung ermöglicht wird. Der innerste Schild kann dabei als ein den Innenbehälter umgebener reiner Strahlungsschild ausgebildet sein, wodurch der Wärmefluß auf den Innenbehälter praktisch auf das Wärmeleck zufolge Aufhängung und Verrohrung reduziert wird. Eine Kühlung der Aufhängungen des Innenbehälters durch thermischen Kontakt mit den diskreten, abgasgekühlten Schilden bringt vorteilhafterweise eine weitere Verringerung des Wärmelecks. Dient der Behälterhals gleichzeitig als Aufhängung, so sind damit die bestmöglichen realisierbaren Verhältnisse für kleinere Behälter erreicht. Beispielsweise haben kontinuierlich abgasgekühlte Behälter für flüssiges Helium bei einem Fassungsvermögen von 100 Litern, entsprechend einem effektiven Wärmeleck auf den Innenbehälter von 25 mW, eine Verdampfungsrate von 0,8% je Tag (0,8 l Helium bzw. 0,1 kg Helium je Tag) [54, 56].

Mit den Werten von Tabelle 15 erhält man daraus ein effektives Wärmeleck für flüssigen Wasserstoff von $25 \cdot \frac{0{,}26}{0{,}058} = 112$ mW, dem eine Verdampfungsrate von 0,0216 kg/Tag bzw. 0,3 l/Tag, also 0,3% je Tag entsprechen würde.

Durch Verwendung von „*Scurlock*-Isolation" (s. S. 71) können diese Werte noch weiter verbessert werden, so daß für Behälter dieser Größe typische Speicherzeiten von maximal einem Jahr als Grenze des technisch Möglichen resultieren. Mit zunehmendem Behältervolumen werden diese Werte zunächst noch günstiger. Beispielsweise entspräche dem in [54] untersuchten Behälter von 680 Liter Fassungsvermögen für Helium II ($T < 2{,}2$ K) und einer Verdampfungsrate von etwa 0,3% je Tag (1 Jahr flüssiges Helium zur Versorgung eines Meßsystems an Bord eines Satelliten in einer Erdumlaufbahn) bei Füllung mit Wasserstoff eine Verdampfungsrate von etwa 0,12% je Tag, was bedeutet, daß ein dieser Verdampfungsrate entsprechender Wärmefluß schon mittels Wärmeleitung durch einen zwischen Außen- und Innenbehälter befindlichen Kupferdraht von 1 m Länge und ungefähr 0,8 mm Durchmesser erzeugt werden könnte!

4.2 Speicherung und Transport von flüssigem Wasserstoff

Die Entwicklung der Technik von Speicherung und Transport von flüssigem Wasserstoff setzte zu einem Zeitpunkt ein, als diesbezügliche Verfahren für flüssigen Sauerstoff und flüssigen Stickstoff bereits seit langem im Einsatz waren. Im Zusammenhang mit der im Vergleich zu flüssigem Sauerstoff und flüssigem Stickstoff geringeren Verdampfungswärme sind dabei für flüssigen Wasserstoff ähnlich wie für flüssiges Helium verfeinerte Verfahren erforderlich. Die Entwicklung dieser notwendigen und höhere Anforderungen stellenden Technik für flüssigen Wasserstoff und flüssiges Helium hatte dann in diesem Zusammenhang auch zu verbesserten Verfahren der Handhabung für andere kryogenen Flüssigkeiten geführt.

Die Speicherungstechnik von flüssigem Wasserstoff ist dabei heute in allen vorkommenden Größenordnungen sehr gut entwickelt.

Abb. 37 gibt einen Überblick über die Abhängigkeit der erreichbaren Ver-

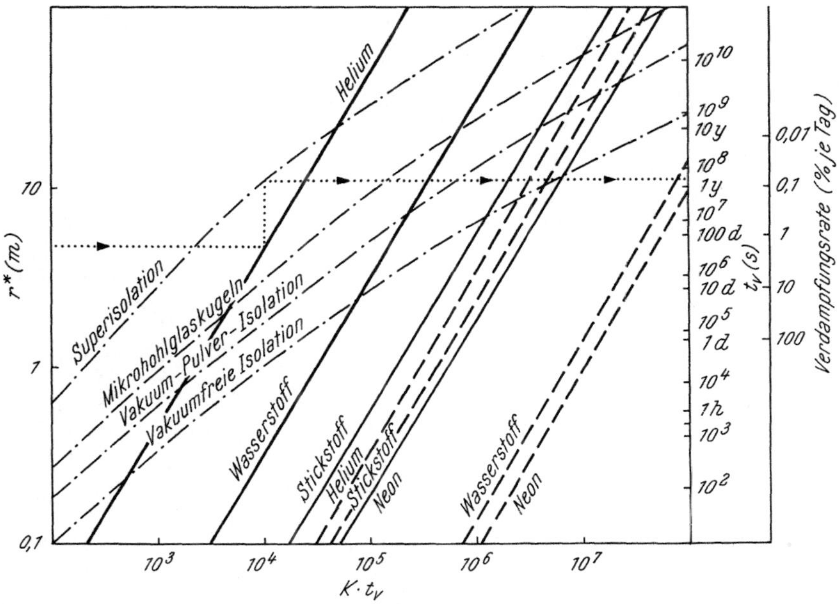

Abb. 37. Standzeit t_v von Behältern für kryogene Flüssigkeiten in Abhängigkeit von Größe (äquivalenter Kugelradius r^*) und Isolationsart. Die gestrichelten Kurven entsprechen ideal abgasgekühlter Isolation. K effektive Wärmedurchgangszahl der Isolation (W/m² K)

dampfungsrate für verschiedene verflüssigte Gase in Abhängigkeit von Isolierverfahren und Behältergröße. Daraus ist zu entnehmen, daß für Größenordnungen von 100 Litern bis zu einigen tausend Kubikmetern und darüber stets Verdampfungsraten von weit unter 1% pro Tag erreichbar sind.

Großbehälter: Die Speicherung großer Mengen von flüssigem Wasserstoff ist heute insbesondere aufgrund intensiver Anwendungen in der Raumfahrt sowie in der Kernforschung Stand der Technik. Die Speicherung erfolgt dabei vor allem in Lagertanks mit Perlit-Vakuumisolation. Derartige Tanks gibt es in großer Anzahl in den U.S.A., der größte dieser Art steht in Cape Kennedy (Abb. 38). Er hat bei einem Speichervolumen von etwa 3800 m³ (ca. 270 t LH_2) und einem äußeren Kugeldurchmesser von ca. 20 m eine Verdampfungsrate von weniger als 0,03% pro Tag, was einer Speicherungsdauer von mehreren Jahren entspricht. Abb. 39 vermittelt einen Eindruck vom inneren Aufbau und der Instrumentierung derartiger Behälter[2].

Während die Außenbehälter derartiger Tanks aus normalem Stahl gefertigt werden können, sind für die Innenbehälter austenitische Chrom-Nickel-Stähle

[2] Für die freundliche Genehmigung zur Veröffentlichung der Abb. 38 bzw. 39 ist der Verfasser dem NASA-Kennedy-Space-Flight Center, insbesondere A. L. Bain, bzw. dem Los Alamos National Laboratory, insbesondere Dr. F. J. Edeskuty, zu besonderem Dank verpflichtet.

Abb. 38. Ansicht des größten im Einsatz befindlichen Tanks für flüssigen Wasserstoff. Dieser Tank hat ein Fassungsvermögen von 3800 m^3 LH_2 und befindet sich im Kennedy-Space-Center der NASA (Quelle: NASA)

oder aber Aluminium-Legierungen mit guter Schweißbarkeit erforderlich. Letztere werden bevorzugt verwendet, weil infolge der Verringerung des Gewichts eine Kostenersparnis sowie eine Verringerung des Wärmelecks zufolge der in diesem Fall mit geringerem Querschnitt zur dimensionierenden Aufhängung des Innentanks möglich wird. Infolge der hohen thermischen Leitfähigkeit des Aluminiums werden ferner Temperaturunterschiede an der Wand des Innenbehälters gering gehalten, was insbesondere zur Verringerung der Stratifikationsneigung beiträgt, welche zusammen mit Siedeverzug die Behälterfunktion erheblich beeinträchtigen kann [57, 58, 59].

Abb. 40 zeigt nach [57] die Temperaturverteilung in einem gefüllten Wasserstoffbehälter von ca. 200 m^3 Fassungsvermögen, sowie Abb. 41 den Einfluß derselben auf die Druckaufbaurate. Maximaler bzw. minimaler Druckanstieg (Kurve A bzw. B) findet statt, wenn die gesamte einströmende Wärme von Dampf bzw. von der Flüssigkeit allein absorbiert wird, während die üblichen Betriebszustände im Zwischenbereich liegen (Kurven B und C). Die der Kurve C entsprechende kleinere Druckaufbaurate ergab sich im vorliegenden Fall zufolge des Einströmens geringfügiger Mengen von gasförmigem Helium in die Flüssigkeit, wodurch eine Durchmischung des flüssigen Wasserstoffs und eine Verringerung der Stratifikationsneigung bewirkt wurde.

Wegen der großen Wärmeleitfähigkeit von Aluminium kann dieses nicht für

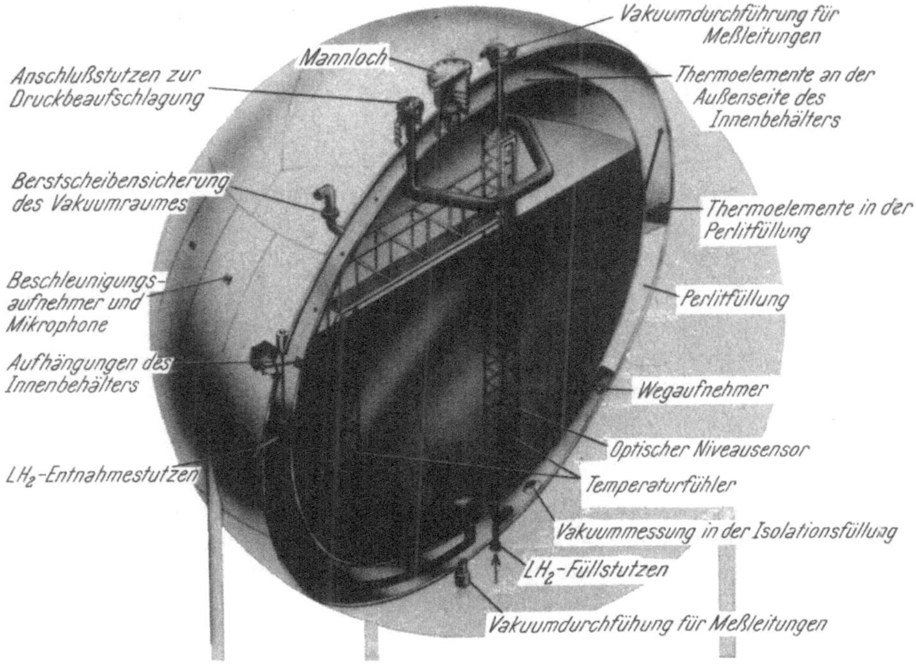

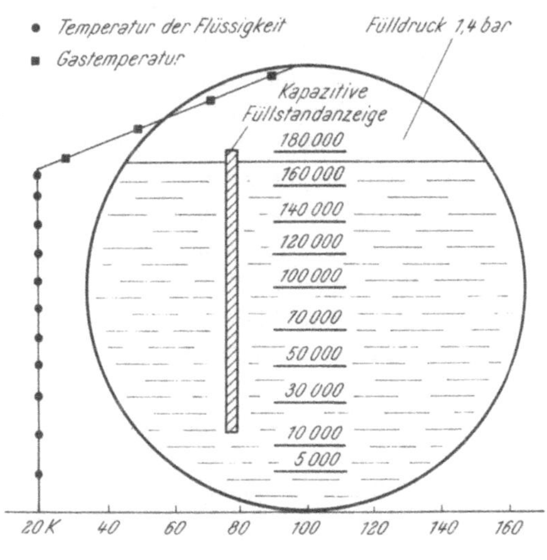

Abb. 40. Temperaturverteilung in einem Behälter von 180 000 l (50 000 Gal.) Fassungsvermögen für flüssigen Wasserstoff (nach [57])

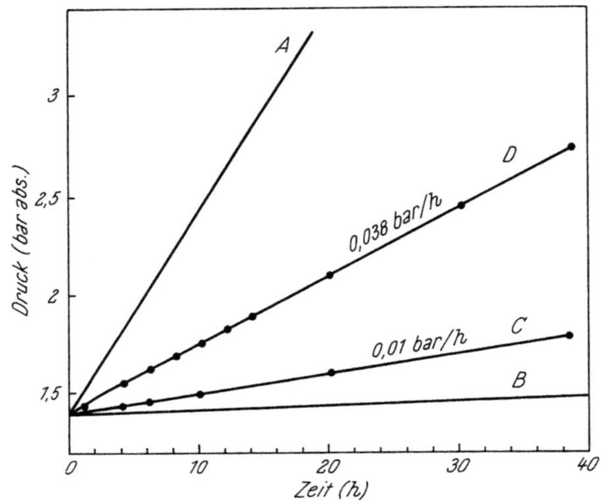

Abb. 41. Druckaufbau im Behälter nach Abb. 42 als Funktion der Zeit (nach [57]). *A* maximale berechnete Druckaufbaurate zufolge Aufnahme der einströmenden Wärme im Gasraum. *B* minimale berechnete Druckaufbaurate zufolge Wärmeaufnahme nur in der Flüssigkeit. *D* und *C* gemessene Werte

die Verrohrung zwischen Innen- und Außenbehälter verwendet werden. Diese wird im allgemeinen in Edelstahl ausgeführt und muß durch vakuumdichte Übergangsverbindungen auf der Kaltseite mit dem Innenbehälter verbunden werden. Die hohen Anforderungen an die Dichtheit dieser Verbindungen insbesondere während notwendig werdender Abkühl- bzw. Aufwärmzyklen machen eine besonders sorgfältige Auslegung und Ausführung erforderlich [57, 60]. Probleme können dabei am Innenbehälter infolge der verhältnismäßig großen thermischen Ausdehnung des Aluminiums entstehen. Wegen der Schrumpfung des Innenbehälters bei der Abkühlung füllt die Perlit-Isolation die dabei entstehenden Hohlräume teilweise aus, was aber bei Aufwärmung und Ausdehnung des Innenbehälters nicht mehr vollständig rückgängig gemacht wird und deshalb in akkumulativer Weise Verfestigung des Pulvers zur Folge hat. Infolge der dadurch bedingten nicht reproduzierbaren Lage des Innenbehälters sowie der zufolge Verfestigung der Isolation auftretenden Kräfte besteht die Gefahr eines Bruches der Aufhängungen des Innenbehälters, was durch entsprechende Auslegung und elastische Lagerung derselben vermieden werden kann [57].

Zur Erfassung des Betriebszustandes werden derartige Behälter ähnlich wie solche für andere kryogene Flüssigkeiten mit entsprechend redundanten Meßsystemen instrumentiert. Neben der Füllstandsanzeige, die hier entweder kapazitiv, optisch oder durch diskrete Niveausensoren erfolgen kann, wird das Vakuum sowie die Temperaturverteilung sowohl im Isolierbereich als auch im Behälter selbst überwacht.

Derartige Behälter für flüssigen Wasserstoff sind auch bei zukünftigen Anwendungen des Wasserstoffs als Sekundärenergieträger für wirtschaftliche Langzeitspeicherung geeignet. Bezogen auf gleiche gespeicherte Wasserstoffmenge haben sie gegenüber Hydrid- und Druckgasspeichern etwa um den Faktor 30 kleinere Investitionskosten, die beim Übergang von Einzelanfertigung zu mehr serienmäßiger Fertigung noch weiter gesenkt werden könnten. Dies hat zur Folge, daß im Vergleich mit Druckgas- und diesen auch kostenmäßig entsprechenden Hydrispeichern bei zukünftigen energietechnischen Anwendungen die Speicherung von flüssigem Wasserstoff etwa oberhalb einer leistungsbezogenen Speicherkapazität von etwa 50 kWh/kW die wirtschaftlichste Alternative darstellt. Die sehr geringen kapazitätsabhängigen Kosten (s. Abb. 42) der Speichertanks bewirken eine Überkompensation der höheren Investitions- und Betriebskosten für die Verflüssigungsanlage.

Kleinspeicher: Die Speicherung von flüssigem Wasserstoff in kleineren Stand- bzw. Transportbehältern (< 5000 l) bis herab zu etwa 100 l ist heute in ähnlicher Weise Stand der Technik wie bei flüssigem Helium. Größere Behälter werden zum Teil auch in Perlit-Vakuumisolation ausgeführt, während kleinere Behälter stets mit Superisolation und kontinuierlicher Abgaskühlung versehen sind. Damit werden Verdampfungsraten unter 1% je Tag erreicht, wobei weitere Verbesserungen möglich sind. Darüber hinaus sind auch noch mit flüssigem Stickstoff gekühlte Behälter im Einsatz, die zwar ebenfalls sehr kleine Verdampfungsraten (< 1% je Tag) besitzen, deren periodisch erforderliche Nachfüllung mit flüssigem Stickstoff und deren erhöhtes Gewicht jedoch keine so einfache Handhabung zuläßt wie abgasgekühlte Behälter mit Superisolation. Vom Konzept her sind Behälter für flüssiges Helium auch für flüssigen Wasserstoff verwendbar (über die Änderung der Abdampfrate s. S. 73), wobei die entsprechenden lokalen Sicherheitsvorschriften zu beachten sind.

Transport von flüssigem Wasserstoff: Der Transport von Wasserstoff [59, 61] in flüssiger Form ist bei entsprechendem Bedarf im Vergleich mit den Alternativen wirtschaftlicher und mit geringerem Gewichtsaufwand verbunden. Dies ist unmittelbar einzusehen, wenn man bedenkt, daß beim Transport mittels Druckgasflaschen oder mittels diesen gewichtsmäßig äquivalenten Hydridspeichern der Gewichtsanteil des Wasserstoffs am Speicher nur etwa 1,5% beträgt. Zum Transport von beispielsweise 70 kg Wasserstoff, wozu in flüssiger Form etwa 1000 l Behältervolumen erforderlich sind, benötigt man bei Verwendung von Gasflaschen bzw. von Eisen-Titan-Hydrid etwa 5 t „Verpackungsgewicht“[3].

Für den Straßentransport sind in den U.S.A. Tankanhänger bzw. Tankfahrzeuge mit einem Fassungsvermögen von ca. 30 000 l bis maximal 70 000 l flüssigem Wasserstoff und Abdampfraten im Bereich von 0,3 bis 0,5% je Tag sowie Tankwagen für den Eisenbahntransport mit ca. 105 000 l Fassungsvermögen und einer Verdampfungsrate von weniger als 0,2% je Tag in Perlit-Vakuumisolation bzw. Superisolation im Einsatz. Mit diesen Tankfahrzeugen wird flüssiger Wasserstoff von den Verflüssigungsanlagen in Kalifornien bzw.

---

[3] Unter diesen Umständen wäre es wesentlich sinnvoller, flüssigen Wasserstoff zu transportieren, welcher dann beim Kunden mit „Kaltvergasern“ in ähnlicher Weise wie flüssiger Stickstoff bzw. flüssiger Sauerstoff in das benötigte Niederdruckgas umgewandelt wird. (Vgl. Fußnote auf Seite 62.)

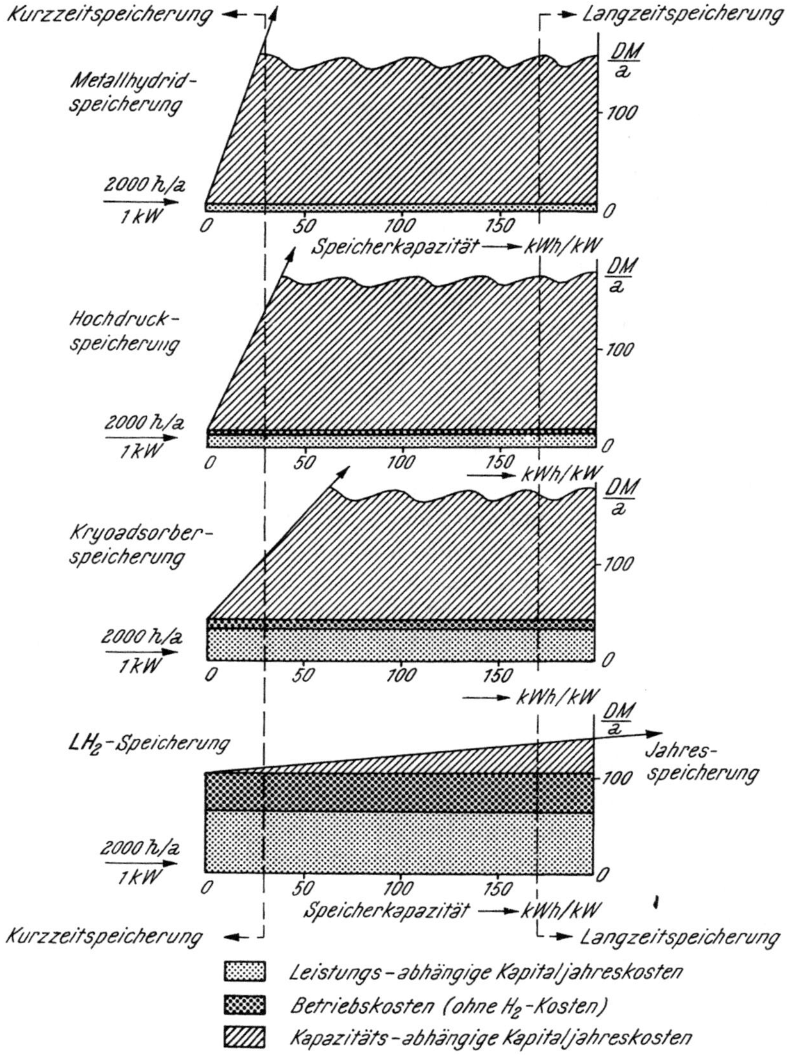

Abb. 42. Jahreskosten für verschiedene Verfahren zur stationären Großspeicherung von Wasserstoff im Vergleich. Jährliche Ausnutzung 2000 Stunden. Aufgetragen sind die jährlichen Kosten (DM/a) als Funktion der Speicherkapazität, definiert als gespeicherte Energie, bezogen auf die Lade- bzw. Entladeleistung (kWh/kW), entsprechend dem Massenfluß des Wasserstoffs (nach Kap. 8, [48, 49])[4]

Florida usw. in die gesamten U.S.A. bis in den Raum von Chicago gefahren.

Die große Druckaufbauzeit dieser Behälter bis zum Ansprechen der Sicherheitsventile läßt im Normalbetrieb Transporte bzw. Standzeiten bis zu zwei Wochen ohne Austritt von gasförmigem Wasserstoff in die Umgebung zu. Bei

---

4 Vgl. auch: Ullmanns Encyklopädie der technischen Chemie, 4. Aufl., Bd. 24, S. 332–336 (1983).

Ansprechen der Sicherheitsventile wird auf manchen Transportbehältern der abgeblasene Wasserstoff in einer Expansionsmaschine entspannt und mittels eines dadurch betriebenen Luftgebläses eine Mischung des Wasserstoffs mit Luft unter die untere Zündgrenze (4% Volumen) durchgeführt.

Ferner wurde während des *Apollo*-Programms flüssiger Wasserstoff auf Lastkähnen in Behältern mit ca. 900 m3 Fassungsvermögen transportiert (Abb. 43). Die dabei gesammelten Erfahrungen bilden zusammen mit dem Stand der Technik für Flüssigerdgastanker die Basis für eine mögliche Entwicklung zukünftiger Tanker zum Überseetransport von flüssigem Wasserstoff.

Abb. 43. Lastkähne mit Speicherbehältern von ca. je 900 m^3 Inhalt zum Transport von flüssigen Wasserstoff im Rahmen des Apollo-Projektes (Quelle: NASA)

Für Überseetransporte stehen heute mit flüssigem Stickstoff gekühlte Container mit bis zu etwa 20 000 l Fassungsvermögen für flüssigen Wasserstoff im Einsatz. Beispielsweise wird auf diese Weise flüssiger Wasserstoff per Schiff aus dem Bereich New Orleans nach Kourou in Französisch Guayana zur Versorgung des deutsch-französischen *Ariane*-Projekts geliefert.

4.3 Leitungen für flüssigen Wasserstoff

Für Anwendungen im Laborbereich und in kleinerem Maßstab in der Versuchstechnik finden vakuumisolierte Leitungen, Kupplungen und Ventile Anwendung, wie sie auch für flüssiges Helium im Einsatz sind [75]. Vakuumisolierte Leitungen werden dergestalt ausgeführt, daß die den Wasserstoff führende Innenleitung konzentrisch von der Außenleitung umgeben und durch schlecht wärmeleitende Abstandshalter – beispielsweise aus glasfaserverstärktem Kunststoff – geführt wird [62–66]. Als Leitungsmaterial wird im allgemeinen Edelstahl benützt, der bis zu sehr geringen Wandstärken herab in Schutzgas geschweißt werden kann. Die durch Abkühlung bedingte axiale Schrumpfung des Innenrohres und die dadurch entstehenden mechanischen Spannungen können durch entsprechend gekrümmten Verlauf der Leitung, beispielsweise an 90°-Bögen infolge der auf diese Weise geschaffenen Nachgiebigkeit der Leitung vermieden werden [67–74]. Gerade Rohrstücke müssen einen Dehnungsausgleich in Form von Kompensatoren (Wellschläuchen) besitzen, die infolge ihrer Anfälligkeit auf Lecks insbesondere auf der Innenleitung problematisch sind. Bei nicht zu großer Einzellänge kann das Innenrohr aus einem Material mit sehr kleinem thermischen Expansionskoeffizienten (beispielsweise Invarstahl) gefertigt werden.

Krümmungen und Verzweigungen können entweder in der Weise dimensioniert werden, daß die Innenleitung stückweise eingefahren und verbunden werden kann, oder Rohrkrümmer und T-Verzweigungen der Außenleitung werden der Länge nach in zwei Hälften geteilt und nach Anbringung verschweißt. An Verbindungsstellen werden bei durchgehendem Vakuum zunächst die Innenleitungsteile direkt und dann die Außenleitung mittels einer verschiebbaren Manschette verbunden [62] oder aber die Innenleitung wird bei nicht durchgehendem Vakuum über großen Wärmewiderstand besitzende sogenannte Labyrinthe vakuumdicht mit der Außenleitung verschweißt und steckerartig mit dem Gegenstück gekoppelt (Abb. 44).

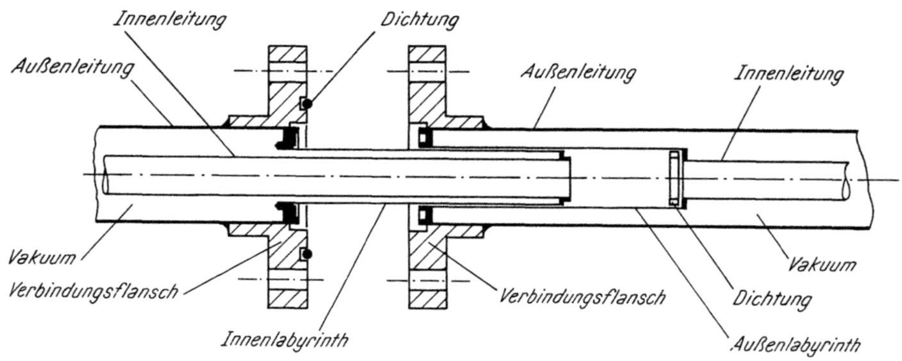

Abb. 44. Prinzip einer Johnston-Cox-Kupplung zur Verbindung von vakuumisolierten Leitungen mit getrenntem Vakuum (vgl. [19])

Flexible vakuumisolierte Leitungen werden in gleicher Weise mittels koaxial angeordneter Wellschläuche aus Edelstahl ausgeführt. Zur Verbesserung der Isolation kann bei Bedarf die Innenleitung mit Superisolation belegt werden. Zwecks Aufrechterhaltung des Vakuums im Vakuummantel werden sowohl bei durchgehendem Vakuum als auch bei Einzelvakuum der Leitungsstücke adsorbierende Materialien, insbesondere Molekularsiebe an der im Betrieb kalten Innenleitung angebracht.

Von Hand bestätigte bzw. pneumatische oder motorbetätigte Ventile werden im allgemeinen in T-Verzweigungen eingesetzt und mit verlängertem Schaft für die Ventilbetätigung ausgeführt, der dann an der Warmseite über eine Stopfbüchse bzw. über eine vakuumdichte Drehdurchführung nach außen geführt ist. Sie können auch als stopfbüchsenlose Membranventile mit unterbrochenem Schaft ausgebildet werden, der nur während der Ventilbetätigung mechanischen und thermischen Kontakt mit der Kaltseite aufweist.

Die Ventilsitzdichtung wird entweder mit Hilfe organischer Materialien auf Polyäthylen- bzw. Teflonbasis oder aber besser als reine Metalldichtung ausgeführt. Magnetventile sind trotz vorteilhafter Anwendungsmöglichkeiten problematisch. Sie können in gleicher Weise wie mechanisch betätigte Ventile entweder mit verlängertem Schaft und auf Normaltemperatur befindlichem Magnetkreis, mit der Magnetspule innerhalb oder außerhalb des Vakuums oder aber als vollständig „kaltes Ventil" ausgeführt werden. Probleme ergeben sich bei der vakuumdichten Verbindung des Ventilschaftes mit dem Ventilkörper sowie im Falle größerer Ventilquerschnitte am Ventilsitz selbst. Organische Dichtungsmaterialien, die etwa bis 200 K herab eine gewisse Flexibilität besitzen, aber auch Metallsitzdichtungen, erfordern zum einwandfreien Betrieb neben definierter Lage des Kolbens bezüglich der Dichtflächen einen relativ hohen Anpreßdruck, der zusammen mit dem ventilaufwärts wirkenden Leitungsdruck beim Öffnen des Ventils vom Magnetkreis überwunden werden muß. Dies erfordert bei einstufiger Ausführung einen aufwendigen Magnetkreis, während bei zweistufiger Ausführung, wo der Magnetkreis den Dichtungskolben des Ventils mittels des ventilaufwärts wirkenden Druckes lediglich triggert, zwecks Vermeidung von Dichtungsproblemen die Verlegung des Magnetkreises auf die Warmseite des Ventils erforderlich ist.

Ventile kleineren Querschnitts mit Öffnungsdurchmessern bis zu etwa 8 mm können als „kaltes Ventil" in Metallausführung hergestellt werden, wobei die Dichtung mittels einer im Ventilkolben gelagerten, durch seitliches Spiel selbst zentrierenden Kugel und einem kegelförmigen Sitz bewirkt wird. Eine zusätzliche Kühlung der im Vakuum befindlichen Magnetspule kann bei Betrieb des Ventils mit Gleichstrom (maximal 1 W Verlustleistung) entfallen. Die erforderliche elektrische „Anzugsspannung" zum Öffnen des Ventils ist dabei etwa das Dreifache der „Haltespannung". Vollständig verschweißte Ausführung in Edelstahl mit geringer Masse und demzufolge mit geringer Wärmekapazität ist möglich, was insbesondere bei instationärem Betrieb und kleinen Durchflußmengen erwünscht ist.

Großleitungen: Eine erhebliche Anzahl von Leitungen für flüssigen Wasserstoff und flüssigen Sauerstoff sind im Rahmen der US-Raumfahrtprogramme entwickelt und gebaut worden und zum Teil auch heute noch im Einsatz. Ferner sind Leitungen für flüssiges Erdgas (LNG) in Betrieb, die ähnliche Probleme wie solche für flüssigen Wasserstoff aufweisen und mit ihnen teilweise vergleichbar sind (Tabelle 16).

Tabelle 16. *Beispiele von LH_2- bzw. LNG-Leitungen*

Ort		Länge m	ca. ID mm
Kennedy Space Center, Florida	LH_2, LO_2	500	150
Jackass Flats, Nevada, Testanlage Roverproject	LH_2, 150 bar	50	400
Aerojet California	LH_2, 40 bar	160	500
Borneo	LNG	10 000	450

Durchsätze bis zu 250 m^3/min LH_2, 100 m^3/min LO_2, 250 m^3/min LNG und darüber sind dabei realisiert.

Vakuumisolierte Großleitungen für flüssigen Wasserstoff – die im allgemeinen mit Superisolation versehen sind – erfordern zur Aufrechterhaltung des Vakuums lediglich periodisches Abpumpen in gewissen Zeiträumen, da infolge des Kryopumpens – Auffrieren des Restgases im Vakuumraum auf die Innenleitung – das Vakuum bei kalter Leitung zusätzlich verbessert wird. Das Wärmeleck derartiger Leitungen und auch deren mechanische Beanspruchung zufolge der Schrumpfung der Innenleitung kann mit Standardverfahren [72, 74] bestimmt werden. Von erheblicher Bedeutung sind die Probleme beim Kaltfahren, weil hier die Berechnung des Druckverlustes und des Wärmeübergangs sowie der Wärmedehnungen, die zusammen mit dem Auftreten von geschichteter Zweiphasenströmung zu Leitungsverformungen führen können, relativ aufwendige Rechenverfahren erfordern [67, 68]. Insbesondere die beim Kaltfahren auftretenden Druckschwankungen, welche im allgemeinen 25% des Leitungsdruckes nicht übersteigen, in Sonderfällen allerdings das Drei- bis Vierfache des Leitungsdruckes erreichen können [67, 70], erfordern einschließlich der stationären und instationären Wärmespannungen ebenfalls entsprechende Berücksichtigung.

Im Falle des stationären Zustandes ist im wesentlichen die axiale Schrumpfung der Innenleitung zu berücksichtigen. Dadurch bedingte axiale Spannungen werden wie bei kleinen Leitungen durch entsprechende Leitungsführung oder mittels – problematischer – Kompensatoren in der Innenleitung auf zulässige Werte reduziert.

Obwohl der Festigkeitsnachweis derartiger Leitungen grundsätzlich auf einfache Weise durchführbar ist, kann, bedingt durch komplizierten Leitungsverlauf einschließlich Verzweigungen usw. bei kryogenen Systemen der Aufwand derart groß werden, daß er nur mit Hilfe von Rechnerprogrammen bewältigt werden kann.

4.4 Pumpen für flüssigen Wasserstoff

Eine Reihe von verschiedenen Pumpen wurde für verflüssigte Gase und insbesondere auch für flüssigen Wasserstoff entwickelt.

Für den Bereich kleiner Durchsätze bei hohem Druck eignen sich vor allem Kolbenpumpen, während für großen Durchsatz vielstufige Radialpumpen bzw. Axialpumpen im Einsatz sind [82].

Kolbenpumpen für flüssigen Wasserstoff und hohen Druck werden benutzt, um Wasserstoff nach Verdampfung und Aufwärmung auf Umgebungstemperatur unter hohem Druck als Gas zu speichern oder für besondere Anwendungen zur Verfügung zu haben [87].

Derartige kommerziell erhältliche Pumpen, die auch für flüssiges Helium entwickelt wurden [85–87], besitzen im allgemeinen Kolbenringe bzw. Kolbenabdichtungen aus graphitiertem Teflon bzw. Teflon-Glasfasermaterial. Im Interesse kleiner Kolbenreibung wird im Hinblick auf entsprechend hohe Lebensdauer und niedrige Verluste die Zahl der Hübe auf etwa 60–100/min begrenzt. Neuerdings haben derartige Pumpen ein weiteres Anwendungsgebiet für die Hochdruckeinspritzung von Wasserstoff in Hubkolbenmotoren gefunden (vgl. Kap. 6, [81]). Sie werden ebenfalls mit Kolbenabdichtungen aus Teflon ausgeführt. Es laufen ferner Entwicklungen mit gasgelagerten Kolben, die den Vorteil geringerer Reibungsverluste aufweisen.

Radial- bzw. Axialpumpen mit Durchsätzen bis zu etwa 250 m^3/min und Drücken bis zu 500 bar wurden in der Raumfahrt für Wasserstoff/Sauerstoff-Raketentriebwerke sowie für nuklear-thermische Antriebe entwickelt [76–82] und mit Erfolg eingesetzt.

Allgemein zeigt sich, daß die grundlegenden Verfahren zur Auslegung von Radial- und Axialpumpen auch für flüssigen Wasserstoff anwendbar sind und damit ihre Betriebseigenschaften wie Druck, Fördermenge, Wirkungsgrad usw. mit hinreichender Genauigkeit berechnet werden können [83–86, 94, 95].

Ein wesentlicher Unterschied von Pumpen für flüssigen Wasserstoff gegenüber solchen für andere Flüssigkeiten ist durch die offenbar erheblich geringere Kavitationsneigung von flüssigem Wasserstoff gegeben. Dies kommt darin zum Ausdruck, daß die zur Vermeidung von Kavitation erforderliche minimale Saughöhe bei flüssigem Wasserstoff im allgemeinen nur etwa 60–70 mm Flüssigkeitssäule gegenüber 300 mm und mehr gegenüber Stickstoff und Wasser beträgt [83, 84, 85, 94].

Probleme treten im Zusammenhang mit der Lagerung der Pumpenrotoren auf. Konventionell geschmierte Lager, insbesondere Kugellager, können auf der Warmseite bei Umgebungstemperatur eingesetzt werden, wenn der Pumpenrotor „fliegend" gelagert ist. Dabei treten allerdings Probleme hinsichtlich der erforderlichen Steifigkeit der Pumpenwelle und dem dadurch bedingten hohen Wärmefluß von der Warm- auf die Kaltseite auf.

Bei Lagerung des Pumpenrotors in der Pumpe selbst sind Lager auf der Kaltseite erforderlich, die lediglich von flüssigem Wasserstoff geschmiert werden können, wobei sich der Lagerkäfig als kritisches Bauelement erweist. Oberhalb einer Umlaufgeschwindigkeit von etwa 3 m/s [88, 91, 93, 96] besitzen konventionelle, aus Stahl oder aber aus Messing gefertigte Lagerkäfige für gewöhnlich nur Lebensdauern von etwa 1–2 Stunden. Sehr gute Erfahrungen wurden mit Lagerkäfigen aus Teflon (s. Abb. 45), Teflon-Glasfasermaterial oder aber kohlefaserverstärktem Epoxydharz erreicht [90, 92].

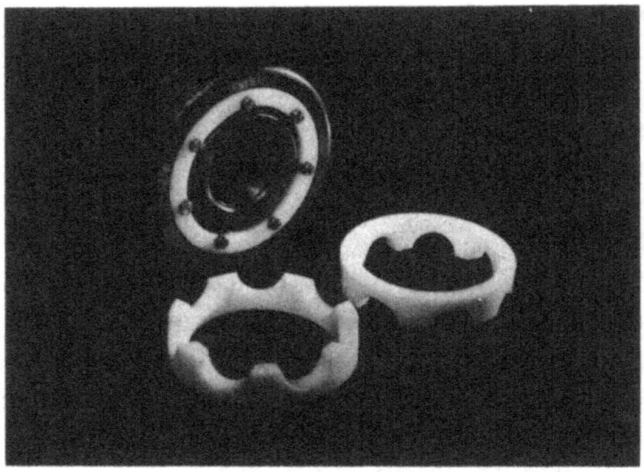

Abb. 45. Kugellager mit 40 mm Außendurchmesser und Käfig aus Teflon zum Einsatz in flüssigem Stickstoff bzw. flüssigem Wasserstoff (Quelle: DFVLR)

Der häufigste Grund für Lagerschäden ist zufolge des Abriebs vom Käfig oder anderer pulverförmiger Verunreinigungen (beispielsweise Eis oder kondensierte gasförmige Verunreinigungen) gegeben, welche das Lager bedecken und den ungehinderten Zutritt der kryogenen Flüssigkeit zwecks Lagerschmierung und -kühlung unterbinden können. Dies wird dadurch bestätigt, daß nach [92] Kugellager in kryogener Wasserstoffatmosphäre bei entsprechend starker erzwungener Gasströmung durch das Lager hindurch zufriedenstellend arbeiten [88–92].

Bedeutung kommt hier ferner homogenen Mischungen von Fest- und Flüssigphase des Wasserstoffs zu, welche sich im thermodynamischen Gleichgewicht befinden (Slush-Hydrogen, Wasserstoffmatsch) [96–99].

Bei einem Massenanteil der festen Phase von 0,5 übertrifft die Dichte bzw. Wärmekapazität der Mischung diejenige von flüssigem Wasserstoff am Siedepunkt um 15,5% bzw. 18,3%. Wasserstoffmatsch hat demzufolge günstigere Speicherungs- und Transporteigenschaften als flüssiger Wasserstoff und kann ferner bei Massenanteilen der Festphase bis etwa 0,6 wie flüssiger Wasserstoff behandelt, d.h. auch über Pumpen, Leitungen und Ventile usw. gefördert werden. Gewisse Probleme bestehen noch bei der Speicherung, weil sich bei ruhendem Material Kornvergrößerung der festen Phase zufolge Sinterung ergibt, was jedoch zukünftige Anwendungen beispielsweise in der Luft- und Raumfahrt bzw. der bodengebundenen Energietechnik nicht ausschließt.

Literatur

1. Timmerhaus, K. D.: Fluid Flow and Heat Transfer. In: Applied Cryogenic Engineering, Vance, R. W., Duke, W. H. (eds.), pp. 104–151. New York: Wiley & Sons 1962.
2. Clark, J. A., Thorogood, R. M.: Heat Transfer. In: Cryogenic Fundamentals, Haselden, G. G. (ed.), pp. 92–197. London: Academic Press 1971.

3. Clark, J. A.: Heat Transfer. In: Cryogenic Technology, Vance, R. W. (ed.), pp. 121–195. New York: Wiley & Sons 1963.
4. Roder, H. M., McCarty, R. D., Hall, W. J.: Computer Programs for Thermodynamic and Transport Properties of Hydrogen. Nat. Bureau of Standards, NBS-TN-625 (1972).
5. Van Gundy, D. A., Uglum, J. R.: Heat Transfer to an Uninsulated Surface at 20 K. Cryogenic Eng., Vol. 7, pp. 377–384. New York: Plenum Press 1982.
6. Middleton, R. L., Stukey, J. M., Schell, J. T. et al.: Development of Lightweight External Insulation System for Liquid-Hydrogen Stages of the Saturn V Vehicle. Adv. Cryog. Eng., Vol. 10, pp. 216–223. New York: Plenum Press 1964.
7. Rittenhouse, J. B.: Application of an Adhesively Bonded Cryogenic Insulation System. NASA-TM-X-57823, NTIS (1966).
8. Leonhard, K. E., Oglin, B., Zimni, W. F.: Determination of the Thermal Conductivity, the Specific Heat and the Weight by Volume of Insulations for Rocket Tanks Filled with Liquid Hydrogen. ELDO/ESRO Sci. Tech. Rev., Vol. 2, pp. 3–28 (1967). (In French.)
9. Dearing, D. L.: Summary of the Saturn S-IV and S-IVB Liquid Hydrogen Tank Internal Insulation Development and Techniques for Future Improvement. Bull. Int. Inst. Froid, Annex e *2*, 233–246 (1965).
10. Dearing, D. L.: Development of the Saturn S-IV and S-IVB Liquid Hydrogen Tank Internal Insulation. Adv. Cryog. Eng., Vol. 11, pp. 89–97. New York: Plenum Press 1966.
11. Lemons, C. R., Watts, C. R., Salmassy, O. K.: Development of Advanced Materials Composites for Use as Insulation for LH_2-Tanks. McDonnel-Douglas, Astronautics Co., NASA-CR-124388, NASA-CR-123928 (1973).
12. McGrew, J. J.: Cellular Insulation for Use with Low Temperature Liquids. US-Pat. No. 3.755.056 (1973).
13. Jonke, R. J.: Insulation Systems for Cryogenic Stages. Rev. Sci. Tech. CECLES/CERS *3*, 17–48 (1971).
14. Tarid, H. M., Boissin, J. C., Segel, M. P.: Thermal Insulation for Liquid Hydrogen Space Tankage. Adv. Cryog. Eng., Vol. 12, pp. 274–285. New York: Plenum Press 1967.
15. Yates, G. B.: PPO Foam: Liquid Hydrogen Insulation. Adv. Cryog. Eng., Vol. 19, pp. 327–337. New York: Plenum Press 1974.
16. Reed, R. P., Arvidson, J. M., Durcholoz, R. L.: Tensile Properties of Polyurethane and Polystyrene Foams from 76 to 300 K. Adv. Cryog. Eng., Vol. 18, pp. 184–193. New York: Plenum Press 1973.
17. Klezath, H.: Wärmeisolierung von Speicherbehältern für tiefsiedende Flüssigkeiten. Erdöl-Erdgas *85*, 145–149 (1969).
18. Johnson, C. L., Hollweger, D. J.: Some Heat Transfer Considerations in Non-Evacuated Cryogenic Powder Insulation. Adv. Cryog. Eng., Vol. 11, pp. 77–88. New York: Plenum Press 1966.
19. Scott, R. B.: Insulation. In: Cryogenic Engineering, pp. 142–214. New York: von Norstrand 1959.
20. Kropschot, R. H.: Low-Temperature Insulation. In: Applied Cryogenic Engineering, pp. 152–169. New York: Wiley & Sons 1963.
21. Jacobs, R. B.: Thermal Insulation, Storage, Transport and Transfer of Liquid Hydrogen. In: Technology and Uses of Liquid Hydrogen, Scott, R. B. (ed.), pp. 106–148. New York: Pergamon Press 1964.
22. Kropschot, R. H.: Insulation Technology. In: Cryogenic Technology, Vance, R. W. (ed.), pp. 239–250. New York: Wiley & Sons 1963.
23. Molnar, W.: Insulation. In: Cryogenic Fundamentals, Haselden, G. G. (ed.), pp. 199–236. London: Academic Press 1971.

24. Knudsen, M.: Ann. d. Physik *31*, 205 (1910); *32*, 809 (1910); *33*, 1435 (1910); *34*, 593 (1911); *6*, 149 (1930).
25. Corrucini, R. J.: Gaseous Heat Conduction at Low Pressures and Temperatures. Vacuum *7*, *8* (1957).
26. Gerthsen, C.: Physik. Berlin-Heidelberg-New York: Springer 1966.
27. Weitz, M.: Theorie und Praxis der Vakuumtechnik. Braunschweig: Vieweg & Sohn 1965.
28. Kropschot, R. H., Burgers, W.: Perlite for Cryogenic Insulation. Adv. Cryog. Eng., Vol. 8, pp. 221–229. New York: Plenum Press 1963.
29. Hunter, B. J., Kropschot, R. H., Schrodt, J. E., Fulk, M. M.: Metal Powder Additives in Evacuated-Powder Insulation. Adv. Cryog. Eng., Vol. 5, pp. 146–156. New York: Plenum Press 1960.
30. Knight, B. L., Timmerhaus, K. D., Kropschot, R. H.: Analysis of Thermal Diffusity Evaluation under Transient Conditions for Powder Insulation. Adv. Cryog. Eng., Vol. 18, pp. 112–117. New York: Plenum Press 1973.
31. Cunnington, G. R.: Apparent Thermal Conductivity of Uncoated Microsphere Cryogenic Insulation. Adv. Cryog. Eng., Vol. 21, pp. 263–271. New York: Plenum Press 1976.
32. Cunnington, G. R., Tien, C. L.: Heat Transfer in Microsphere Cryogenic Insulation. Adv. Cryog. Eng., Vol. 18, pp. 103–111. New York: Plenum Press 1973.
33. Tien, C. L., Cunnington, G. R.: Recent Advances in High-performance Cryogenic Thermal Insulation. Cryogenics *12*, 419–421 (1972).
34. Nayak, A. L., Tien, C. L.: Thermal Conductivity of Microsphere Cryogenic Insulation. Adv. Cryog. Eng., Vol. 21, pp. 251–262. New York: Plenum Press 1976.
35. Petersen, P.: The Heat-tight Vessel. Swedish Technical Research Council Rep., No. 706 (1951); see also: Sartryck ur TVF 29, 4 (1958).
36. Kropshot, R. H.: Low Temperature Insulation. In: Applied Cryogenic Engineering, 152–169. New York: Wiley & Sons 1962.
37. Frost, W.: Heat Transfer at Low Temperatures. New York: Plenum Press 1975.
38. Caren, R. P., Cunnington, G. R.: Heat Transfer in Multilayer Insulation Systems. Chem. Eng. Progr. Symp. SER, No. 87, Vol. 64, pp. 67–81 (1968).
39. Glaser, P. E.: Multilayer Insulation for Large Vessels Used in Transporting and Storing Cryogenic Liquids. Mech. Eng. *87*, 23–27 (1965).
40. Kutzner, K., Schmidt, F., Wietzke, I.: Radiative and Conductive Heat Transmission Through Superinsulations – Experimental Results for Aluminium Coated Plastic Foils. Cryogenics *13*, 396–404 (1973).
41. Sparrow, E. M., Cess, R. D.: Radiation Heat Transfer. Belmond, Calif.: Brooks/Cole Publ. Comp. 1963.
42. Coston, R. M.: Handbook of Thermal Design Data for Multilayer Insulation Systems, Vol. 2. Lockheed Missiles and Space Co., Sunnyvale, Calif., Rep. No. NASA-CR 87485 (1967).
43. Ruccia, F., Hinckley, R.: The Surface Emittance of Vacuum-metallized Polyester Films. Adv. Cryog. Eng., Vol. 12, pp. 218–227. New York: Plenum Press 1967.
44. Bell, G. et al.: Thermal Performance of Multilayer Insulation Applied to Small Cryogenic Tankage. Adv. Cryog. Eng., Vol. 22. New York: Plenum Press 1977.
45. Swalley, F. E., Nevins, C. D.: Practical Problems in Design of High-performance Multilayer Insulation System for Cryogenic Stages. Adv. Cryog. Eng., Vol. 10, pp. 208–215. New York: Plenum Press 1965.
46. Coston, R. M., Nast, T. C.: Experimental Evaluation of the Equations and Parameters Governing Flow Through Multilayer Insulations During Evacuation. Adv. Cryog. Eng., Vol. 11, pp. 56–64. New York: Plenum Press 1966.

47. Vliet, G. C.. Coston, R. M.: Thermal Energy Transport Parallel to the Laminations in Multilayer Insulation. Adv. Cryog. Eng., Vol. 13, pp. 671–679. New York: Plenum Press 1968.
48. Murray, D. O.: Degradation of Multilayer Insulation Systems by Penetrations. Adv. Cryog. Eng., Vol. 13, pp. 680–689. New York: Plenum Press 1968.
49. Nast, T. C.: Effective Purging of High Performance Multilayer Insulation Systems. Adv. Cryog. Eng., Vol. 11, pp. 49–55. New York: Plenum Press 1966.
50. Price, J. W.: Measuring the Gas Pressure within a High-performance Insulation Blanket. Adv. Cryog. Eng., Vol. 13, L-1, pp. 662–670. New York: Plenum Press 1968.
51. Scurlock, R. G., Saull, B.: Development of Multilayer Insulation with Thermal Conductivities below 0,1 μW cm^{-1} K^{-1}. Cryogenics *16*, 303–311 (1976).
52. Paivanas, J. A.. Roberts, O. P., Wang, D. I. J.: Multishielding – an Advanced Superinsulation Technique. Adv. Cryog. Eng., Vol. 10, pp. 197–207. New York: Plenum Press 1965.
53. Bell, G. A., Nast, T. C., Wedel, R. K.: Thermal Performance of Multilayer Insulation Applied to Small Cryogenic Tankage. Adv. Cryog. Eng., Vol. 21, pp. 272–282. New York: Plenum Press 1976.
54. Urbach, A. R., Herring, R. N.: A Long-term Helium Dewar for Space Experiments. Proc. 6th Int. Cryog. Eng. Conf., 154–156, 1974.
55. Stewart, W. F.: Operating Experience with a Liquid Hydrogen Fueled Buick and Refueling System. Proc. 4th Int. Hydrogen Energy Conf., Pasadena (June 1982), Vol. 3, pp. 1071–1093. New York: Pergamon Press 1982.
56. Niendorf, L. R., Choksi, S. C.: Ultra-efficient Insulation System for Solid Cryogen Coolers. Adv. Cryog. Eng., Vol. 12, pp. 286–299. New York: Plenum Press 1967.
57. Edeskuty, F. J., Williamson, K. D., jr.: Storage and Handling of Cryogens. Adv. Cryog. Eng., Vol. 17, pp. 56–68. New York: Plenum Press 1972.
58. Segel, M. P.: Experimental Study of Phenomena of Stratification and Pressurization of Liquid Hydrogen. Adv. Cryog. Eng., Vol. 10, pp. 308–313. New York: Plenum Press 1964.
59. Birmingham, B. W., Brown, E. H., Class, C. R., Schmidt, A. F.: Vessels for the Storage and Transport of Liquid Hydrogen. J. Res. Nat. Bur. Stand., A; *58*, 243–253, Research paper 2757 (1957).
60. Liebenberg, D. H., Stokes, R. W., Edeskuty, F. J.: Chilldown and Storage Losses of Large Liquid Hydrogen Storage Dewars. Adv. Cryog. Eng., Vol. 11, pp. 554–560. New York: Plenum Press 1966.
61. Fuller, P. D., McLagan, J. N.: Storage and Transfer of Cryogenic Fluids. In: Applied Cryogenic Engineering, Vance, R. W., Duke, W. M. (eds.). Sect. I Cryogenic Storage Vessels and Transport Trailers, pp. 215–237, Sect. II Transfer Lines, pp. 238–254. New York: Wiley & Sons 1962.
62. Edeskuty, F. J.: Nuclear Propulsion. In: Cryogenic Technology, Vance, R. W. (ed.), pp. 352–374. New York: Wiley & Sons 1963.
63. Sind, C. F.: Transmission of Hydrogen. In: Selected Topics on Hydrogen Fuel, Hard, J. (ed.). NBS-Spec. Publ. 419, 1975.
64. Jacobs, R. B.: Long Distance Transfer of Liquefied Gases. Proc. 2nd Cryog. Eng. Conf., Boulder, Colo., 1956. Nat. Bureau of Stand., 1957.
65. Croft, A. J.: 14 Meter Liquid Hydrogen Line. Cryogenics *10*, 167–168 (1970).
66. Stuchly, J.: Internally Insulated Cryogenic Pipelines. Adv. Cryog. Eng., Vol. 21, pp. 531–537. New York: Plenum Press 1976.

67. Thurston, R. S., Rogers, J. D., Skoglund, V. J.: Pressure Oscillations Induced by Forced Convection Heating of Dense Hydrogen. Adv. Cryog. Eng., Vol. 12, pp. 438–451. New York: Plenum Press 1967.
68. Flieder, W. G., Smith, W. J., Wetmore, K. R.: Flexibility Considerations for the Design of Cryogenic Transfer Lines. Adv. Cryog. Eng., Vol. 5, pp. 111–119. New York: Plenum Press 1960.
69. Steward, W. G.: Transfer Line Surge. Adv. Cryog. Eng., Vol. 10, pp. 313–323. New York: Plenum Press 1965.
70. Thurston, R. S.: Probing Experiments on Pressure Oscillations in Two Phase and Supercritical Hydrogen with Forced Convection Heat Transfer. Adv. Cryog. Eng., Vol. 10, pp. 305–312. New York: Plenum Press 1965.
71. Burke, J. C., Byrnes, W. R., Post, A. H., Ruccia, F. E.: Pressurized Cooldown of Cryogenic Transfer Lines. Adv. Cryog. Eng., Vol. 4, pp. 378–394. New York: Plenum Press 1964.
72. Bronson, J. C., Edeskuty, F. J., et al.: Problems in Cooldown of Cryogenic Systems. Adv. Cryog. Eng., Vol. 7, pp. 198–205. New York: Plenum Press 1960.
73. Baker, O.: Design of Pipe Lines for Simultaneous Flow of Oil and Gas. The Oil and Gas Journ. *53*, 185–195 (1954).
74. Srinivasan, K., Seshagiri, R., Krishna Murthy, M. V.: Analytical and Experimental Investigations on Cooldown of Short Cryogenic Transfer Lines. Cryogenics *14*, 489–494 (1974).
75. Beard, C. S.: Cryogenic Valves, a Survey. Cryog. Eng. News *2*, 62–68 (1967).
76. Biermann, A. E., Kohl, R. C.: Preliminary Study of a Piston Pump for Cryogenic Fluids. NASA-Memo 3/6/59E, Lewis Res. C. (1959).
77. Carter, T. A.,Jr.: Pumps for Liquid Hydrogen. Cryog. Tech. *3*, 172–175 (1967).
78. Knuth, W. H., Farquhar, J., Lindley, B. K.: Design Study of Modification of M1 Liquid Hydrogen Turbopumps for Use in Nuclear Reactor Test Facility. NASA-CR-54422 1965.
79. Farquhar, J., Lindley, B. K.: Hydraulic Design of M1 Liquid Hydrogen Turbopumps. NASA-CR-54822, 1966.
80. Ribble, G. H., Jr., Turney, G. E.: Experimental Study of Low Speed Operating Characteristics of a Liquid Hydrogen Centrifugal Turbopump. NASA-TM-X-1861, August 1969.
81. Stinson, H. P., Strickland, R. J.: Experimental Findings from Zero Tank Net Positive Suction Head Operation of the J-2 Hydrogen Pump. NASA-TN-D-6824, August 1972.
82. Martin, K. P., Jacobs, R. B., Hardy, R. J.: Performance of Pumps with Liquefied Gases. Adv. Cryog. Eng., Vol. 2, pp. 295–302. New York: Plenum Press 1960.
83. Pearsall, I. S.: Supercavitating Pumps for Cryogenic Liquids. Cryogenics *12*, 422–426 (1972).
84. Di Stefano, J. F., Caine, G. H.: Cavitation Characteristics of Tank-mounted Cryogenic Pumps and their Predicted Performance under Reduced Gravity. Adv. Cryog. Eng., Vol. 7, pp. 277–290. New York: Plenum Press 1962.
85. Caine, G. H., Schäfer, L., Burgeson, D.: Pumping of Liquid Hydrogen. Adv. Cryog. Eng., Vol. 4, pp, 241–254. New York: Plenum Press 1960.
86. Morpurgo, M.: Design and Construction of a Pump for Liquid Helium. Cryogenics *17*, 91–93 (1977).
87. Goltzmann, C. F.: High Pressure Liquid Hydrogen and Helium Pumps. Adv. Cryog. Eng., Vol. 5, pp. 289–298. New York: Plenum Press 1960.
88. Scibbe, H. W.: Bearings and Seals for Cryogenic Fluids. NASA-TM-X-52415, 1968.
89. Brewe, D. E., Coe, H. H., Scibbe, H. W.: Cooling Studies with High Speed Ball Bearings

Operating in Cold Hydrogen Gas. ASLE-Trans., Vol. 12, No. 1, pp. 66–76, Januar 1969.
90. Coe, H. H., Brewe, D. E., Scibbe, H. W.: Cooling Requirements of Ball Bearings Lubricated by Glass-Fiber-Filled PTFE Retainers in Cold Hydrogen Gas. NASA-TN-D-5607, 26 pp., February 1970.
91. Wilson, W. A., Martin, K. B., Brennan, J. A., et al.: Evaluation of Ball Bearing Separator Materials Operating Submerged in Liquid Nitrogen. Trans. ASLE *4*, 50–58 (1961).
92. Chelton, D. B., Brennan, J. A., Scott, L. E.: Dry Gas Operation of Ball Bearings at Cryogenic Temperatures. Adv. Cryog. Eng., Vol. 7, pp. 273–276. New York: Plenum Press 1960.
93. Brewe, D. E., Wisander, D. W., Scibbe, H. W.: Performance of 40-millimeter Bore Bearings with Lead and Lead-alloy Retainers in Liquid Hydrogen at 192 Million DN. NASA-Lewis-Res. C., Tech. Note, NASA-TN-D-6091, November 1982.
94. Jacobs, R. B.: Prediction of Symptoms of Cavitation. J. Res. NBS, 65 C, No. 3, pp. 156, July/Sept. 1961.
95. Blackford, J. E., Halford, P., Tantam, D. H.: Expanders and Pumps. In: Cryogenic Fundamentals, Haselden, G. G. (ed.), pp. 403–489. London: Academic Press 1971.
96. Sindt, C. F.: A Summary of the Characterization Study of Slush Hydrogen. Cryogenics *10* (5), 372–380 (1970).
97. McCarty, R. D., Hord, J., Roder, H. M.: Selected Properties of Hydrogen, NBS-Monograph 168, U.S.-Government Printing Office, 1981.
98. Sindt, C. F., Ludtke, P. R., Daney, D. E.: Slush Hydrogen Fluid Characterization and Instrumentation. NBS-Tech. Note No. 377, 64 pp. (1969).
99. Schraewer, R., Daus, W.: Herstellung und Förderung von Wasserstoffmatsch. Forschungsbericht NT 200 des BMFT, 1974.

Nachtrag während der Korrektur.

---

[1] Eine einzigartige Chance von Technologietransfer unter Voraussetzung entsprechenden Weitblicks böte sich im Rahmen des französisch-deutschen *Ariane*-Projektes. Hier könnte der zur Erprobung des H_2-O_2 Zweistufentriebwerkes erforderliche LH_2-Bedarf über eine von der Gasindustrie zu erstellende Großverflüssigungsanlage gedeckt werden, welche später praktisch die gesamte dezentrale Wasserstoffversorgung in der Bundesrepublik Deutschland übernehmen könnte (s. Fußnote Seite 79). Gemessen an den anteiligen Kosten beispielsweise am *Spacelab* könnte dies mit geringen, rückzahlbaren staatlichen Subventionen ermöglicht werden.

5. Flüssiger Wasserstoff als Treibstoff

Für die auf das Startsystem bezogene Endgeschwindigkeit u einer Rakete gilt mit dem Massenverhältnis m_0/m und der Strahlgeschwindigkeit v relativ zum Triebwerk

$$\frac{m_0}{m} = e^{u/v} \,. \qquad (118)$$

Zur Überwindung der Erdgravitation ist bekanntlich ein Geschwindigkeitsbedarf von 11,2 km/s, zur Erlangung einer niedrigen Umlaufbahn ein solcher von ca. 8 km/s zu decken. Für die Strahlgeschwindigkeit v und die Reaktionsenthalpie je Masseneinheit i_0 des Raketentreibstoffs gilt mit (18)

$$v = \sqrt{2 \cdot i_0} \quad \left[\frac{\mathrm{m}}{\mathrm{s}}\right] \,. \qquad (119)$$

Aus dem Schub F und dem Massendurchsatz $\dot{m}$ ergibt sich für den spezifischen Impuls I_{sp}

$$F = \dot{m} \cdot v$$

$$I_{sp} = \frac{F}{\dot{m}} = v \quad \left[\frac{\mathrm{Ns}}{\mathrm{kg}}\right] \,. \qquad (120)$$

Für den Fall der energiereichsten chemischen Treibstoffkombinationen Wasserstoff/Sauerstoff bzw. Wasserstoff/Fluor entspricht dies bei einer erreichbaren Strahlgeschwindigkeit von etwa 4500 m/s einem Massenverhältnis von 16,4 zur Überwindung der Erdgravitation bzw. einem solchen von 5,7 zur Erlangung einer niedrigen Umlaufbahn. Aus (118) bzw. (119) wird die Bedeutung von Wasserstoff als wichtigster Komponente hochenergetischer chemischer Raketentreibstoffe ersichtlich. Es ist ferner unmittelbar einzusehen, daß im Interesse möglichst hoher Nutzlast die Raketentreibstoffe mit dem geringstmöglichen Aufwand an Masse, also im Falle von Wasserstoff bzw. Fluor und Sauerstoff in flüssiger Form gespeichert werden müssen, was letztlich im Verein mit der Triebwerkstechnik die forcierte Entwicklung der Technik des flüssigen Wasserstoffs zur Folge hatte.

5.1 Chemische Raketenantriebe

Obwohl die Bedeutung von flüssigem Wasserstoff als Raketentreibstoff bereits sehr früh erkannt wurde[1], kam er für die Raumfahrt zunächst mangels entsprechenden Entwicklungsstandes der Technik noch nicht zum Einsatz [1–5].

Die Durchführung anspruchsvoller Raumfahrtprogramme – insbesondere das *Apollo*-Projekt – erforderte ab 1960 die Entwicklung von Wasserstoff/Sauerstoff-Raketentriebwerken, weil nur auf diese Weise der geforderte hohe spezifische Impuls (siehe (120)) erreichbar werden konnte.

Dies führte dazu, daß für die im Rahmen des *Apollo*-Projektes entwickelte *Saturn* V-Rakete in der zweiten und dritten Stufe Wasserstoff/Sauerstoff-Triebwerke entwickelt wurden, womit bis zu 100 t Nutzlast in eine erdnahe Umlaufbahn transportiert werden konnten [6][2].

Das heute im Rahmen des *Space Shuttle*-Programms verwendete Hochdrucktriebwerk weist den derzeit höchsten technischen Entwicklungsstand der Wasserstoff/Sauerstoff-Triebwerktechnik auf. Obwohl mittlerweile für andere Raumfahrtprogramme – *Ariane* usw. – Wasserstoff/Sauerstoff-Triebwerke entwickelt wurden bzw. im Einsatz sind, soll hier nur kurz auf die Entwicklung anhand dreier Triebwerke des US-Raumfahrtprogramms eingegangen werden, weil hierbei auch entsprechende neue Entwicklungen auf dem Gebiet der Technik des flüssigen Wasserstoffs erforderlich waren.

Die erste Rakete, welche ein Wasserstoff/Sauerstoff-Triebwerk benutzte, war eine *NASA-Centaur*, welche als zweite Stufe einer *Atlas*-Trägerrakete diente und am 27. November 1963 mit Erfolg erstmals gestartet wurde. Die Centaur-Stufe benutzte zwei von *Pratt & Whitney* entwickelte RL10-Triebwerke mit einem Schub von je $6{,}75 \cdot 10^4$ N und einem spezifischen Impuls im Vakuum von 4250 Ns/kg.

Ein einfaches Schema der Funktionsweise dieses Triebwerks – welches später in einer frühen Version der *Saturn* I-Rakete in deren vierter Stufe sechsfach gebündelt $40 \cdot 10^4$ N Schub liefern sollte – ist in Abb. 46 skizziert [2, 7].

Bemerkenswert ist, daß hier der flüssige Wasserstoff zur regenerativen Kühlung des Triebwerks und die dabei auf den Wasserstoff übertragene Wärmeenergie zum Antrieb der Turbopumpen für flüssigen Wasserstoff bzw. flüssigen Sauerstoff herangezogen wird.

Nach Entspannung auf ca. 30 bar gelangt der Wasserstoff über eine kryogene, zweistufige, aus Aluminium gefertige Turbine gasförmig in die Brennkammer und wird dort am Einspritzkopf mit flüssigem Sauerstoff derart vermischt, daß eine große Anzahl von Strahlen aus flüssigem Sauerstoff entstehen, welche konzentrisch von gasförmigem Wasserstoff umgeben sind. Dadurch

---

[1] Vgl. Oberth, H.: Die Rakete zu den Planetenräumen, 92 p. München: Oldenbourg 1923 und 1925. Tsiolkowsky, K. E.: Works on Rocket Technology, M. K. Tikhonrarov (ed.), NASA-TT-F243 (1965). Goddard, F. H.: Papers of Robert H. Goddard, 3 Vols., Esther Goddard and G. Edward Pendray (ed.). New York: McGraw Hill 1970.

[2] Vgl. Sloop, J. L.: Liquid Hydrogen for Space Flight – the Long Step from Proposal to Reality. J. Astron. Sci. *29*, 373–381 (1981).

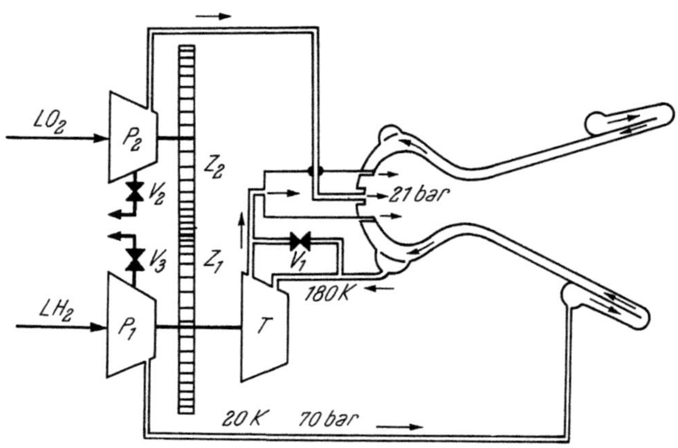

Abb. 46. Prinzip des RL-10 Triebwerks (nach [7]). P_1, P_2 Pumpen für LH_2 bzw. LO_2; Z_1, Z_2 Zahnradgetriebe; V_1 Turbinenbypassventil; V_2, V_3 Ventile zur Vorkühlung der Pumpen

wird intensive Vermischung und vollständige Verbrennung erreicht.

Durch ein vom Brennkammerdruck geregeltes Turbinen-Bypass-Ventil V_1 kann dabei der Schub des Triebwerks konstant geregelt werden. Das RL10-Triebwerk ist als Oberstufentriebwerk für Start bzw. wiederholten Start im Raum ausgelegt, wobei der niedrige normale Betriebsdruck in den Treibstofftanks zur Einleitung des Startvorganges ausreichend ist. Hierbei strömt zunächst eine kleine Menge Wasserstoff bzw. Sauerstoff zur Vorkühlung der Flüssigwasserstoff bzw. Flüssigsauerstoffpumpe über die Ventile V_2 und V_3 etwa 20 Sekunden lang ins Freie. Dann durchströmt Wasserstoff die Kühlkanäle des Triebwerks, wird dabei verdampft und beginnt die Turbine T zu treiben. Die Wärmekapazität des Kühlmantels der Düse bzw. der Brennkammer ist dabei bis zu einer Temperatur von ca. 55 K herab ausreichend, um genügend gasförmigen Wasserstoff zur Einleitung des Startvorganges zu liefern, wobei nach etwa einer Sekunde bereits der volle Schub des Triebwerks erreicht wird.

Infolge der Notwendigkeit, bei verschiedenen Missionen das Triebwerk im Raum auch nach längeren Ruhephasen noch sicher starten zu können, war es erforderlich, von konventionell ölgeschmierten, auf entsprechend hoher Temperatur gehaltenen Lagern für Pumpe und Turbine abzugehen und dieselben durch Kugellager zu ersetzen, welche durch Anblasung mit kaltem gasförmigen Wasserstoff zwecks Abfuhr der Reibungswärme gekühlt wurden. Für die dabei verwendeten Kugellager mit 35 mm Durchmesser und Drehzahlen bis zu 30 000 U/min wurden Lebensdauern von mehr als 7,5 Stunden erzielt, was für die geforderte Lebensdauer eines Triebwerks von etwa 1 Stunde mehr als ausreichend war.

Eine Weiterentwicklung dieses Triebwerks führte im Rahmen des *Apollo*-Programms zum J2-Triebwerk von *Rocketdyne*, welches mit einem spezifischen Impuls von 4250 Ns/kg und einem Schub von $103 \cdot 10^4$ N das bisher leistungsfähigste Wasserstoff/Sauerstoff-Oberstufentriebwerk darstellt [6].

Der prinzipielle Aufbau gleicht dem des RL10-Triebwerks mit Ausnahme der von der jeweiligen Treibstoffkomponente geschmierten Pumpenlager und den zum Antrieb der Pumpen dienenden Turbinen, welche von einem Wasserstoff/Sauerstoff-Gasgenerator versorgt wurden. Hierbei wird Sauerstoff mit Wasserstoff unter starkem Wasserstoffüberschuß verbrannt, dieses Gas zum Antrieb der Turbinen benutzt und danach in die Brennkammer des Triebwerks geleitet. Durch ein Regelsystem konnte dabei das Triebwerk zwecks Schubregelung über einen weiten Bereich des Mischungsverhältnisses Wasserstoff-Sauerstoff mit Wasserstoffüberschuß gefahren werden.

Dieser Triebwerkstyp mit einer Lebensdauer unter Einsatzbedingungen von etwa 1 Stunde wurde in der dritten Stufe der verbesserten Version der Saturn V und als Bündel von 5 Triebwerken in der zweiten Stufe der Saturn V erfolgreich im Rahmen des *Apollo*-Programmes eingesetzt.

Den Höhepunkt der Entwicklung stellt derzeit das SSME (Space Shuttle Main Engine)-Hochdrucktriebwerk von *Rocketdyne* für das *Space Shuttle* dar [8, 9]. Als Bündel von drei Triebwerken mit einem Einzelschub von $210 \cdot 10^4$ N arbeitet es während der Startphase zusammen mit zwei Feststoff-Boostern und dient nach Abwerfen derselben zur Erreichung der Umlaufbahn.

Unter voller Ausnutzung des gegenwärtigen Standes der Technik erfüllt dieses Triebwerk eine Reihe zusätzlicher Forderungen. Insbesondere muß es sowohl in der unteren Atmosphäre – ein Bereich, der bisher Boostern, beispielsweise dem F1-Triebwerk der Saturn vorbehalten war – als auch in großer Höhe bzw. im Vakuum – Bereiche, die bisher dem RL10- bzw. J2-Triebwerk vorbehalten waren – in gleichem Maße gute Betriebseigenschaften aufweisen. Der geforderte spezifische Impuls von 3614 Ns/kg in Meeresniveau sowie 4529 Ns/kg in größerer Höhe bzw. im Vakuum erforderte den sehr hohen Brennkammerdruck von 215 bar und ein Expansionsverhältnis der Düse von 77,5:1 (ca. 40:1 beim RL10- bzw. J2-Triebwerk). Darüber hinaus war im Hinblick auf Wiederverwendbarkeit eine Betriebslebensdauer von mehr als 7,5 Stunden einschließlich 100 Starts gefordert.

Das Treibstoffversorgungs- bzw. -pumpensystem wurde gegenüber dem J2-Triebwerk weiter modifiziert.

Etwa 20% der Treibstoffe werden zunächst in einem Gasgenerator unter Wasserstoffüberschuß bei einer Temperatur von etwa 960 K verbrannt und gelangen dann unter Arbeitsleistung über die Turbinen in die Brennkammer, wo vollständige Verbrennung erfolgt. Die Turbopumpen, deren Lager mit der jeweiligen Treibstoffkomponente geschmiert werden, liefern einen Druck von 570 bar für flüssigen Sauerstoff bzw. 500 bar für flüssigen Wasserstoff. Jede Treibstoffkomponente hat hierbei jeweils zwei Pumpen, eine für niedrigeren Druck von etwa 20–30 bar sowie eine Hochdruckpumpe. Diese Doppelanordnung erlaubt es, die Hochdruckpumpe mit wesentlich höherer Drehzahl zu betreiben, was eine Verringerung von Größe und Gewicht zur Folge hat. Die spezifische Pumpenleistung beträgt auf die Masse der Pumpe bezogen etwa 150 kW/kg, was in etwa dem vierfachen Wert beim J2-Triebwerk entspricht (gesamte Pumpenleistung ca. 75 MW beim SSME gegenüber ca. 6 MW beim J2).

Damit ist ein Entwicklungsstand der H_2/O_2-Raketentriebwerke sowie der

Technik des flüssigen Wasserstoffs erreicht[3], der einerseits eine Weiterentwicklung vom *Space Shuttle* zum Raketenflugzeug für den Transport von Nutzlast in erdnahe Umlaufbahnen bei konventionellem Start- bzw. Landemanöver zuläßt und andererseits den Kreis zu den luftatmenden Triebwerken im Überschallbereich bzw. dem Kombinationsantrieb schließen wird [10–16].

5.2 Nukleare Raketenantriebe

Da die Reaktionen H_2/O_2 bzw. H_2/F_2 die höchste auf die Masseneinheit bezogene Verbrennungsenthalpie bei gasförmigem Endprodukt liefern, ist eine weitere Steigerung des spezifischen Impulses bzw. der Nutzlast bei gleicher Endgeschwindigkeit u einer Rakete (s. (118)) mit noch energiereicheren Treibstoffkombinationen nicht mehr möglich.

Die energiereichste, auf die Masseneinheit bezogene chemische Reaktion ist an sich durch die Rekombination von atomarem Wasserstoff

$$2\,H \rightarrow H_2 + 59{,}9\ \text{kWh/kg} \tag{120}$$

mit einem spezifischen Impuls von $I_{sp} = 2\cdot 10^4$ Ns/kg gegeben[4].

Dies würde für eine Mondmission ein Massenverhältnis von lediglich $m_0/m = 2$ erfordern, was grob in etwa dem heute in der Luftfahrt bei Interkontinentalflügen realisierten Verhältnis von Startgewicht zu Landegewicht entspricht [17]. Aus diesem Grunde wurde schon seit langem versucht, diese Reaktion für den Raketenantrieb anzuwenden.

Das Schlüsselproblem, nämlich die Stabilisierung des Wasserstoffs in atomarem Zustand bei hoher Konzentration des atomaren Anteils ist grundsätzlich durch bisher auch in einschlägigen Kreisen der Forschung wenig beachtete Versuche demonstriert worden [18–22].

Die Bedingungen hierfür, nämlich Temperaturen von 1 K und Magnetfelder bis zu 7 Tesla schließen jedoch in dieser Form Anwendungen in der Raumfahrt aus, ermöglichen aber experimentelle Untersuchungen über die Quantenmechanik von Vielteilchensystemen, wofür atomarer Wasserstoff bzw. Helium im Triplettzustand geradezu prädestiniert sind.

Da nach (118) die Endgeschwindigkeit u nur dem Logarithmus des Massenverhältnisses, der Strahlgeschwindigkeit v jedoch direkt proportional ist, stellt eine Erhöhung letzterer den wirksameren Weg dar, höhere Endgeschwindigkeit bzw. höhere Nutzlast zu erreichen.

Da Kernreaktionen massenbezogene Energieumsetzungen aufweisen, welche diejenigen chemischer Reaktionen um etwa sechs Größenordnungen übertreffen, ergibt sich damit grundsätzlich die Möglichkeit, die Strahlgeschwindigkeit bzw. den spezifischen Impuls (118) um drei Größenordnungen zu erhöhen. Dabei wäre die in Kernreaktionen freiwerdende Energie bei entsprechend hoher Temperatur auf eine – möglichst hohe Ausströmgeschwindigkeit liefernde – Strahlmasse zu übertragen.

---

[3] Vgl. auch: The Space Shuttle – Its Current Status and Future Impact. Proc. 1980 SAE Aerospace Congress, 92 p., 1981.

[4] Vgl. Dadieu, A., Damm, R., Schmidt, E. W.: Raketentreibstoffe, p. 7. Wien: Springer 1968.

Man kann daran denken, die Energie freisetzende Kernreaktion – Kernspaltung oder Kernverschmelzung – bei entsprechend hoher Temperatur im Gas- bzw. Plasmazustand ablaufen zu lassen. Eine große Zahl von Untersuchungen wurde hierzu veröffentlicht [23–36].

Im Falle der Kernspaltung kann das spaltbare Material dabei jedoch nicht als Strahlmasse dienen, weil abgesehen von den Problemen der Strahlungsbelastung der Verlust an spaltbarem Material untragbar hoch wäre.

Für den Fall der kontrollierten Kernverschmelzung, welche im wesentlichen in Wasserstoffplasmen abläuft, wäre dies sehr wohl möglich. Allerdings besitzen weder Verfahren des Plasmaeinschlusses im Magnetfeld noch die lasergesteuerte Kernverschmelzung infolge des hohen erforderlichen Aufwandes an Masse und Energie für derartige Anwendungen genügend Attraktivität. Nach neueren Untersuchungen dürfte wohl die Anwendung hochenergetischer Partikelstrahlen (insbesondere Protonen) bei entsprechend großen Stromstärken auch dieser denkbaren Laseranwendung gegenüber größere Aussichten bieten (vgl. Kap. 8).

Ein gangbarer Weg, welcher in einem großen Forschungs- und Entwicklungsprogramm intensiv und erfolgreich untersucht wurde, besteht darin, einen Hochtemperatur-Feststoffreaktor als Hochtemperatur-Wärmetauscher auszubilden und damit Wasserstoff auf hier im wesentlichen durch die Festkörpergrenzen gegebene hohe Temperaturen aufzuheizen und durch eine Düse zu expandieren [37].

Aus (119) erhält man unter Annahme eines idealen Gases mit der spezifischen Wärme je Masseneinheit c_p, dem Verhältnis der spezifischen Wärmen κ, der Temperatur T_0 und der Enthalpie $i_0 = c_p T_0$

$$I_{sp} = v = \sqrt{\frac{2\kappa}{\kappa - 1} \cdot \frac{R}{M} \cdot T_0}\,. \tag{121}$$

R allgemeine Gaskonstante, M Molekulargewicht.

Im Interesse eines großen spezifischen Impulses sind demzufolge möglichst hohe Temperaturen im Reaktor und möglichst niedriges Molekulargewicht der Strahlmasse anzustreben.

Für Wasserstoff, welcher die Strahlmasse mit dem geringstmöglichen Molekulargewicht ($M = 2$) darstellt, erhält man für Temperaturen von etwa 2500 K, welche mit den heute bekannten Feststoffreaktoren beherrschbar sind, eine Ausströmgeschwindigkeit bzw. einen spezifischen Impuls von etwa 10^4 m/s sowie ein Schub/Gewichtsverhältnis des Triebwerks, welches wesentlich größer als 1 ist.

Im Jahre 1955 wurde in den U.S.A. unter Leitung des *Los Alamos Scientific Laboratory* bzw. der U.S. *Atomic Energy Commission* ein Programm zur Entwicklung derartiger Triebwerke begonnen. Es wurde später in ein entsprechendes NASA-Programm aufgenommen und enthielt Schwerpunkte auf dem Gebiet der Hochtemperaturreaktoren sowie der Technik des flüssigen Wasserstoffes. Zu diesem Zweck wurde bei *Jackass-Flats* in Nevada ein Testzentrum für nukleare Triebwerke erstellt und zusätzlich Anlagen zur Speicherung, Handhabung und zum Betrieb der Triebwerke mit flüssigem Wasserstoff errichtet, wobei die Technik des flüssigen Wasserstoffes in den U.S.A. erstmals in großem Maßstab zum Einsatz gelangte.

Die Reaktor- und Triebwerkstechnik konzentrierte sich vor allem auf graphitmoderierte Reaktoren mit Urancarbid als Brennelement und äußerem Beryllium-haltigem Reflektor (s. Abb. 47). Flüssiger Wasserstoff wird dabei mittels einer Turbopumpe unter einem Druck von etwa 60–80 bar zur regenerativen Kühlung von Düse und Reflektor benutzt, tritt dann gasförmig in die Reaktorzone ein und verläßt nach Aufheizung das Triebwerk durch die Düse.

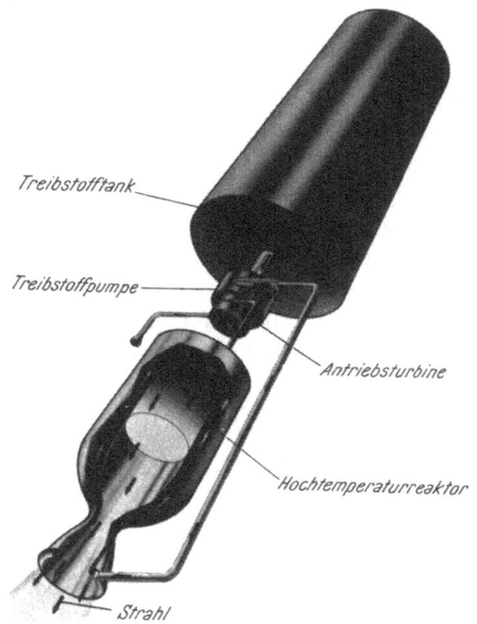

Abb. 47. Prinzip eines nuklear-thermischen Antriebssystems (Quelle: Los Alamos National Laboratory)

Abgesehen von den Problemen des nuklearen Teils waren zu diesem frühen Zeitpunkt erhebliche Entwicklungen auf dem Gebiet der Technik des flüssigen Wasserstoffs erforderlich, um die beim Anfahren, Regeln und Abstellen des Triebwerks erforderlichen instationären Zustände im Hinblick auf Wärmeübergang, Zweiphasenströmung in Pumpen, Leitungen und Wärmetauschern zu beherrschen [38–40, 41]. Im Rahmen dieses erfolgreichen Programms [42] wurden in den Jahren 1955 bis 1972 eine Reihe von Triebwerken getestet, welche im Rahmen des Rover-Projektes vom KIWI-Reaktor [43] und dessen Modifikationen im Rahmen des NERVA-Programmes (Nuclear Engine Rocket Vehicle Application) zum Phoebus-Reaktor [44] bzw. NRX-Reaktor den Leistungsbereich von 1000 MW bis zu 4000 MW umfaßten [45]. Letztere wurden zum eigentlichen NERVA-Reaktor weiterentwickelt, mit welchem dieses Programm, das in der nächsten Phase als RIFT-Programm (Reactor in Flight Test) zu einem Einsatz in einer zweiten bzw. dritten Raketenstufe hätte führen sollen, etwa zur gleichen Zeit wie das Apollo-Projekt eingestellt wurde (Abb. 48 und 49)[5].

Aufgrund der positiven Ergebnisse sind Überlegungen zur Anwendung nuklear-thermischer Raketenantriebe auch heute noch nicht als abgeschlossen zu betrachten. Insbesondere besitzen kleine nuklear-thermische Systeme im Leistungsbereich von etwa 1 MW bei einem spezifischen Impuls von etwa 8000 bis 10 000 Ns/kg durchaus Anwendungschancen für interplanetare Missionen, insbesondere in den äußeren Planetengürtel, weil hier im Vergleich zu elektrischen Triebwerken der dabei benötigte Massenaufwand zur Umwandlung von Wärmeenergie in elektrische Energie vermieden werden kann [46].

Abb. 48. KIWI-B-IA-Reaktor auf dem Testgelände in Jackass Flats, Nevada (Quelle: Los Alamos National Laboratory)

[5] Für die freundliche Genehmigung zur Veröffentlichung der Abb. 47–49 ist der Verfasser dem Los Alamos National Laboratory und insbesondere Dr. F. J. Edeskuty zu besonderem Dank verpflichtet.

Abb. 49. NERVA-Triebwerk (Quelle: Aerojet General Corporation)

Literatur

1. Schönberger, K. B.: Rocket Experiments with Hydrogen and Oxygen. Weltraumfahrt *4*, 80–81 (1950).
2. Sloop, J. L.: Liquid Hydrogen as a Propulsion Fuel. The NASA History Series, BASA-SP-4404, TL 785S58, Stock Number 033-000-00707-8 (1978).
3. Dardare, J.: Propulsion by Liquid Oxygen and Liquid Hydrogen, Review. Pure Appl. Cryogenics *5*, 135–157 (1966).
4. Hurden, D.: Cryogenic Liquids for Rocket Engines. Inst. Refrig., Proc. *55*, 147–165 (1958).
5. Sloop, J. L.: Cold Propellants for Hot Performance. Astronautics *3*, 28–30, 96–97 (1958).

6. Silliams, O. S., et al.: Liquid Rockets in Perspective, Part 1: Developments in the 1960s. Astronautics and Aeronautics, March 1976; Part 2: Propulsion for the 1970s and 1980s. Astronautics and Aeronautics, April 1976.
7. Mulready, R. C.: Liquid Hydrogen Engines. In: Technology and Uses of Liquid Hydrogen, Scott, R. B. (ed.), pp. 149–180. New York: Pergamon Press 1964.
8. Kirby, F. W.: Space Shuttle Main Engine Program Status. AIAA Preprint 73-1177, November 1973.
9. Salkeld, R.: Mixed Mode Propulsion for the Space Shuttle. Astronautics and Aeronautics, August 1971.
10. Sanchini, D. R., Kirby, F. M.: The Future Look in Rocket Engines. Amer. Astronaut. Soc. Paper, pres. 11th Goddard Memorial Symposium, March 1973.
11. Sänger, E., Bredt, I.: Über einen Raketenantrieb für Fernbomber. Deutsche Luftfahrtforschung VM 3538 (August 1944), vgl. ferner: Sänger, E., Raketen-Flugtechnik. München: Oldenbourg 1933.
12. Dornberger, W. R.: The Rocket Propelled Commercial Airliner. Univ. Minn. Inst. of Techn., Resp. Rep. No. 135, November 1956.
13. Salkeld, R.: Orbital Rocket Airplanes, a Fresh Perspective. Astronautics and Aeronautics, April 1976.
14. Bono, P.: Pegasus – A Design Concept for a V.I.P. Orbital/Global Rocket Transport. SAE National Aeronautics and Space Engineering Meeting, SAE paper No. 760687, Los Angeles, Calif., October 1964.
15. Pickney, S. Z.: Internal Performance Predictions for Langley Scramjet Engine Module. NASA-TM-X-74038, 1977.
16. Jones, R. A., Huber, W.: Toward Scramjet Aircraft. Astronautics and Aeronautics, February 1978.
17. Peschka, W.: Über die Verwendung von atomarem Wasserstoff als Treibstoff für Flüssigkeitsraketen. Proc. 9th Int. Astronaut. Congr. 1958, pp. 137–147. Wien: Springer 1959.
18. Hess, R.: Atomic Hydrogen. ESRO-TT- 42, 1974, siehe auch: Atomarer Wasserstoff, DFVLR-Forschungsbericht, DLR-73-74, 1973.
19. Hess, R.: Atomic Hydrogen Stabilization by High Magnetic Fields and Low Temperatures. Adv. Cryog. Eng., Vol. 18, pp. 427–434. New York: Plenum Press 1973.
20. Webeler, R. W. H.: Behaviour of Atomic H in Solid H_2 from 0,2 to 0,8 K. NASA-TMX-71732, 1975.
21. Rosen, G.: Upper Bound on the Equilibrium Concentration of Atomic H in Solid H_2. Phys. Letts., Vol. 61A, No. 1, 1977.
22. Peschka, W., Sänger, G., Hietkamp, G. A.: Results of Experiments with Spin-Stabilized Hydrogen and Hydrogen Compounds. J. de Physique *41*, 165–176 (1980).
23. Kerrebrock, I. L., Meghreblian, R. V.: An Analysis of Vortex Tubes for Combined Gas-Phase Fission Heating and Separation of the Fissionable Material. ORNL, CF-57-11-3, 1959.
24. Grey, N.: A Gaseous-core Nuclear Rocket Utilizing Hydrodynamic Containment of Fissionable Material. ARS-Preprint 848/59.
25. Winterberg, F.: Die Erreichung von Ausströmgeschwindigkeiten bis 20 000 m/s durch isotherme Expansion in Kernraketen. Proc. 9th Int. Astronaut. Congr. 1958. Wien: Springer 1959.
26. Ragsdale, R. G.: NASA Research on the Hydrodynamics of the Gaseous Vortex Reactor. NASA-TN-D-288, 1960.
27. Meghreblian, R. V.: Gaseous Propulsion Reactors. Nucleonics *19*, 95–99 (1961).
28. Spencer, D. F.: The Plasma Core Reactor. NASA-Contract NaSw-6, Tech. Rep. No. 32-14, JPL, 1961.

29. Peschka, W.: Kernenergie und Wärmeübergang durch Strahlung. Astronautica Acta *8*, 278–202 (1962).
30. Gross, R. A., Kessey, K. O.: Magnetohydrodynamic Species Separation in a Gaseous Nuclear Rocket. AIAA Journ. *2* (February 1964).
31. Anon.: Research on Uranium Plasmas and their Technological Application. NASA-SP-236, 421 p., 1971.
32. Roman Ward, C.: High Temperature UF_6 RF Plasma Experiments Applicable to Uranium Plasma Core Reactors. NASA Contr. NAS1-14329, Contr. Rep. 159159, UTC, 1979.
33. McLafferty, G. H., Bauer, H. E.: Studies of Specific Nuclear Light Bulb and Open-Cycle Vortex Stabilized Gaseous Nuclear Rocket Engines. NASA-CR-1030, 1968.
34. McLafferty, G. M.: Survey of Advanced Concepts in Nuclear Propulsion. J. Spacecraft *5*, 1121–1128 (1968).
35. Thorpe, M. L.: Radio Frequency Plasma Simulation of Gas-Core Reactor. J. Spacecraft *6*, 923–928 (1969).
36. Peschka, W.: Hochtemperatur-Energiesysteme unter Verwendung von Plasmareaktoren und induktiven magnetoplasmadynamischen Wandlern. DLR-FB-67-59, 1967.
37. Bussard, R. W., De Lauer, R. D.: Nuclear Rocket Propulsion. New York: McGraw Hill 1958.
38. Edeskuty, F. J.: Liquid Hydrogen in Nuclear Rocket Testing. LA-DC-7170, Los Alamos Sci. Lab., 32 p. NTIS, 1965.
39. Hammel, E. F.: Cryoengineering in the Nuclear Rocket Program. Adv. Cryog. Eng., Vol. 9, pp. 11–19. New York: Plenum Press 1964.
40. Edeskuty, F. J., Henshall, J. B., Bartlit, J. R.: Cryogenic Applications in the Nuclear Rocket Program.
41. Keller, W. E.: Worldwide Cryogenics – U.S., Cryogenics at the Los Alamos Scientific Laboratory. Crygenics 547–556 (October 1980).
42. Corrington, L. C.: The Nuclear Rocket-Program – Its Status and Plans. J. Spacecraft 465–470 (April 1960).
43. Schreiber, R. E.: Kiwi Tests Pay Way to Rover. Nucleonics *19*, 77–79 (1961).
44. Gunn, S. V., Dunn, C.: Feed Systems for Phoebus Reactor Experiments. J. Spacecraft *7*, 769–777 (1969).
45. Durkee, W. E., Damerval, F. B.: Nuclear Rocket Experimental Engine Test Results. J. Spacecraft *7*, 1397–1401 (1970).
46. Peschka, W.: Neue Energiesysteme für die Raumfahrt. München: Goldmann 1972.

6. Flüssiger Wasserstoff als Kraftstoff

Seit mehr als hundert Jahren stellen Kohlenwasserstoffe aus Rohöl fast ausschließlich die Basis für alle im Verkehr verwendeten Kraftstoffe dar. Ein Verkehr ohne Benutzung von Kraftstoffen auf Kohlenwasserstoffbasis für Motoren, Triebwerke, Antriebsmaschinen usw. ist heute nahezu unvorstellbar. Lediglich in Mangelsituationen wie beispielsweise den beiden Weltkriegen oder aber als Folge politischer Einflußnahme der – relativ geringen Anzahl – außereuropäischen Ölförderländer wird der Allgemeinheit die enorme Abhängigkeit vom Öl bewußt, für welches man paradoxerweise während der Mitte des vorigen Jahrhunderts trotz intensiver Bemühungen außer zur Füllung von Petroleumlampen und im medizinischen Bereich kaum Anwendungen sah.

Die Entwicklungen der Farbstoffchemie, die Erfindungen des Viertaktmotors durch *Nikolaus Otto* 1876 sowie der ersten Automobile (*Siegfried Marcus* 1873, Wien; *Karl Benz* 1885, Mannheim; *Gottlieb Daimler* 1886, Cannstatt) änderten diese Situation jedoch grundlegend. Der hohe Heizwert sowie die offensichtlich einfache Handhabung machte Benzin – der Name kommt vom englischen *benzene*, der Bezeichnung für Benzol bzw. niedrig siedende benzolhaltige Kohlenwasserstoffe – für das Automobil bald unentbehrlich. Nachdem es den Brüdern *Orville* und *Wilbur Wright* 1903 gelungen war, einen leichten und leistungsfähigen Flugmotor zu bauen, für dessen Antrieb selbstverständlich Benzin verwendet wurde, fanden die Kohlenwasserstoffe Eingang in die Luftfahrt, während die Entwicklung von Schwerölmotoren einschließlich des ursprünglich zur Verbrennung von Kohlestaub gedachten Dieselmotors zunächst den Bereich der stationären Motoren und später insbesondere den Bereich der Nutzfahrzeuge für die Kohlenwasserstoffe erschloß.

Die Erfindung des Strahltriebswerks sowie die Entwicklung des schnelllaufenden Dieselmotors und die dazu erforderlichen Kraftstoffe auf Kerosinbasis runden dieses Bild ab.

Die nunmehr stärker denn je absehbare Erschöpfung der globalen Ölvorräte hat wiederum Gedanken über die Entwicklung alternativer Kraftstoffe aktiviert, wobei oft Parallelen zu früheren Mangelsituationen, beispielsweise in Deutschland während des zweiten Weltkrieges gezogen werden, wo, ausgehend von Kohle und Wasserstoff, Kraftstoffe auf der Basis synthetischer Kohlenwasserstoffe zum Einsatz kamen. Die Größenordnung der zukünftig zu substituierenden Mengen an fossilen Kraftstoffen und die bereits bei deren Herstellung auftretenden wirtschaftlichen und ökologischen Fragen lassen allerdings Vergleiche mit diesen früheren Situationen wenig realistisch erscheinen.

Es ist darauf hinzuweisen, daß ein erheblicher Teil der bei der Verbrennung von Kohlenwasserstoffen bzw. von Alternativen wie etwa Methanol oder Äthanol freigesetzten Energie aus der Verbrennung des darin enthaltenen Wasserstoffs stammt. Deshalb kann man die Kohlenwasserstoffe oder auch die Alkohole mit gewisser Berechtigung als chemische Speicher für Wasserstoff ansehen. Allerdings ist eine Reihe von Umweltproblemen bei der Herstellung und der Verbrennung (CO_2- bzw. CO-Emission, Rußemission sowie krebserregende Stoffe wie Benzpyren im Abgas beispielsweise von Dieselmotoren, sowie zum Teil die Produktion von Stickoxiden) gerade diesem als „Speichermaterial" dienenden Kohlenstoff zuzuschreiben. Beim Übergang auf fossile Kraftstoffe mit sukzessive zunehmendem Wasserstoffgehalt können derartige Umweltbelastungen reduziert werden. Die allerdings mehr auf wirtschaftlichen Erwägungen beruhende zunehmende Verwendung von Flüssiggas (d.h. Propan oder Butan) bzw. von flüssigem Erdgas als Kraftstoff entspricht durchaus diesen Überlegungen. Nach *Marchetti* [1–5] ist darin eine Entwicklungstendenz zu sehen, die ähnlich wie in der Vergangenheit als Folge zunehmender Erschöpfung entsprechender Rohstoffquellen den Übergang von Holz auf Kohle zur Folge hatte, in Zukunft zur Ablösung der gegenwärtig verwendeten Kohlenwasserstoffe durch den reinen Wasserstoff führen wird.

Es erscheint allerdings wenig wahrscheinlich, daß Wasserstoff als Sekundärenergieträger lediglich für die Belange des Verkehrs entwickelt werden wird, weil darin derzeit nur ein verhältnismäßig geringer Anteil des globalen Mineralölverbrauchs enthalten ist. Abgesehen von Sonderanwendungen wird sich diese Situation jedoch ändern, wenn Wasserstoff allgemein in zukünftigen Energiesystemen auch in anderen Bereichen, beispielsweise bei der Gas- und Wärmeversorgung, zur Anwendung kommen wird.

Darüber hinaus hat Wasserstoff als Kandidat unter verschiedenen Alternativkraftstoffen reelle Chancen einer sukzessiv steigenden Anwendung, wenn neben den Fragen seiner Herstellung – die er letztlich mit allen synthetischen Kraftstoffen teilt – die insbesondere mit der Schaffung der erforderlichen Infrastruktur zusammenhängenden, anwendungsspezifisch zu sehenden Forschungs- und Entwicklungsarbeiten abgeschlossen sind. Die derzeit auf den Gebieten Zivilluftfahrt, Straßenverkehr bzw. Schienenverkehr laufenden Aktivitäten hinsichtlich der Verwendung von Wasserstoff sind unter diesen Voraussetzungen zu sehen.

6.1 Luftfahrt

Randbedingungen

Flüssiger Wasserstoff als alternativer Kraftstoff in der Luftfahrt ist hinsichtlich seiner Eigenschaften an den heute verwendeten Kraftstoffen bzw. deren Alternativen zu messen. Der Energieverbrauch im Luftverkehr nimmt heute – bezogen auf den Gesamtenergieverbrauch – eine untergeordnete Rolle ein. Die Einführung von Alternativen kann nur bei Vorliegen zwingender Argumente in Erwägung gezogen werden. Ein derartiges Argument ist sicherlich die Steigerung der Ölpreise in Anbetracht der im nächsten Jahrhundert zu erwartenden drastischen Verringerung der Ölreserven. In Anbetracht der Kraftstoffkosten, die derzeit im Mittel bereits etwa 30% der direkten Betriebskosten betragen, ist seit längerem die Frage nach der Wirtschaftlichkeit alternativer Kraftstoffe im Luftverkehr aktuell geworden. Trotzdem ist nicht anzunehmen, daß in absehbarer Zeit eine lediglich durch hohe Kraftstoffkosten bedingte globale Neuorientierung auf andere Flugkraftstoffe erfolgen wird, weil die damit verbundene Umstellung in der Luftfahrt einschließlich großer Industriezweige ganz enorme Kapitalinvestitionen erfordert. Unter Berücksichtigung einer Entwicklungszeit für neue Flugzeugtypen von etwa zehn Jahren und einer Einsatzdauer von etwa zwanzig Jahren müssen im Hinblick auf Wirtschaftlichkeit bereits bei den heutigen Planungen für die Flugzeuge der nächsten Generation die in den neunziger Jahren zu erwartenden Kraftstoffkosten berücksichtigt werden. Hiemit ist für die nächste Flugzeuggeneration bereits eine gewisse Festlegung erfolgt, so daß aus dieser Sicht Wasserstoff als Alternativkraftstoff frühestens bei der übernächsten Flugzeuggeneration, d.h. etwa ab 2010 in größerem Umfang zum Einsatz kommen kann. Daraus ergibt sich die Notwendigkeit, rechtzeitig entsprechende Forschungs- und Entwicklungsarbeiten durchzuführen, was infolge der Größe der zu bewältigenden Aufgabe in internationalem Rahmen erfolgen muß. In dieser Hinsicht eignet sich gerade die Luftfahrt infolge ihrer internationalen Verflechtungen, der logistischen Möglichkeiten auf den heutigen Flughäfen sowie ihrer Fähigkeit, große Managementaufgaben für große technische Entwicklungen in relativ kurzen Zeiträumen durchzuführen, besonders gut als Pionier und Großanwender von Wasserstoff [6–10].

In Tabelle 17 ist ein Vergleich von flüssigem Methan und flüssigem Wasserstoff, welche als alternative Kraftstoffe in Betracht kommen, mit synthetischem Flugkraftstoff auf Kohlenwasserstoffbasis (*Synjet*) durchgeführt. Die Vorteile von Wasserstoff liegen im hohen unteren Heizwert bezogen auf die Masseneinheit sowie in der hohen spezifischen Wärme, während der volumenbezogene untere Heizwert im Vergleich zu den beiden anderen Kraftstoffen den niedrigsten Wert einnimmt. Flüssiges Methan nimmt in etwa die Mitte zwischen dem heutigen Flugkraftstoff bzw. Synjet und flüssigem Wasserstoff ein. Seine kalorischen Eigenschaften liegen einerseits näher bei denen der heutigen Flugkraftstoffe, während es andererseits als kryogene Flüssigkeit in ähnlicher Weise wie flüssiger Wasserstoff zu bewerten ist.

Der Einfluß der Eigenschaften dieser für die Luftfahrt geeigneten Kraftstoffe auf die Auslegung von Flugzeugen war Ziel einer Reihe von Studien und Untersuchungen, die zum Teil von der NASA bzw. im Auftrag der NASA durchgeführt wurden [11–17, 18], vgl. ferner [19–21][1].

Tabelle 18 zeigt einen Vergleich zwischen LH_2 und Synjet (bzw. Jet A) für Flugzeuge im oberen Unterschallbereich ($M \approx 0{,}85$) verschiedener Reichweite und Größe, letztere definiert durch das Verhältnis Zahl der Sitzplätze zu Reichweite (vgl. [15, 22, 23]).

[1] Für die zuteilgewordene Unterstützung ist der Verfasser der Lockheed-California Company und insbesondere G. D. Brewer zu besonderem Dank verpflichtet.

Tabelle 17. *Vergleich verschiedener Kraftstoffe für die Luftfahrt*

	Synjet*	LCH_4	LH_2
Zusammensetzung	$CH_{1,93}$	CH_4	H_2
Molekulargewicht	~ 168	16,04	2,016
Dichte am Siedepunkt (g/cm^3)	~ 0,8	0,423	0,071
Siedepunkt (K)	440–539	111,7	20,27
Schmelzpunkt (K)	223	91	14,4
Spez. Wärme (Ws/gK) am Siedepunkt	1,98	3,5	9,69
Verdampfungswärme (Ws/g)	360	510	446
Unterer Heizwert (kWh/kg)	11,9	13,8	33,3
(kWh/l)	9,5	5,8	2,36

Tabelle 18. *Vergleich LH_2 – Jet A als Funktion der Flugzeuggröße* (nach [15, 22])

Größe: Zahl der Sitzplätze/Reichweite (km) Gesamtgewicht	130/2800	400/10 200	400/19 600
LH_2 (kg)	45 500	169 000	250 000
Synjet (kg)	48 500	232 000	476 000
(1 – LH_2/Synjet) (%)	6,1	27,3	47,6

Flüssiger Wasserstoff ermöglicht demzufolge bei Großraumflugzeugen bereits im Unterschallbereich bei gleicher Reichweite und Nutzlast eine erhebliche Verringerung des Startgewichts. Besonders augenscheinlich wird dies bei der extremen Reichweite von 19 600 km. Es ist aber zu betonen, daß flüssiger Wasserstoff selbst für Kurzstreckenflugzeuge noch geringe Vorteile gegenüber Synjet bzw. Jet A aufweist [15].

Infolge der kleineren Gesamtmasse sind kürzere Startstrecken und steilere Aufstiegpfade (weniger Lärmbelästigung) und/oder geringerer erforderlicher Triebwerkschub (weniger Lärmentwicklung) erreichbar. Abb. 50 zeigt den Aufwand an Primärenergie in t SKE Äquivalent nach [15, 23] im Vergleich zwischen Synjet und LH_2. Um von einer gemeinsamen Basis für den Vergleich ausgehen zu können, wurde auch für Wasserstoff ein Herstellungsverfahren auf Kohlebasis angenommen. Es handelt sich um den in 2.1 kurz beschriebenen Wasserdampf-Eisen-Prozeß. Flüssiges Methan ist in diesem Diagramm nicht aufgeführt. Es zeigt sich aber, daß die entsprechenden Daten im Bereich zwischen flüssigem Wasserstoff und Synjet, und zwar näher zu Synjet hin liegen.

Die Abschätzung des Aufwandes an Primärenergie beruht auf Annahmen für den thermischen Wirkungsgrad zur Herstellung dieser Kraftstoffe aus Kohle nach [16, 17]. Für die Herstellung von Synjet wurde der CSF-Prozeß (Consolidated Synthetic Fuel Process) zugrunde gelegt [15, 23].

* Der Einfachheit halber werden gleiche Eigenschaften von Synjet und normalem Flugkerosin (Jet A) angenommen.

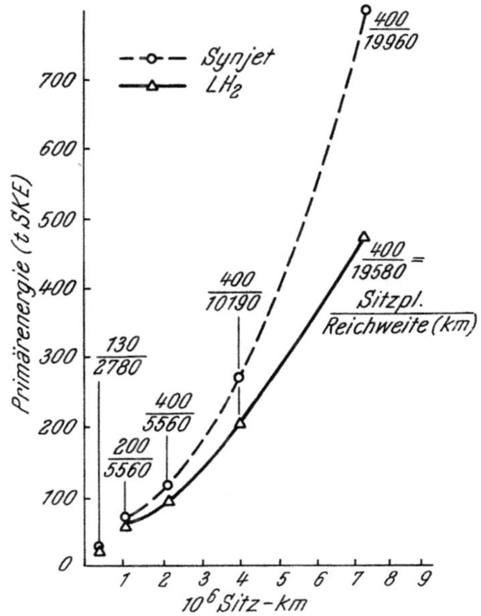

Abb. 50. Primärenergieaufwand in Tonnen-Steinkohleäquivalent für Synjet und flüssigen Wasserstoff als Funktion der Transportkapazität in 10^6 Sitz-km (nach [15, 22])

Die Ersparnis an Primärenergie auf den Langstreckenrouten ist offensichtlich, aber in Einklang mit Tabelle 18 zeigt sich unter den hier gemachten Annahmen selbst für kurze Reichweiten noch eine geringfügige Überlegenheit des flüssigen Wasserstoffs.

Lassen sich also – unter den hier geltenden Annahmen – grundsätzlich für den oberen Unterschallbereich, insbesondere für große Reichweiten, erhebliche Vorteile für flüssigen Wasserstoff nachweisen, so gilt dies in erhöhtem Maße für den Überschallbereich, für welchen bisher jedoch keine genaueren Untersuchungen vorliegen. Zum Vergleich sind in Abb. 51 nach [19, 20] die Kraftstoffanteile am Gesamtgewicht eines Großraumflugzeuges bei etwa gleicher Nutzlast für ein Flugzeug im hohen Unterschallbereich und für ein Mach 3-Überschallflugzeug vergleichbarer Reichweite dargestellt. Wenngleich der zivile Überschallverkehr aus wirtschaftlichen Überlegungen heraus zur Zeit kaum Anwendungschancen besitzt, sind unter Berücksichtigung der Vorteile des flüssigen Wasserstoffs in Zukunft Anwendungen für die langen Interkontinentalstrecken keineswegs auszuschließen. Dabei ist zu berücksichtigen, daß zufolge des wesentlich geringeren Kraftstoffgewichts beim Start steilere Aufstiegspfade und zufolge der Eigenschaften der Wasserstoffverbrennung Flughöhen für Überschallflugzeuge oberhalb 30 000 m mit der dadurch bedingten erheblichen Verringerung der Umweltbelastung durch den „Überschallknall" erreichbar sind.

Hinsichtlich des Kostenvergleichs zwischen den verschiedenen Kraftstoffen wurde eine Reihe von Untersuchungen durchgeführt, die ergaben, daß flüssiger Wasserstoff unter den heute geltenden Verhältnissen im Vergleich zu Synjet

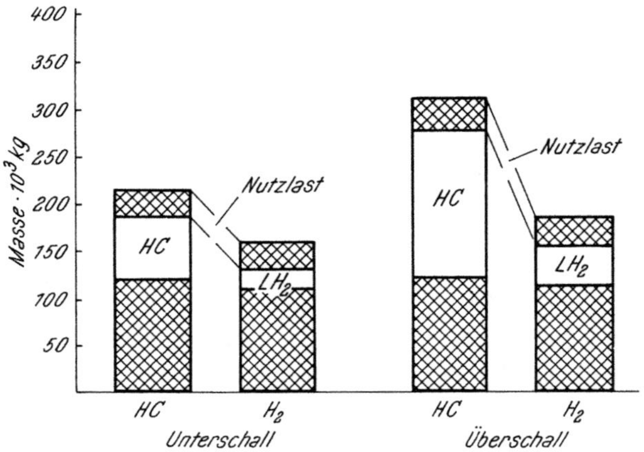

Abb. 51. Vergleich der Anteile von Nutzlast und Kraftstoff von Flugzeugen im Unterschall- und Überschallbereich. HC: Kraftstoffe auf der Basis von Kohlenwasserstoffen, LH_2: flüssiger Wasserstoff

noch nicht wirtschaftlich ist (vgl. [15, 29, 24]). Aufschlußreich ist ein Vergleich der direkten Betriebskosten in Cent/Sitz-km als Funktion der Kraftstoffkosten[2]. Abb. 52 zeigt die Verhältnisse für ein Großraumflugzeug nach [15, 23]. Unter Annahme eines Kraftstoffpreises für Synjet von \$ 1.08/Gal, wie er im März 1982 auf der Nordatlantikroute für Jet A bezahlt wurde, ergibt sich, bezogen auf 1,2 c/Sitz-km ein Preis von \$ 8/GJ, unterhalb dessen flüssiges Methan mit Synjet konkurrieren könnte, während flüssiger Wasserstoff frei Flughafen (mittlere Kurve) nicht teurer als \$ 11/GJ sein dürfte. Nach [15, 23] ergeben sich bei der

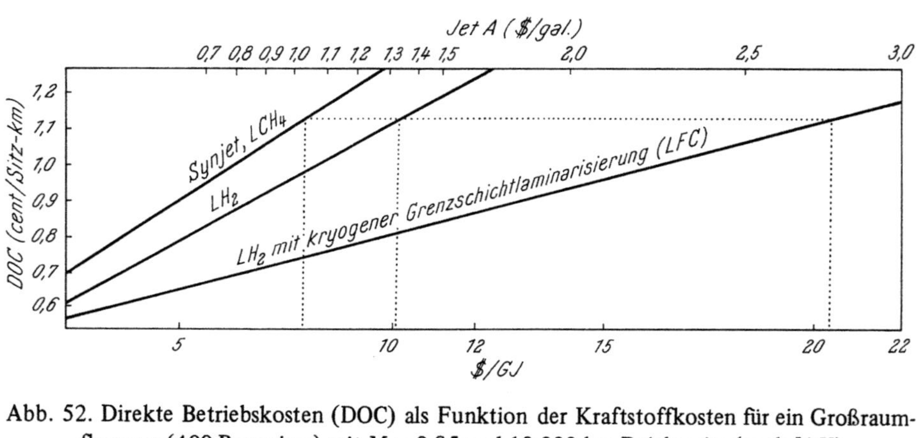

Abb. 52. Direkte Betriebskosten (DOC) als Funktion der Kraftstoffkosten für ein Großraumflugzeug (400 Passagiere) mit $M = 0{,}85$ und 10 200 km Reichweite (nach [15])

2 Im Rahmen der hier gebrachten Daten ist vor allem der Vergleich zwischen den verschiedenen Kosten von Bedeutung, während deren Absolutwert hier eine mehr untergeordnete Rolle spielt.

Herstellung aus Kohle für Synjet LCH_4 und LH_2 Kosten ab Flughafen von sukzessive \$ 8.04/GJ, \$ 8.39/GJ bzw. \$ 10.45/GJ.

Unter ähnlichen Annahmen wird nach [24] für Synjet aus Ölschiefer ein Preis von \$ 6,2/GJ abgeschätzt, wobei hier allerdings vorauszusetzen ist, daß darin auch der Aufwand für die Lösung der damit zusammenhängenden Probleme der Umweltbelastung und für den Herstellungsprozeß selbst enthalten sein müßte.

Der gegenwärtige Preis für flüssigen Wasserstoff ab Werk, wie er derzeit im Rahmen der US-Raumfahrtprojekte gezahlt wird (Herstellung von GH_2 mittels Steam-reforming) beträgt dort etwa \$ 18/GJ bis \$ 25/GJ (\$ 0.6 bis 1/Gal). Die eigentlichen Verflüssigungskosten bei Großanlagen (30 t/Tag und darüber) liegen derzeit etwa bei \$ 5/GJ. Für zukünftige Großanlagen mit ca. 200 t LH_2 pro Tag werden für LH_2 nach [16, 17] Werte zwischen \$ 7/GJ bis etwa \$ 11/GJ einschließlich der Transportkosten angegeben.

Da die Herstellung von Wasserstoff aus Kohle nur eine Übergangslösung darstellen kann [25, 26], ist die Annahme zukünftiger elektrolytischer Herstellung aus Wasser sicherlich angemessener. Nach [26] sind in Abb. 53 nach [23] die

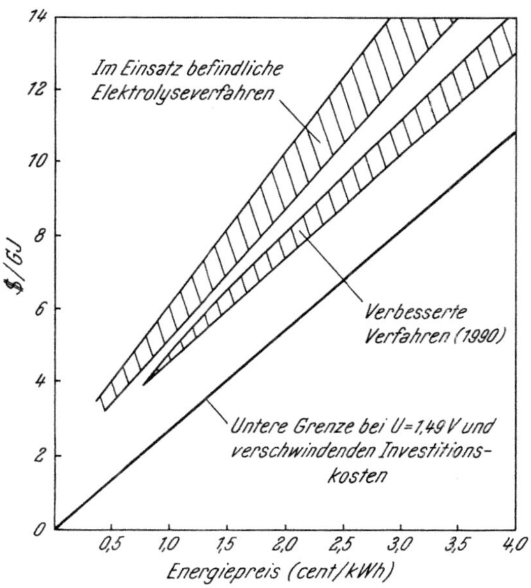

Abb. 53. Kosten für gasförmigen Elektrolysewasserstoff in Abhängigkeit von den Kosten für elektrische Energie, Stand 1982 (nach [23])

gegenwärtigen und zukünftig zu erwartenden Kosten für gasförmigen Wasserstoff in Abhängigkeit von den Kosten für elektrische Energie dargestellt. Zuzüglich Verflüssigungs- und Transportkosten (ca. \$ 2–3/GJ) ergeben sich daraus bei einem Strompreis von etwa 20 mills/kWh (ca. 4,5 Dpf./kWh), wie er in den östlichen Provinzen Kanadas bezahlt wird, derzeit Kosten im Bereich von ca. \$ 16/GJ und ab etwa 1990 unter Einsatz verbesserter Elektrolyseverfahren etwa \$ 14/GJ.

Legt man europäische Daten nach [25] zugrunde, so ergeben sich derzeit Kosten für Wasserstoffgas mittels Elektrolyse von ca. \$ 18/GJ (45 Dpf./Nm^3)[3]. Unter Annahme der in den U.S.A. gültigen Kosten für Verflüssigung, Transport und Speicherung von flüssigem Wasserstoff – ein dementsprechender europäischer Markt existiert bis heute nicht[4] – ergeben sich dann Kosten von \$ 25–27/GJ, die infolge verbesserter Elektrolyseverfahren ab 1990 schätzungsweise auf etwa \$ 23–25/GJ reduziert werden können.

Das teilweise durch höhere Stromkosten bedingte höhere Preisniveau für LH_2 in Europa könnte im Rahmen einer zukünftigen Wasserstoffwirtschaft und eines damit zusammenhängenden Energiemarktes den Anreiz zu LH_2-Importen beispielsweise aus Kanada, aber auch aus anderen Ländern mit billiger Wasserkraft wie z.B. Brasilien, in Afrika oder aber aus Grönland (Nutzung des Schmelzwassers der Gletscher) zur Folge haben (vgl. Kap. 8).

Basierend auf den hier gebrachten Kostenangaben wäre Wirtschaftlichkeit für LH_2 erst bei einem Preisniveau für Jet A bzw. Synjet im Bereich von etwa \$ 2–3/Gal, also den zwei- bis dreifachen heutigen Preisen, gegeben. Eine derartige Kostenexplosion erscheint sehr unwahrscheinlich, und selbst für den Fall ihres Eintretens ist nicht zu erwarten, daß die Herstellungskosten für Wasserstoff davon unbeeinflußt bleiben würden [26–29].

Eine wesentliche Verringerung der direkten Betriebskosten (Cent/Sitz-km) ist für alle Kraftstoffe durch Verringerung des Strömungswiderstandes der Flugzeuge und der damit zusammenhängenden Verringerung des Kraftstoffverbrauchs möglich. Neben der Entwicklung verbesserter widerstandsarmer Profile bieten vor allem Verfahren zur Laminarhaltung der Grenzschicht (*LFC-Laminar Flow Control*) noch ein großes Potential für zukünftige Entwicklungen. Die seit langem bekannten Verfahren der Grenzschichtausblasung bzw. Grenzschichtabsaugung [30, 31] sind technisch allerdings schwer zu realisieren und erfordern infolge der Bewältigung entsprechend großer Luftdurchsätze einen relativ hohen zusätzlichen Energieaufwand. Flüssiger Wasserstoff ermöglicht infolge seiner tiefen Temperatur und seiner erheblichen Wärmekapazität Grenzschichtlaminarisierung ohne zusätzlichen Energieaufwand mittels kryogener Kühlung von Teilen der Außenhaut. Dieses Verfahren wurde bisher nur theoretisch untersucht und in einer kleinen Zahl sehr einfacher Windkanalversuche im Prinzip bestätigt [32, 33], bedarf aber einschließlich der Entwicklung der entsprechenden Windkanalversuchstechnik noch weiterer intensiver Untersuchungen. Die aufgrund der bisherigen Ergebnisse zu erwartende Verringerung des Widerstandes bzw. des Kraftstoffverbrauchs ist in Abb. 52 in der untersten Kurve, LH_2-LFC, dargestellt. Demnach wäre LH_2 unter den hier gemachten Annahmen unterhalb eines Preisniveaus von etwa \$ 21/GJ konkurrenzfähig,

---

[3] Wird Wasserstoffgas in handelsüblichen Gasflaschen bezogen, ergibt sich zum Vergleich ein Preis von ca. DM 5,–/Nm^3, der im wesentlichen durch die hohen Transportkosten der „Verpackung" bestimmt wird (vgl. Seite 79).

[4] Vgl. Fußnote auf Seite 62.

wenn von einem Preis für Jet A bzw. Synfuel von \$ 1.08/Gal (S 8/GJ) ausgegangen wird.

Die hier sich abzeichnenden Möglichkeiten zusammen mit dem erheblichen Entwicklungspotential auf dem Gebiete der kryogenen Aerodynamik sollten demzufolge genügend Anreiz bieten, um die einschlägige Forschung stärker zu motivieren und die Repräsentanten der Forschungspolitik von der Notwendigkeit zu überzeugen, die Durchführung eines internationalen Forschungs- und Entwicklungsprogramms zu ermöglichen.

Derzeitiger Entwicklungsstand

Nach Durchführung intensiver Voruntersuchungen [11, 12] am NACA-*Lewis Flight Propulsion Laboratory* (heute NASA *Lewis Research Center*) wurde in den Jahren 1955/56 im Rahmen eines Projektes über wasserstoffgetriebene Flugzeuge eine zweistrahlige *B57-Canberra* (Abb. 54) mit Wasser-

Quelle: NASA-Lewis

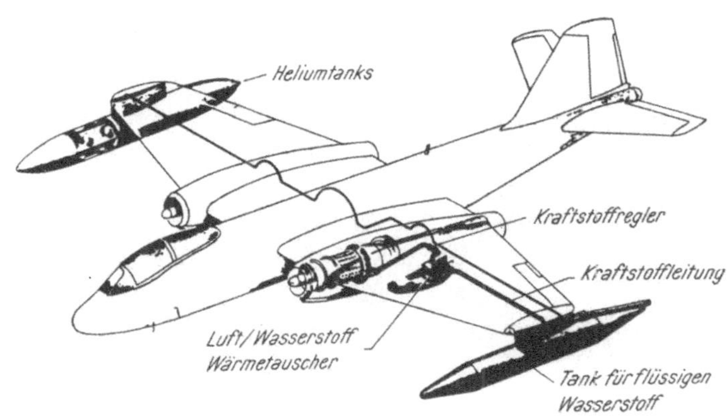

Quelle: NASA-Lewis

Abb. 54. B57-Canberra. Versuchsflugzeug der NASA mit flüssigem Wasserstoff. Dieses Flugzeug flog als erstes auf der Welt erfolgreich mit flüssigem Wasserstoff (NASA-Lewis Research Center)

stoff im Flugbetrieb erprobt (vgl. [18]). An beiden Flügelspitzen befanden sich Behälter, einer für flüssigen Wasserstoff, einer für gasförmiges Helium zur Druckbeaufschlagung für den LH_2-Tank. Während des Fluges in größerer Höhe (typische Flugbedingungen $M = 0{,}75$, Flughöhe 16 000 m) wurde eines der beiden J65-Triebwerke von Normalbetrieb mit JP4-Kraftstoff auf Wasserstoffbetrieb umgestellt. Dabei wurde die JP4-Kraftstoffregelung für Wasserstoffbetrieb modifiziert. Der flüssige Wasserstoff wurde in einem vom Fahrtwind beaufschlagten Wärmetauscher verdampft bzw. aufgewärmt und dem Triebwerk zugeführt. In einer später vorgenommenen Modifikation wurde anstelle der Druckbeaufschlagung des flüssigen Wasserstoffs eine von außen angetriebene Pumpe im Tank montiert. Die Flugerprobung des J65-Triebwerks mit Wasserstoffbetrieb konnte ohne größere Probleme erfolgreich durchgeführt werden (s. [18]).

In den Jahren 1956–58 wurde bei *Pratt & Whitney* im Auftrag der U.S. Air-Force ein Versuchsprogramm gestartet, welches die Entwicklung eines Wasserstofftriebwerks für den Aufklärer CL400 von *Lockheed* (Mach 2,5; 30 000 m Flughöhe, Reichweite 4000 km) zum Ziele hatte [20, 34]. Als Vorstufe für diese Entwicklung des eigentlichen Triebwerks vom Typ *Pratt & Whitney* 304 *"Suntan"* wurde zunächst ein J57-Triebwerk auf Wasserstoffbetrieb umgerüstet (Abb. 55).

Abb. 55. Vergleich zwischen einem J57-Strahltriebwerk mit konventionellem Kraftstoff und der modifizierten Version für Wasserstoff. Man erkennt deutlich die erheblich reduzierte Baulänge, bedingt durch die infolge des sehr guten Mischungsverhaltens von Wasserstoff bedingten geringeren Baulänge der Brennkammer (Quelle: Pratt & Whitney)

Die vorgenommenen Modifikationen waren sehr einfach. Flüssiger Wasserstoff wurde mittels einer einstufigen Radialpumpe durch einen vom Verdichter versorgten Luft-Wasserstoff-Wärmetauscher gefördert, verdampft bzw. aufgewärmt und über einfache Gasinjektoren in die Brennkammer gedrückt (Abb. 56). Wie

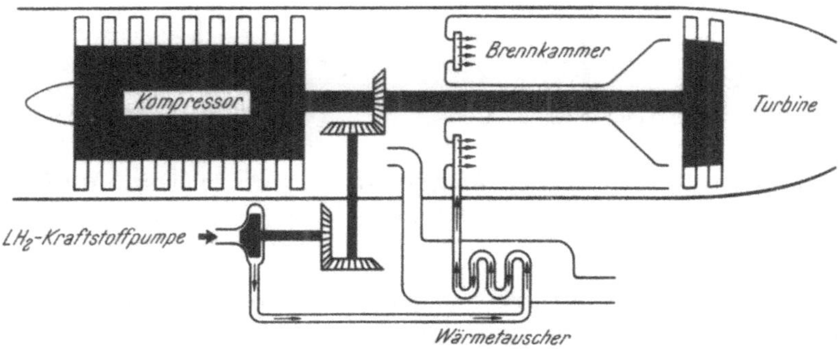

Abb. 56. Prinzipschema des für Wasserstoff modifizierten B57-Triebwerks (nach [34])

sich auch später immer wieder erweisen sollte, verhielt sich flüssiger Wasserstoff als Kraftstoff wesentlich besser als ursprünglich erwartet wurde. Der große Zündbereich von Wasserstoff in Luft ermöglichte stabilen Brennkammerbetrieb auch weit außerhalb der für Kohlenwasserstoffe gültigen Grenzen. Die Mischung des Wasserstoffs mit der Verbrennungsluft erwies sich als so ausgezeichnet, daß eine wesentlich kürzere Brennkammer gegenüber Kohlenwasserstoffbetrieb verwendet werden konnte, was eine fühlbare Reduzierung hinsichtlich Baulänge und Gewicht des Triebwerks zur Folge hatte (Abb. 55).

Für das *Pratt & Whitney* 304-Triebwerk, welches für sicheren Betrieb in großer Höhe (Mach 2,5; 33 000 m) mit hohem Schub-Gewichtsverhältnis und niedrigem spezifischem Kraftstoffverbrauch konzipiert war, wurde gasförmiger Wasserstoff zum Antrieb der Turbine verwendet (Abb. 57). Der über eine Radialpumpe geförderte flüssige Wasserstoff (1,8 kg/s, 70 bar) wurde in einem der Turbine nachgeschalteten Wärmetauscher auf etwa 1000 K erhitzt und nach Arbeitsleistung in der Turbine (12 000 PS Wellenleistung, 25 000 U/min, 18 Stufen) zum Teil mit der Verbrennungsluft gemischt und verbrannt, während der Rest dem Nachbrenner zugeführt wurde [18, 34].

Dieses Triebwerk konnte bereits 17 Monate nach Beginn des Programms erstmals auf dem Prüfstand erfolgreich erprobt werden und erreichte nach einigen Modifikationen innerhalb von fünf Monaten die Auslegungsdaten. Dies ist bemerkenswert, weil sich die Technik des flüssigen Wasserstoffs damals noch in ihrer Anfangsphase befand und eine Vielzahl neuer sich stellender technischer Probleme einer Lösung zugeführt werden mußte. Dieses Projekt wurde bis etwa Mitte 1958 weitergeführt, zu einem Zeitpunkt, wo klar wurde, daß die geforderten Eigenschaften für derartige höhentaugliche Triebwerke auch vom J58-

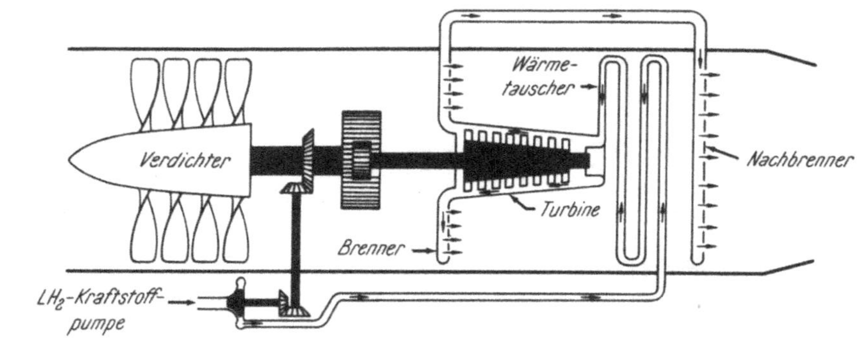

Abb. 57. Prinzipschema des Pratt & Whitney 304-Triebwerks für flüssigen Wasserstoff (nach [34])

Triebwerk mit JP4 als Kraftstoff erreicht werden konnte, wobei im Gegensatz zur damals bestehenden Versorgungslage für flüssigen Wasserstoff keinerlei Probleme hinsichtlich der Verfügbarkeit des Kraftstoffes bestanden. Demzufolge wurde damals auch das *Lockheed* (CL400-Projekt eingestellt, zumal sich zeigte, daß infolge der Fortschritte in der Technologie des Titans Flugzeuge in diesem Geschwindigkeitsbereich nicht mehr auf der Basis der für die CL400 vorgesehenen Aluminiumlegierungen zur Entwicklung kamen.

Hinsichtlich der Fortschritte der Triebwerkstechnik für den Unterschallbereich in den Jahren 1970–1980 ergibt sich im Hinblick auf Wasserstoff nach [35, 36] in etwa die folgende Situation:

Für den Basisprozeß, wie er heute in Bypasstriebwerken eingesetzt wird, ergeben sich beim Übergang von Jet A bzw. JP4 zu Wasserstoff aufgrund der Kraftstoffeigenschaften klare Vorteile für Wasserstoff. Im Falle komplexerer Prozesse einschließlich Zwischenkühlung im Verdichter unter Ausnutzung der kryogenen Eigenschaften des Wasserstoffs sowie regenerativem Wärmetausch am Turbinenaustritt einschließlich Turbinenbetrieb mit Wasserstoff ergeben sich weitere Verbesserungen, die jedoch durch die gesteigerte Komplexität und die dadurch bedingte erhöhte Störanfälligkeit wiederum aufgewogen werden können.

Die bisher gebrachten Überlegungen bezogen sich vor allem auf Flugzeuge im Unterschallbereich und die sich hier durch Verwendung von Wasserstoff ergebenden Möglichkeiten. Es ist jedoch darauf hinzuweisen, daß die Eigenschaften von Wasserstoff Anwendungen im Überschallbereich geradezu prädestinieren. Dazu zählen sein hoher massenbezogener Heizwert, sein großer Zündbereich in H_2-Luft-Gemischen, die hohe Brenngeschwindigkeit sowie die mit der großen spezifischen Wärme verbundene Kühlkapazität. Wasserstoff kann dabei im Triebwerk vor Eintritt in die Brennkammer von 20,4 K auf maximal etwa 550 °C aufgewärmt werden und dabei etwa 3,6 kWh/kg absorbieren, während Methan etwa 0,75 kWh/kg und konventioneller Flugkraftstoff bei einer maximal zulässigen Aufwärmung auf etwa 200 °C nur etwa 0,2 kWh/kg aufnehmen kann [37].

Dies ermöglicht im Hyperschallbereich ($M > 5$, Staupunkttemperatur etwa 1200–1300 °C) eine sehr effektive Kühlung der Triebwerke – was hier mit Luft nicht mehr möglich ist – sowie von kritischen Teilen der Außenhaut, beispielsweise der Frontpartie des Rumpfes einschließlich der Flügelvorderkanten. Darüber hinaus kommen in diesem Geschwindigkeitsbereich als luftatmende Triebwerke nur mehr Staustrahltriebwerke mit Überschallverbrennung einschließlich Außenverbrennung in Betracht, wofür ausschließlich Wasserstoff geeignet ist.

Technische Konzepte und Einzelprobleme

1. Überschallbereich

Erste Anwendungen von Wasserstoff im Überschallbereich werden zunächst auf militärischem Gebiet liegen, während im Bereich der Raumfahrt die Entwicklung von Trägersystemen mit Kombinationsantrieben absehbar ist. Die in beiden Fällen erforderliche Ausnutzung der hohen Kühlkapazität des Wasserstoffs und die damit zusammenhängenden technischen Entwicklungen werden zusätzliche Anwendungsbereiche sowohl im niedrigen bis mittleren Überschallbereich in der Luftfahrt als auch in der konventionellen stationären Energietechnik erschließen. Von Bedeutung ist hier vor allem die Schaufelkühlung von Gasturbinen mit Wasserstoff, was infolge der dabei höheren zulässigen Gaseintrittstemperatur in die Turbine eine Steigerung des thermodynamischen Wirkungsgrades einschließlich der Turbinenleistung zur Folge hat. Dies wird einerseits zu kompakteren und leichteren Triebwerken in der Luftfahrt führen und andererseits in seinen Auswirkungen auf die stationäre Energietechnik effizientere Energieanlagen mit höherem Wirkungsgrad der Energieumwandlung zur Folge haben (vgl. [37–45]).

Hinsichtlich der Anwendung von flüssigem Wasserstoff im niedrigen bis mittleren Überschallbereich wurden für den zivilen Bereich bisher nur eine kleine Zahl von Untersuchungen durchgeführt, insbesondere im Bereich der Mach-Zahlen von $M = 2{,}2$ bis $M = 2{,}7$ (vgl. [38–40]).

Tabelle 19 gibt einen Vergleich charakteristischer Daten zwischen LH_2 und Jet A bzw. Synfuel für einen Überschalltransporter im Machzahlbereich von $M = 2{,}7$ (nach [15]).

Obwohl diese Angaben auf einer Projektstudie aus dem Jahre 1975 beruhen und insbesondere durch weiterführende Untersuchungen verbesserte Konzepte für Überschalltransporter mit Jet A, jedoch nicht für LH_2 ausgearbeitet wurden, kann generell gesagt werden, daß LH_2-betriebene Überschalltransporter infolge des wesentlich geringeren Kraftstoffgewichts bei gleicher Reichweite und geringerem Triebwerkschub im Vergleich zu Jet A-Triebwerken dennoch kürzere Startstrecken unter erheblicher Reduzierung des Fluglärms einschließlich des „Überschallknalls" ermöglichen werden.

Nach gegenwärtigem Stand ist der Beginn von Entwicklungsprojekten, die zu einer zweiten Generation von Überschallflugzeugen führen, nicht vor Beginn der neunziger Jahre zu erwarten. Die im Vergleich zu Kohlenwasserstoffen bestehenden Vorteile von flüssigem Wasserstoff werden demzufolge spätestens zu diesem Zeitpunkt im Überschallverkehr den Einsatz von flüssigem Wasserstoff als Flugkraftstoff erfordern.

Tabelle 19. *Vergleich Überschallpassagierflugzeug LH_2 – Jet A (234 Passagiere, Reichweite 7780 km)*

	LH_2	Jet A	Jet A/LH_2
Startmasse (kg)	179 000	345 000	1,93
Leermasse (kg)	111 000	144 000	1,29
Kraftstoff (kg)	38 700	150 000	3,88
Flügelfläche (m^2)	739	1 031	1,39
Spannweite (m)	34,4	40,7	1,18
Rumpflänge (m)	103,7	90,5	0,87
Auftrieb/Widerstand	7,42	8,65	1,17
Spez. Kraftstoffverbrauch (kg/Nh)	0,059	0,153	2,59
Schub je Triebwerk (N)	$2{,}35 \cdot 10^5$	$3{,}86 \cdot 10^5$	1,64
Startstrecke (m)	2 377	2 893	1,22
Lärm bei Überflügen (EPN-dB)	102,2	108,0	1,38
Überschalldruckwelle (N/m^2)	63,2	89,1	1,41

2. Unterschallbereich

Hierfür wurde eine Reihe von Projektstudien durchgeführt, welche zunächst die Konversion bestehender Flugzeuge auf flüssigen Wasserstoff zum Ziele hatten, während unmittelbar für flüssigen Wasserstoff entwickelte und sämtliche Vorteile dieses Kraftstoffs ausnützenden Konzepte einer späteren Phase vorbehalten blieben. Schwerpunkte zukünftiger Entwicklungen ergaben sich vor allem auf den Gebieten der LH_2-Kraftstofftanks, des Kraftstoffversorgungssystems, der Triebwerke, der kryogenen Grenzschichtlaminarisierung sowie für Bodenanlagen und Sicherheitsfragen.

Kraftstofftanks: Konventioneller Kraftstoff wird heute vor allem innerhalb der Flügel in sackartigen Behältern untergebracht, welche sich an den dort vorhandenen Raum anpassen können (Abb. 58). Im Gegensatz dazu muß kryogener Kraftstoff wie LH_2, aber auch LCH_4 in thermisch isolierten starren Behältern untergebracht werden, wobei im Interesse geringen Gewichts und geringer Verdampfungsverluste möglichst kleine Oberfläche bei möglichst großem Volumen anzustreben ist. Eine Unterbringung derartiger Tanks, welche überdies im Falle gleicher Reichweite bei flüssigem Wasserstoff etwa das dreifache Volumen im Vergleich zu Jet A aufweisen müssen (s. Tabelle 18), ist innerhalb der heute verwendeten, relativ flachen Flügelprofile nicht möglich. Wiederholt wurde die Anbringung von verkleideten Außentanks oberhalb der Flügel oder an den Flügelspitzen in ähnlicher Weise wie beim Versuchsflugzeug der NASA (s. Abb. 54) vorgeschlagen. Diese Anordnung hat neben einer erheblichen Vergrößerung

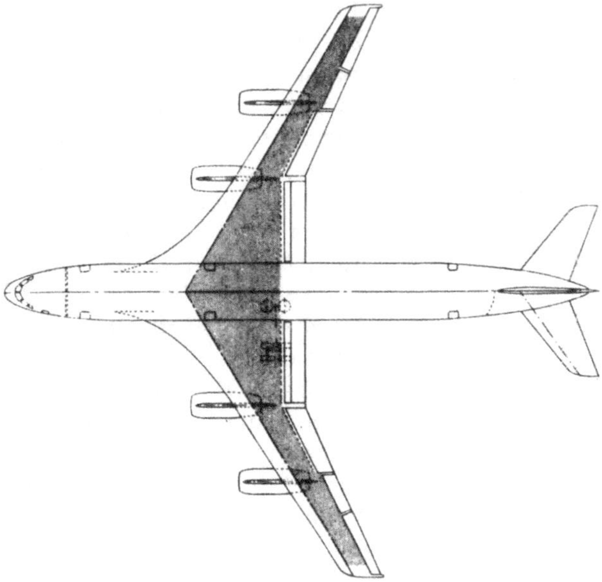

Abb. 58. Anordnung der Tanks für konventionelle Kraftstoffe (nach [47])

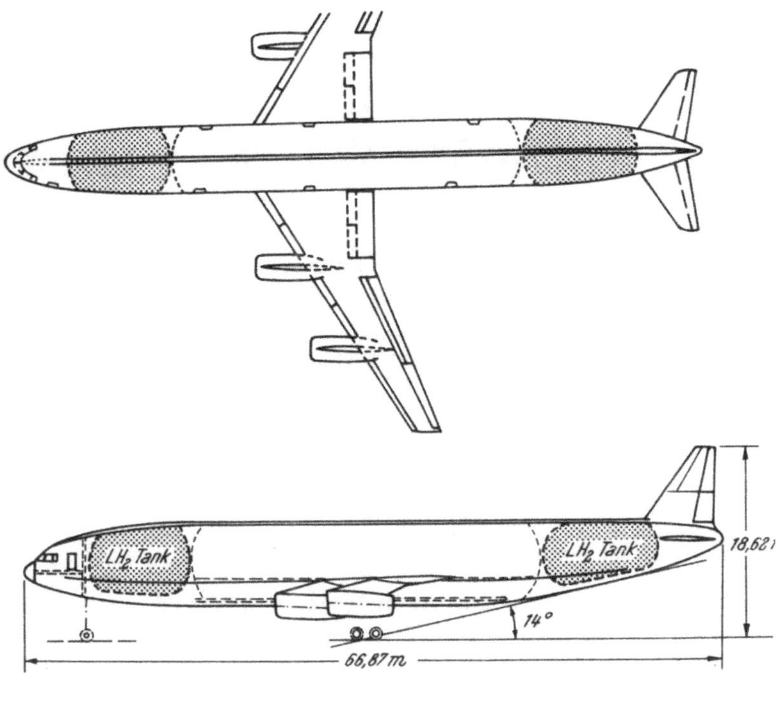

Abb. 59. Unterbringung von flüssigem Wasserstoff im Flugzeugrumpf (nach [47])

des Luftwiderstandes eine unerwünschte erhöhte statische Beanspruchung der Tragflächen zur Folge, insbesondere im auftriebslosen Zustand, wenn sich das Flugzeug am Boden befindet. Als Ergebnis einer Reihe von Untersuchungen (vgl. [46]) ist es vorzuziehen, die Tanks im verlängerten Rumpf unterzubringen, wobei der Strömungswiderstand nur in geringem Maße zunimmt. Die in Abb. 59 gezeigte Anordnung von zwei Tanks, je einer in der Vorder- bzw. Heckpartie erwies sich im Hinblick auf Sicherheit und direkte Betriebskosten als günstigste Alternative. Der Vollständigkeit halber sei noch zu erwähnen, daß die hier gebrachten Überlegungen in verschärftem Maße bei Überschallflugzeugen zutreffen.

Hinsichtlich des strukturellen Aufbaus sowie der thermischen Isolation der Kraftstofftanks sind nach [47–49] zwei Konzepte anwendbar, nämlich versiegelte Hartschaumisolation sowie Isolation mittels Mikrohohlglaskugeln [50].

Hartschaumisolation wird direkt auf der Außenwand des Tanks aufgetragen, der entweder in die Tragstruktur des Rumpfes eingebettet oder aber als integrale tragende Struktur des Rumpfes ausgebildet ist. Oberhalb der Hartschaumsiolation (Abb. 60) befindet sich zwecks Vermeidung von Kondensation der Außenluft in die kalte Isolation ein gasdichter Überzug, bestehend aus einer sandwichartigen Kombination von Mylar-Aluminium/Aluminium-Mylar-Folie (MAAMF). Darüber befindet sich flexibler, nicht versiegelter, als Kissen wirkender Weichschaum, welcher unter Zwischenschaltung einer weiteren gasdichten Sandwichfolie die Verbindung zur Außenhaut des Flugzeuges herstellt. Der nach innen und außen gasdichte Weichschaumring wird mit Stickstoffgas beaufschlagt.

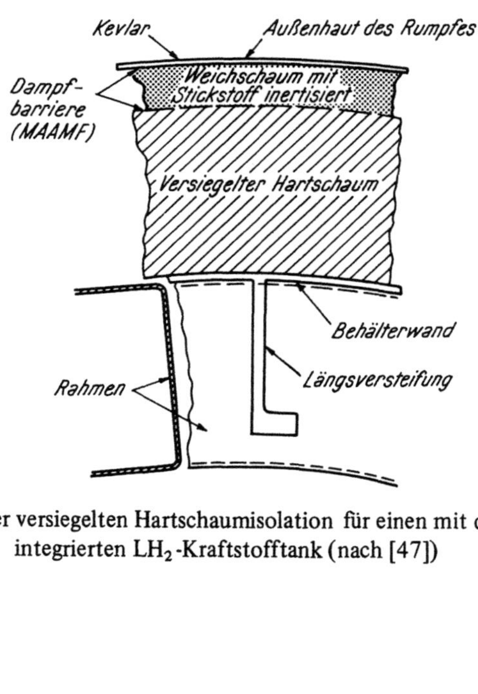

Abb. 60. Prinzip der versiegelten Hartschaumisolation für einen mit der Rumpfstruktur integrierten LH_2-Kraftstofftank (nach [47])

Bei Mikrohohlglaskugel-Isolation (Abb. 61) übernehmen aus Borsilikatglas bestehende Hohlkugeln (Durchmesser bis 100 μm und Wandstärken von etwa 5–10 μm) die Rolle der Hartschaumisolation. Sie befinden sich dabei in einem auf etwa 0,1 Torr evakuierten, einerseits vom Tank und andererseits von einer dünnen Edelstahlwandung gebildeten Ringspalt. Darauf folgt ähnlich wie bei der Hartschaumisolation ein mit gasförmigem Stickstoff beaufschlagtes Weichschaumkissen, welches an der Außenseite wiederum mit Sandwichfolie (MAAMF) abgedichtet ist und die im Tankbereich aus *Keflar* bestehende Außenhaut des Rumpfes trägt. Die Mikrohohlglaskugel-Isolation ist einerseits wirksamer als die Hartschaumisolation, ermöglicht eine Verringerung der Isolationsstärke von etwa 100 mm auf 70 mm, ist aber andererseits aufwendiger und teurer. Obwohl noch eine Reihe von weiteren Tankstrukturen einschließlich Isolation für Luftfahrtanwendungen grundsätzlich geeignet sind [20], kommen für zukünftige Entwicklungen auf diesem Gebiet im wesentlichen die beiden hier angesprochenen Konfigurationen unter möglichst weitgehender Integration mit der Rumpfstruktur in Betracht.

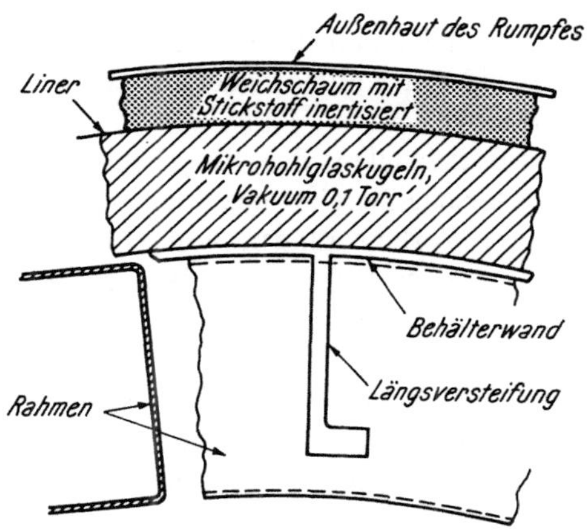

Abb. 61. Prinzip der Isolation mittels Mikrohohlglaskugeln für einen mit der Rumpfstruktur integrierten LH_2-Kraftstofftank (nach [47])

Kraftstoffsystem: Dieses umfaßt Pumpen zur Förderung des in den Tanks unter etwa 1,5 bar absolut befindlichen Wasserstoffs in die Brennkammern der Triebwerke (30–50 bar) nebst den dazugehörigen kryogenen Leitungen und Ventilen. Unter Ausnutzung von kryogener Laminarisierung der Grenzschicht ist ferner ein Wärmetauscher zur Versorgung der Außenhautkühlung erforderlich [22, 23].

Die Entwicklung von LH_2-Pumpen – in die Leitungen integrierte Niederdruckversorgungspumpen sowie die an den Triebwerken befindlichen Hochdruckpumpen – kann auf den bisher in der Raketentechnik gesammelten Erfahrungen aufbauen, wobei im Hinblick auf die geforderte Lebensdauer, insbesondere der Lager (etwa 10^4 Stunden), Zuverlässigkeit, Wartungsfreundlichkeit und weiten Operationsbereich von Durchsatz und Druck die in der Luftfahrt zu stellenden Forderungen zu berücksichtigen sind [48].

Für die kryogenen Kraftstoffleitungen kann ebenfalls auf die Erfahrungen in der Raumfahrt zurückgegriffen werden. Insbesondere hinsichtlich der Vibrationsfestigkeit und mechanischen Festigkeit einschließlich hoher Verformbarkeit ohne Leckbildung (Unfallsituationen) kommen hierfür zwei Arten von thermischer Isolierung, nämlich doppelwandige Ausführung mit Vakuummantel (Innenleitung Edelstahl, ca. 25 mm Durchmesser, Außenrohr Aluminium bzw. Edelstahl, ca. 50 mm Durchmesser) oder doppelwandige Ausführung und ausgeschäumter Zwischenraum mit versiegeltem Polyurethanschaum (Außendurchmesser ca. 100 mm) in Betracht [47].

Triebwerke: Hinsichtlich zukünftiger Entwicklungen gilt hier im wesentlichen das bereits auf Seite 114 Gesagte. Triebwerke für den Unterschallbereich können aufgrund der heute realisierten Konzepte entwickelt werden, wobei Kühlung der Turbinenschaufeln (Ausnutzung der Kühlkapazität des Wasserstoffs über entsprechende Wärmetauscher), modifizierte Brennkammern und Kraftstoffinjektoren im Hinblick auf noch weiter reduzierte Stickoxidemissionen Schwerpunkte bilden werden [51–55]. Darüber hinaus besteht im Hinblick auf eine Übergangsphase von Kohlenwasserstoffen zu Wasserstoff Interesse an Triebwerken, welche sowohl mit Kohlenwasserstoffen [62] als auch mit Wasserstoff betrieben werden können.

Allgemein ist ferner festzustellen, daß Flugtriebwerke mit konventionellen Kraftstoffen für den Unterschallbereich heute einen technischen Standard erreicht haben, der weitere Verbesserungen von Lebensdauer, Zuverlässigkeit, Umweltbelastung, Betriebseigenschaften und Wirtschaftlichkeit nur mehr in geringem Maße und dann nur im Rahmen entsprechend aufwendiger Entwicklungen zulassen wird.

Laminarisierung der Grenzschicht durch kryogene Kühlung: Bekanntlich weist laminare Grenzschicht ohne Ablösung entlang des Flügel- bzw. Rumpfprofiles den geringsten Strömungswiderstand auf, was durch entsprechende Formgebung bei den „Laminarprofilen" angestrebt wird. Allerdings läßt sich bei größeren Druckgradienten Ablösung ohne besondere Maßnahmen kaum vermeiden.

Eines der möglichen Verfahren zur Vermeidung der Ablösung besteht im Absaugen der Grenzschicht und wurde erstmals von *L. Prandtl* vorgeschlagen [30]. Da es jedoch im Hinblick auf Verringerung des Strömungswiderstandes nicht nur darauf ankommt Grenzschichtablösung zu verhindern, sondern den Umschlagpunkt laminar-turbulent möglichst weit strömungsabwärts zu verlegen, finden Maßnahmen zur Grenzschichtlaminarisierung erneutes Interesse [31]. Untersuchungen haben gezeigt, daß kontinuierliche Grenzschichtabsaugung mit der dadurch bewirkten Beeinflussung des Geschwindigkeitsprofils hierfür grundsätzlich geeignet ist. Zufolge der dadurch bewirkten erhöhten Stabilität der laminaren Grenzschicht wird der Umschlagpunkt erheblich stromabwärts verlagert, wobei die kritische *Reynolds*-Zahl des Umschlagens der Grenzschicht vom laminaren in den turbulenten Zustand um ein bis zwei Größenordnungen erhöht werden kann. Kritisch ist die Frage nach dem Leistungsbedarf für die Absaugung, weil auf diese Weise der durch Widerstandsverringerung erzielte Gewinn wieder geschmälert oder gar aufgehoben werden kann.

Nach [32] wirkt Kühlung der Grenzschicht in ähnlicher Weise wie Grenzschichtabsaugung. Die damals durchgeführten theoretischen und experimentellen Untersuchungen – im wesentlichen an der Plattenströmung – waren aus Mangel einer realistischen Möglichkeit zur kryogenen Kühlung großer Flächenpartien ohne große praktische Bedeutung. Diese Situation änderte sich jedoch, sobald flüssiger Wasserstoff als Flugkraftstoff in nähere Erwägung gezogen wurde und erste Untersuchungen ergaben, daß die erforderliche Kühlung auf etwa 155 K von etwa 75% der Flügeloberfläche und 20% des vorderen Rumpfteiles sowie der Triebwerkgondeln auf diese Weise grundsätzlich möglich ist [33].

Das in [15] skizzierte Konzept sieht die Verwendung von gasförmigem Stickstoff als Kühlmedium vor, welcher an der Innenseite der Außenhaut befindliche Kühlkanäle durchströmt und seinerseits über einen Wärmetauscher von flüssigem Wasserstoff gekühlt wird.

Durchgeführte vorläufige Untersuchungen nach [15, 33] ergeben erhebliche Einsparungen an Kraftstoff. Beispielsweise hat dies für das in Tabelle 18 angeführte Großraumflugzeug eine Verringerung der Startmasse von $169 \cdot 10^3$ kg auf $156 \cdot 10^3$ kg sowie des Kraftstoffs von $21{,}6 \cdot 10^3$ kg LH_2 auf $15{,}3 \cdot 10^3$ kg einschließlich der aus Abb. 52 (Kurve LFC) ersichtlichen Reduzierung der direkten Betriebskosten zur Folge. Unmittelbare Voraussetzung für die Anwendung kryogener Grenzschichtlaminarisierung ist, daß der wesentliche Teil der Flugstrecke in einer Reiseflughöhe oberhalb von etwa 8000–10 000 m zurückgelegt wird, weil dort Auffrieren des in der Luft enthaltenen Wasserdampfes auf die Außenhaut nicht mehr zu erwarten ist.

Da kryogene Grenzschichtlaminarisierung mit flüssigem Methan infolge der geringen spezifischen Wärme und der höheren Siedetemperatur keine Vorteile mehr bietet, stellt dieses Verfahren eine ausschließlich für flüssigen Wasserstoff prädestinierte Möglichkeit dar, Energieersparnis unter Ausnutzung der kryogenen Eigenschaften dieses Kraftstoffes einschließlich des Energieaufwandes zur Verflüssigung zu erzielen. Die Durchführung eines entsprechenden Forschungs- und Entwicklungsprogramms ist dabei an die Entwicklung der entsprechenden Versuchstechnik einschließlich der Verfügbarkeit besonders turbulenzarmer Windkanäle mit einer auf die Strömungsgeschwindigkeit bezogenen Fluktuation von weniger als 0,2% gebunden.

Bodenanlagen: Neben den zu lösenden Problemen für das fliegende Gerät kommt bei Verwendung von flüssigem Wasserstoff den in der Luftfahrt erforderlichen Entwicklungen der Infrastruktur, d.h. den Bodenanlagen bzw. den Erfordernissen auf den Flughäfen eine fundamentale Bedeutung zu. Legt man die heute auf großen Flughäfen täglich umgesetzten Mengen an Flugkraftstoff von ca. 4000 t bis 5000 t je Tag (etwa Frankfurt oder San Francisco) zugrunde, dann ergibt sich für LH_2 ein Bedarf von etwa 1000 t bis 1500 t je Tag (33–50 GWh/Tag), was entsprechende Produktions- und Verflüssigungsanlagen sowie Speicher einschließlich des zur Verteilung dienenden Leitungssystems erfordert.

Berücksichtigt man die heute dem Stand der Technik entsprechenden umgesetzten Mengen an flüssigem Wasserstoff in der Raumfahrt, beispielsweise am *Kennedy-Space-Center*, dann fehlt derzeit mehr als eine Größenordnung hinsichtlich des an einem Großflughafen zu deckenden Bedarfs.

Obwohl dies für jeden Alternativkraftstoff zutrifft, wird in der Luftfahrt die Größenordnung des Problems aus energetischer Sicht besonders deutlich, weil hier entsprechend große Mengen an Kraftstoff, d.h. von Sekundärenergie auf relativ kleinem Raum zur Verfügung stehen müssen[5].

Aufgrund einer Reihe von Projektstudien (vgl. [56–58, 26]) ergibt sich als zweckmäßigste Lösung die Anlieferung von gasförmigem Wasserstoff über ein Leitungssystem in den Flughafenbereich, wo dann die Verflüssigung vorgenommen wird. Die Speicherung des flüssigen Wasserstoffs erfolgt dabei in Tanks mit Perlit-Vakuumisolation, wobei eine Betriebsreserve für etwa zwei bis drei Tage vorzusehen ist.

Die Verbindung zwischen den Speichertanks zu den Terminals, wo die Betankung vorgenommen wird, erfolgt über in entsprechend abgedeckten Kanälen verlegte vakuumisolierte Leitungen für flüssigen Wasserstoff. Durch kontinuierliche Umwälzung des flüssigen Wasserstoffs wird das Leitungsnetz ständig betriebsbereit gehalten.

Die Betankung der Flugzeuge an den Terminals kann dabei nach dem in Abb. 62 nach [57] skizzierten Prinzip erfolgen. Über ein Betankungsfahrzeug wird die Verbindung zwischen der mit Zapfstellen versehenen im Boden verlegten Versorgungsleitungen über zwei flexible vakuumisolierte Schläuche vorgenommen. Die eine Leitung führt dabei flüssigen Wasserstoff, während die zweite zur Rückspeisung des bei der Betankung sich in geringem Umfang bildenden kalten gasförmigen Wasserstoffs in die Verflüssigungsanlage zwecks Wiederverflüssigung dient. In gleicher Weise wie bei Jet A ist zur Flugzeugbetankung grundsätzlich auch die Verwendung von Tankfahrzeugen möglich. Die zu erwartende Betankungszeit mit flüssigem Wasserstoff entspricht in etwa den heute für Jet A geltenden Verhältnissen.

Um Vorstellungen über die in Zusammenhang mit der Umstellung der Bodenanlagen entstehenden Kosten zu geben, sei auf die 1975 im Auftrag der NASA durchgeführten Projektstudien ([57] bzw. [26]) verwiesen, in denen eine hypothetische Umstellung der Flughäfen von *San Francisco* bzw. *Chicago* auf flüssigen Wasserstoff angenommen wurde. Vorausgesetzt war dabei eine Umstellung aller Flugrouten mit einer Strecke von mehr als 2780 km (1500 nau-

---

[5] Bedenkt man darüber hinaus, daß diese enormen Energiemengen bei Produktion eines synthetischen Kraftstoffes erst einmal mittels Primärenergie erzeugt werden müssen, dann wird daraus erst ersichtlich, wie vorteilhaft und geradezu komfortabel heute die in fossilen Kraftstoffen im Verlaufe von Jahrmillionen gespeicherte primäre Sonnenenergie verwertet wird. Berücksichtigt man allerdings die großen Zeiträume der im Gleichgewicht mit der Umwelt erfolgten Entstehung fossiler Energieträger aus atmosphärischem Kohlendioxid, Wasser sowie unter Energiezufuhr in Form von Sonnenlicht und vergleicht dies mit der extrem kurzen Periode ihrer Erschöpfung, dann wird daraus ersichtlich, welche Störung des Umweltgleichgewichts mit den daraus erwachsenden Konsequenzen hier durch die Tätigkeit des Menschen eingeleitet wurde.

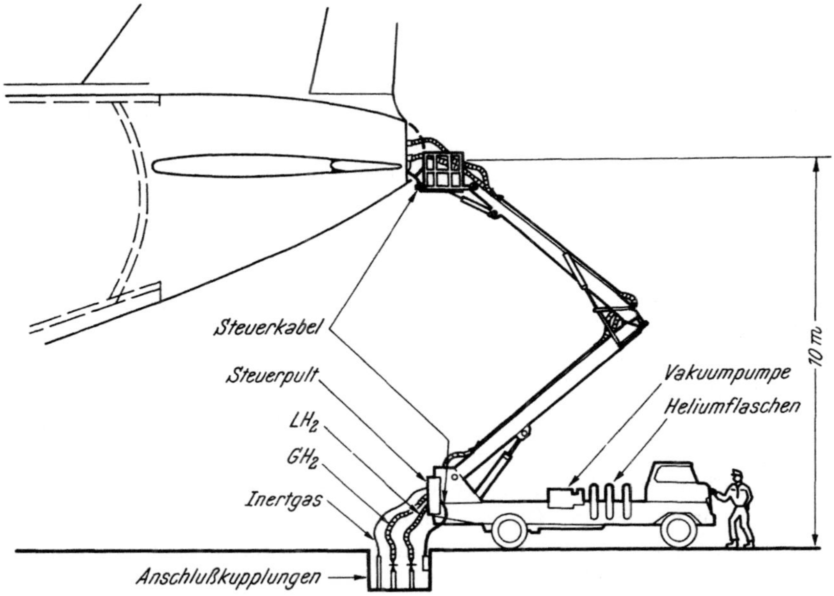

Abb. 62. Prinzip einer Betankungsvorrichtung für Flugzeuge (nach [57])

tische Meilen) auf flüssigen Wasserstoff. Unter Einbeziehung einer Verflüssigungsanlage mit 1000 t/Tag, fünf Speichertanks von 21,6 m Durchmesser, dem vakuumisolierten Leitungssystem zu den Terminals einschließlich der Betankungsfahrzeuge, jedoch ohne die Anlage zur Wasserstoffherstellung, ergaben sich für 1975 Investitionskosten im Bereich von 340 bzw. 460 Mio $, was einer Belastung der Passagiere mit etwa 0,3 c/Sitz-km entsprechen würde. Eine Neuberechnung im Jahre 1980 ergab, daß sich die Kapitalinvestitionen in etwa 20 Jahren amortisieren würden [23]. Auch bei skeptischer Beurteilung dieser Zahlenangaben ergibt sich als Schlußfolgerung die Tatsache, daß trotz der hohen erforderlichen Investitionen eine Umstellung von Großflughäfen bei erträglich langen Kapitalrückflußzeiten unter erträglicher Belastung der Flugpreise grundsätzlich möglich erscheint.

Unfallsituationen

Untersuchungen über das Verhalten von Wasserstoff bei Unfällen kommt erhöhte Bedeutung zu, weil flüssiger Wasserstoff in Vergleich zu konventionellem Flugkraftstoff oder auch flüssigem Methan oft auch in Fachkreisen als sehr gefährlicher Energieträger eingestuft wird. Angesichts der insbesondere in der Raumfahrt mit flüssigem Wasserstoff gemachten positiven Erfahrungen ist dies wohl nur aus dunkler Erinnerung an das Unglück des *LZ 129-Hindenburg* am 6. Mai 1937 bei *Lakehurst, New Jersey,* zu verstehen. In dieser Hinsicht ist es bemerkenswert, daß Starrluftschiffe mit in Gassäcken befindlichem Wasserstoff als Traggas – was heute sicherheitstechnisch nicht mehr akzeptabel wäre – über 25 Jahre hindurch einen erfolgreichen Fracht- und Passagierdienst durchführen konnten. Es muß auch betont werden, daß ein erheblicher Teil von Passagieren und Mannschaften (62 von 97) das Unglück in Lakehurst überlebten und von den 35 Opfern der überwiegende Teil nicht direkt durch Wasserstoff zu Tode kam, sondern als Folge des Abspringens vom Luftschiff aus größerer Höhe. Der größte Teil der Passagiere, die beim Aufsetzen des Luftschiffes an Bord waren, überlebte. Als zusätzliches Todesopfer war ein Mann des Bodenpersonals zu beklagen, welcher von einem herabfallenden Dieselmotor erschlagen wurde. Der überwiegende Teil der entstandenen Brandverletzungen wurde überdies von auslaufendem brennenden Dieselöl und nicht von brennendem Wasserstoff verursacht[6].

Die große Überlebensquote beim Lakehurst-Unglück – ein Zahlenverhältnis, welches heute bei Unfällen mit Großflugzeugen wohl stets die Ausnahme sein dürfte – legt die Vermutung nahe, daß flüssiger Wasserstoff als Flugkraftstoff vom sicherheitstechnischen Standpunkt dem Vergleich mit konventionellen Flugkraftstoffen bzw. LCH_4 durchaus standhalten kann oder denselben vielleicht sogar überlegen ist. Diese Vermutung wird durch die Ergebnisse einer Reihe von experimentellen Untersuchungen gestützt, welche in den Jahren zwischen 1955 und 1965 im Rahmen der U.S. Raumfahrtprogramme durchgeführt wurden, sowie durch die positiven Erfahrungen mit flüssigem Wasserstoff beim *Apollo*-Programm (vgl. Kap. 9) bestätigt.

Neuerdings wurden weitere theoretische und experimentelle Untersuchungen im Auftrag der NASA durchgeführt [47, 48], welche zu bemerkenswerten Ergebnissen führten, jedoch die weitere Durchführung von Experimentalprogrammen möglichst im originalen Größenmaßstab nicht entbehrlich machen.

In diesem Kapitel soll im folgenden lediglich auf einige markante Ergebnisse eingegangen werden, welche sich auf die direkten Auswirkungen bei Flugunfällen am Boden beziehen, insbesondere im Zusammenhang mit dem Bersten der Kraftstofftanks, während in Kapitel 9 mehr auf die allgemeineren Aspekte des sicheren Umganges mit flüssigem Wasserstoff eingegangen wird.

Die Anordnung der LH_2-Tanks im Rumpf (s. Abb. 59) ist nach [47] vom sicherheitstechnischen Standpunkt vorteilhaft, weil auf diese Weise die Tanks durch die davor und dahinter liegende Rumpfstruktur geschützt sind, welche erhebliche Verformungsarbeit aufnehmen kann. Untersuchungen zeigen, daß der Tank beispielsweise bei einem Aufprall erst nach Zerstörung des gesamten Rumpfvorderteils in Mitleidenschaft gezogen würde. Die Unterseite des Tanks ist durch die entsprechend robuste Tragstruktur des Rumpfes von etwa 45 cm Stärke geschützt, welche den Beanspruchungen im Falle eines Aufpralls des

---

[6] Vgl. Knight, R. W., The Hindenburg Accident, Rep. 11, Safety and Planning Div., Bureau of Air Commerce, Dept. of Commerce (Aug. 1938), enthält in Teil 2 eine Übersetzung des Reports der Deutschen Untersuchungskommission.
Vgl. ferner: John Toland, The Great Dirigibles: Their Triumphs and Disasters. New York: Dover Press 1972 und Douglas H. Robinson, Giants in the Sky. Univ. of Washington Press, Seattle, 1973.

Vorderteils, einem Aufsetzen der Heckpartie oder einer Bauchlandung zu widerstehen hat. Darüber hinaus sind die Tanks durch zusätzliche Querverschottungen von der Passagierkabine bzw. der Pilotenkanzel getrennt.

Im Gegensatz dazu befindet sich konventioneller Kraftstoff innerhalb der Flügel zwischen dem vorderen und rückwärtigen Tragholm (s. Abb. 58) und ist demzufolge anfällig gegen Beschädigungen der Flügel beim Aufprall auf ein Hindernis. Im Falle der Verwendung von flüssigem Wasserstoff enthalten die Flügel keinerlei Kraftstoff mit Ausnahme der zwischen den Flügelholmen zur Versorgung der Triebwerke liegenden Leitungen, welche durch Ventile von der Pilotenkanzel aus abgesperrt werden können.

Während konventionelle Kraftstofftanks zwecks Druckausgleich von außen belüftet werden und sich dabei ein zündfähiges Gemisch innerhalb der Tanks bilden kann, stehen kryogene Tanks zufolge Verdampfung von Kraftstoff stets unter leichtem Überdruck. Demzufolge ist im Tank keine Luft bzw. kein Sauerstoff vorhanden, so daß die Bildung eines zündfähigen Gemisches ausgeschlossen ist, was zusätzlich zur Sicherheit im Umgang mit kryogenen Kraftstoffen beiträgt. Die im Rumpf befindlichen LH_2-Tanks besitzen zufolge ihrer Bauart und ihres Betriebsdruckes eine wesentlich steifere Struktur als der Rumpf. Die Passagierkabine ist, unabhängig von der Art des verwendeten Kraftstoffs, auf einen Absolutdruck von etwa 1,25 bar (18 psi), die LH_2-Tanks auf einen solchen von etwa 2,1 bar (30,2 psi) ausgelegt [14, 22, 47]. Dieser Wert ergibt sich als Kompromiß zwischen dem Druck, unter welchem der flüssige Wasserstoff gespeichert ist, der Druckaufbauzeit im LH_2-Tank bis zum Ansprechen der Sicherheitsventile sowie geringem Gewicht der Tankstruktur.

Daraus ist ersichtlich, daß kryogene Wasserstofftanks bei einem definitionsgemäß keine schweren Rumpfbeschädigungen zulassenden Unfall mit Überlebenschancen, keine schweren Schäden erleiden werden.

Unter Berücksichtigung dieser Tatsachen und aufgrund von Unfallstatistiken, nach welchen bei Unfällen mit Überlebenschancen schwere Rumpfbeschädigungen wesentlich unwahrscheinlicher sind als solche an den Tragflächen, erscheint es klar, daß dabei konventionelle Tanks in den Tragflächen gegen Beschädigungen, welche zum Austritt von Kraftstoff führen, wesentlich anfälliger sind, als solche im Rumpf.

Eine wichtige Fragestellung ergibt sich bei schweren Unfällen aus der nicht auszuschließenden Möglichkeit des Austritts von LH_2 aus den Tanks in die Passagierkabine bzw. in die Pilotenkanzel, da bereits ein sehr flüchtiger Kontakt mit LH_2 schwere verbrennungsartige Verletzungen zur Folge hat und die Aussetzung größerer Körperpartien auf kryogene Temperaturen zum Tode führt. Es ist stets möglich, Unfallsituationen zu definieren, bei welchen größere Mengen an Kraftstoff beim Bersten der Tanks austreten und in die Passagierkabine eindringen können. Nach dem bisher Gesagten ist es jedoch sehr unwahrscheinlich, daß es sich im letzteren Fall um einen Unfall mit Überlebenschancen handeln kann, da hierbei der Tank selbst sowie die Querverschottung zur Passagierkabine bzw. der Pilotenkanzel zerstört werden müßten. Zur weiteren Klärung dieser Fragestellung ist die Durchführung eines größer angelegten Versuchsprogramms, beispielsweise mit ausgemusterten Flugzeugen, erforderlich.

Sehr aufschlußreich ist der Vergleich zwischen den verschiedenen Kraftstoffen hinsichtlich Ausbreitung am Boden, Verdampfung und Ausbreitung in der Atmosphäre. In [47] wurde eine Reihe typischer Unfallsituationen mit und ohne Entzündung des austretenden Kraftstoffs untersucht. Die analytischen Modelle basieren dabei unter anderem auf Ergebnissen von Freisetzungsexperimenten[7] sowie auf Untersuchungen zur Verteilung von Gaswolken in der Atmosphäre nach [58–61].

Im folgenden soll zur Illustration kurz auf einige in [47] gebrachte Ergebnisse eingegangen werden. Tabelle 20 zeigt Rechenergebnisse nach dem *Fay*-Modell [64] hinsichtlich der Freisetzung einer Menge von $m = 12{,}6 \cdot 10^3$ kg LH_2 im Vergleich mit äquivalenten Mengen von LCH_4, Jet A bzw. JP4. Die angenommene Freisetzungsrate bei zum Stillstand gekommenem Flugzeug, Meeresniveau, 297 K und einer Windgeschwindigkeit von 2 m/s betrug für flüssigen Wasserstoff $\dot{m} = 900$ kg/s, während die Daten für die übrigen Kraftstoffe deren äquivalenten Werten bei gleicher geometrischer Größe des Tanklecks entsprechen.

Tabelle 20. *Radiale Freisetzung, Ausbreitung und Verdampfung von Kraftstoffen* (nach [47])

	m (kg)	$\dot{m}$ (kg/s)	V_s (m/s)	r_m (m)	t_m (s)	$\dot{m}_v$ (kg/s)	$m/\dot{m}_v$ (s)
LH_2	12 600	900	$2{,}5 \cdot 10^{-3}$	35	32	530	24
LH_2*			$6{,}0 \cdot 10^{-3}$	26	15	900	14
LCH_4	34 398	2457	$1{,}1 \cdot 10^{-4}$	61	117	550	63
LCH_4*			$1{,}1 \cdot 10^{-3}$	35	38	1710	42
JP4	42 210	3015	$2 \cdot 10^{-6}$	143	785	100	
Jet A			$7 \cdot 10^{-8}$	331	4180	18,8	

V_s Absenkungsrate des Flüssigkeitsspiegels, r_m maximaler Ausbreitungsradius der Flüssigkeit auf dem Boden, t_m Zeit zur Erreichung maximaler Ausbreitung, $\dot{m}_v$ maximale Verdampfungsrate, * mit Entzündung des Kraftstoffs.

Daraus ist zu entnehmen, daß im Vergleich zu JP4 und Jet A die kryogenen Kraftstoffe nicht nur, wie zu erwarten war, viel rascher verdampfen, sondern sich auch viel weniger am Boden ausbreiten und Wasserstoff dabei am günstigsten abschneidet. Bei Entzündung und Flammenbildung wird die zur völligen Verdampfung erforderliche Zeitdauer weiter erheblich verringert, weil der am Boden befindlichen Flüssigkeit infolge Flammenstrahlung zusätzlich Wärme zugeführt und damit die Absenkungsrate des Flüssigkeitsspiegels erhöht wird.

Von ganz wesentlicher Bedeutung ist die im Vergleich zu konventionellen Kraftstoffen bemerkenswert kurze Zeit zur völligen Verdampfung erheblicher

[7] „*Spills*", vgl. Kap. 9.

Mengen an Kraftstoff. Sie beträgt in diesem Falle für $12{,}6 \cdot 10^3$ kg LH_2 maximal 32 Sekunden bzw. 15 Sekunden und für LHC_4 117 bzw. 38 Sekunden ($t_m > m/\dot{m}_v$).

Die für das benzinähnliche JP4 bzw. das kerosinähnliche Jet A berechneten Verdampfungszeiten ohne Entzündung erscheinen relativ kurz, erklären sich aber aus der Annahme des ebenen Bodens, was Badbildung in Senken usw. ausschließt. Verteilung und Ausbreitung von brennendem JP4 bzw. Jet A wurde im Rahmen dieser Untersuchungen nicht berechnet. Aufgrund von Erfahrungen mit Spills kann bei der hier vorliegenden Menge für Jet A mit einer Brenndauer von etwa 1 Stunde gerechnet werden. Zum Vergleich sei angeführt, daß hinsichtlich der größten bisher bei einem Flugunglück freigesetzten Jet A-Menge in *Teneriffa* am 27. März 1977 (Zusammenstoß zweier vollbetankter Boeing 747) der dabei ausgelöste Brand etwa 10 Stunden dauerte.

Für die hier angenommene Unfallsituation ist ferner im Verein mit der kurzen Verdampfungszeit bzw. Dauer des Brandes kryogener Kraftstoffe die dabei bewirkte Aufheizung der Rumpfstruktur für das Verhalten bei Rettungsmaßnahmen von erheblicher Bedeutung. Im Fall von Jet A oder JP4 erfolgt erfahrungsgemäß eine Aufheizung der tragenden Rumpfstruktur innerhalb weniger Minuten auf eine Temperatur im Bereich von 430 °C bis 480 °C, was infolge des dadurch bewirkten Verlustes an Materialfestigkeit den Zusammenbruch der tragenden Struktur zufolge ihres Eigengewichtes bewirkt. Dies hat zur Folge, daß hier für die Passagiere nur Überlebenschancen bestehen, wenn sie innerhalb kürzester Frist nach Ausbrechen des Feuers aus dem Flugzeug geborgen werden können.

Als Ergebnis der in [47] durchgeführten Untersuchungen zeigt Abb. 63

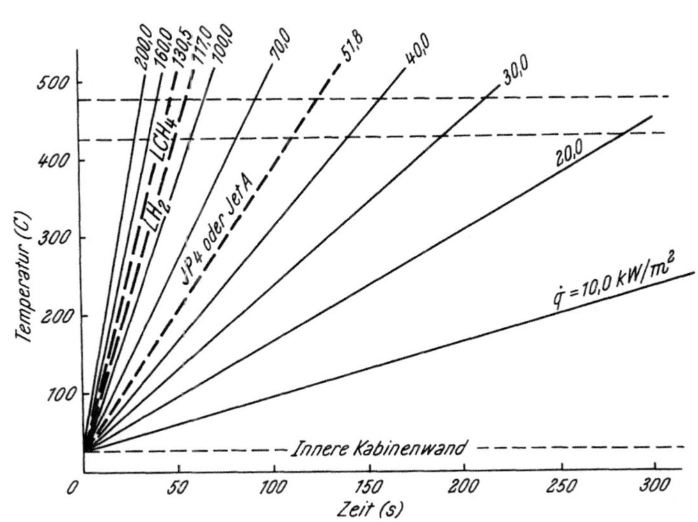

Abb. 63. Temperatur der in Flammen befindlichen Rumpfstruktur als Funktion der Zeit, mit der Wärmestromdichte als Parameter (nach [47])

den Temperaturanstieg der äußeren tragenden Rumpfstruktur als Funktion der Zeit. Dabei wurde die Tabelle 20 zugrunde liegende Unfallsituation angenommen, wobei sich der Rumpf direkt innerhalb der Flammen befinden soll. Es wurde Wärmeübergang durch Flammenstrahlung sowie durch turbulente Konvektion (23 W/m² K) angenommen. Obwohl das blanke Aluminium der Außenhaut ein Emissionsvermögen von $\epsilon < 0{,}1$ besitzt, wurde ein infolge Bemalung bzw. Korrosion durch die Flammen erhöhtes Emissionsvermögen von $\epsilon = 0{,}9$ angenommen. Die Strahlungszahl für die Einstrahlung auf den Rumpf wurde mit etwa 0,5 angenommen (s. Tabelle 21).

Tabelle 21. *Wärmefluß auf die Rumpfstruktur bei Kraftstoffbränden* (nach [47])

Kraftstoff	Flammen-temperatur (K)	Flammen-emission ϵ_F	Wärmefluß der Flammen-strahlung (kW/m²)	Absorbierte Wärme (kW/m²)	Wärmefluß d. Konvektion (kW/m²)	Ges. Wärme-fluß $\dot{q}_{tot}$ (kW/m²)
LH_2	1700	0,4	189,4	85,2	31,8	117,0
LCH_4	1500	0,8	229,6	103,3	27,2	130,5
JP4	1100	0,9	74,7	33,6	18,2	51,8
Jet A	1100	0,9	74,7	33,6	18,2	51,8

Abb. 63 zeigt unter den Annahmen von Tabelle 21, daß Methanflammen innerhalb von 40 Sekunden, Wasserstoffflammen nach etwa 50 Sekunden und JP 4 bzw. Jet A-Flammen nach etwa 120 Sekunden zum Zusammenbruch der Rumpfstruktur unter ihrem Eigengewicht führen. Die Innentemperatur der Passagierkabine erhöht sich während dieser Zeit nur unwesentlich um maximal 2 °C.

Vergleicht man dies mit den in Tabelle 20 angegebenen Zeiten für die Dauer des Brandes, so ergibt sich, daß für LH_2 die Zeitdauer von etwa 50 Sekunden bis zum Eintreten des Kollapses der Rumpfstruktur die Branddauer von etwa 15 Sekunden erheblich übersteigt. Für LCH_4 sind die Zeiten mit 38 Sekunden bzw. 40 Sekunden in etwa gleich, während für JP4 und Jet A die Dauer des Brandes unter den hier vorliegenden Annahmen in jedem Falle die „Kollapszeit" von 120 Sekunden um Größenordnungen übersteigt. Demzufolge würde die Rumpfstruktur unter den hier vorliegenden Bedingungen einen Wasserstoffbrand ohne Kollaps überstehen, während dies für Methan immerhin fraglich wäre. Bei Jet A bzw. JP4 ist dagegen mit Sicherheit der Kollaps der Rumpfstruktur zu erwarten.

Zusammenfassend ist also unter den hier gemachten Voraussetzungen zu bemerken, daß ein Brand, ausgelöst durch den Unfall eines LH_2-Flugzeuges am Boden, auf eine kleine Fläche begrenzt bleibt und im Vergleich zu den konventionellen Kraftstoffen von sehr kurzer Dauer sein wird. Bei einem Unfall mit Überlebenschancen ist für die Passagiere im Falle eines Wasserstoffbrandes offenbar sicherer, das Ende des Brandes in der Kabine abzuwarten, während für alle anderen Kraftstoffbrände sofortiges Verlassen des Rumpfes angebracht wäre. Unter Berücksichtigung der Vorgänge beim Freisetzen großer Mengen an Kraftstoff einschließlich Ausbreitung, Verdampfung, Verteilung und Brandverhalten bietet flüssiger Wasserstoff im Vergleich mit flüssigem Methan, Jet A und JP 4 offenbar erhebliche Vorteile, deren Tragweite durch weiterführende experimentelle Untersuchungen zu demonstrieren ist.

6.2 Bodengebundener Verkehr

Im Gegensatz zu ortsfesten Energieverbrauchern oder trassengebundenen elektrischen Fahrzeugen erfordern Kraftfahrzeuge bzw. Wasserfahrzeuge zu ihrer Fortbewegung die Speicherung und Mitführung erheblicher, an Sekundärenergieträger gebundene Energiemengen, was heute im wesentlichen durch die Verwendung von Kraftstoffen auf Kohlenwasserstoffbasis gelöst wird.

Alternative Kraftstoffe: Die Konsequenzen hinsichtlich der Verwendung von Wasserstoff im Kraftfahrzeug sind dabei am besten im Vergleich mit anderen chemischen Energieträgern anhand von Tabelle 22 ersichtlich. Hier sind die erforderlichen Tankvolumina, Kraftstoffgewichte sowie die unteren Heizwerte für typische unkonventionelle Kraftstoffe im Vergleich zu Isooktan (C_8H_{18}) wiedergegeben, welches den typischen Eigenschaften des aus verschiedenen Kohlenwasserstoffen gemischten Benzins entspricht (vgl. [1–10]). Ammoniak und Hydrazin sind dabei nur zum Vergleich angeführt, weil beide für Anwendungen im Kraftfahrzeug kaum in Betracht kommen.

Der Vergleich energetisch äquivalenter Mengen von Isooktan, Methan, Methanol und Wasserstoff zeigt, daß flüssiger Wasserstoff das größte Tankvolumen, jedoch das geringste Kraftstoffgewicht erfordert. Methan in flüssiger Form entspricht dabei noch am ehesten dem Benzin, während bei Methanol merklich höhere Tankvolumina und als Folge des wesentlich geringeren Heizwertes auch beträchtlich größere Kraftstoffgewichte erforderlich sind.

Eine wesentliche Voraussetzung für die Verwendung von Wasserstoff als Kraftstoff ist die Existenz praktikabler Lösungen für seine Speicherung und Handhabung. Während Wasserstoff im Luftverkehr aus Gewichtsgründen nur im flüssigen Zustand verwendet werden kann, ist dessen Speicherung im Kraftfahrzeug grundsätzlich auch als Druckgas und in chemischer Form gebunden als Metallhydrid bzw. Ammoniak (NH_3), Hydrazin (N_2H_4), Methanol (CH_3OH) oder beispielsweise Methylzyklohexan möglich.

Ammoniak und Hydrazin scheiden wegen ihrer Giftigkeit und anderer nachteiliger Eigenschaften für mobile Anwendungen aus (vgl. [12]). Die Druckgasspeicherung ist wegen der erforderlichen hohen Drücke schon aus Sicherheitsgründen kaum anwendbar. Darüber hinaus beträgt selbst bei Drücken um 200 bar die gespeicherte Wasserstoffmenge nur etwa 1% des Behältergewichts und entspricht in dieser Hinsicht den Verhältnissen beim Eisen-Titan-Hydrid, während das Behältervolumen gegenüber einem energetisch gleichwertigen Benzintank etwa zwanzigmal größer ist.

Aufschlußreich ist ferner nach Tabelle 23 der Massenaufwand für die Speicherung energetisch äquivalenter Mengen von Wasserstoff und Methanol im Vergleich zu Benzin (Iso-Oktan). Bei gleicher gespeicherter Energie – entsprechend 25 kg (36,2 l) Benzin – erfordert Methanol in etwa doppeltes Volu-

Tabelle 22. *Vergleich verschiedener Alternativkraftstoffe und deren Speicherung* (vgl. [6, 9, 10, 11])

	Speicher-Kapazität (Gew.% H_2)	H_2-Dichte (g/l)	Energiedichte kWh/kg	Energiedichte kWh/l	Arbeits-temperatur (C)	α
Methyl-Zyklohexan	6,1	47	2,03	1,56	> 300	0,29[2]
Magnesium-hydrid	7	101	2,33	3,36	> 350[3]	0,32[2]
Magnesium-Nickelhydrid	3,16	81	1,05	2,69	> 250[3]	0,27[2]
Eisen-Titan-hydrid	1,75	96	0,58	3,18	> − 10[3]	0,14[2]
Flüssiger Wasserstoff	100	71	33,3	2,36	− 250	0,04[4]
Methanol	12,5	99	5,6	4,42	> 0	0,06[5]
Flüssiges Methan	25	105	13,8	5,8	− 161	0,02[5]
Ammoniak	17,6	144	5,14	4,21		
Hydrazin	12,5	124	4,6	4,65	> 0	
Iso-oktan[1]	17,3	117	12,7	8,76	> − 40	0,007[5]

[1] Repräsentant für Benzin.

[2] Die zur Zersetzung für das Hydrid bzw. zur Umwandlung von Methylzyklohexan in Toluol zuzuführende Wärme, bezogen auf den unteren Heizwert von Wasserstoff.

[3] Wasserstoffdruck ⩾ 2 bar.

[4] Zur Verdampfung bzw. Aufwärmung auf Umgebungstemperatur zuzuführende Wärme, bezogen auf den unteren Heizwert von Wasserstoff.

[5] Verdampfungswärme, bezogen auf den unteren Heizwert.

men und doppelte Gesamtmasse, während flüssiger Wasserstoff gegenüber Benzin etwas mehr als das dreifache Volumen bei in etwa gleicher Gesamtmasse benötigt. Für die gewichtsmäßig mit der Druckgasspeicherung vergleichbaren Hydridspeicherung ist im Vergleich zu flüssigem Wasserstoff in etwa das gleiche Volumen, jedoch die zehn- bis fünfzehnfache Masse erforderlich.

Tabelle 23. *Massenaufwand für die Speicherung von Wasserstoff und Methanol im Vergleich zur energetisch gleichwertigen Menge Benzin*

	Kraftstoff-masse (kg)	Hydrid-masse (kg)	Hydrid-volumen (l)	Speicher-behälter (kg)	Gesamt-masse (kg)
Benzin	25	–	36,2[3]	17	42
Methanol	56,6	–	72[3]	22	78,6
Flüssiger Wasserstoff	9,5	9,5[2]	136[3]	55	64,5
Magnesium-hydrid	9,5[1]	135	94	81	216
Magnesium-Nickelhydrid	9,5[1]	301	117	180	481
Eisen-Titan-hydrid	9,5[1]	543	99	325	868

[1] Masse des gespeicherten Wasserstoffs, [2] H_2 ist „Wasserstoff-Hydrid", [3] Volumen des jeweiligen Kraftstoffs.

Bei den Metallhydriden werden, abgesehen von den mehr salzartigen Hydriden wie Lithiumhydrid bzw. Natrium- oder Kalziumhydrid, Wasserstoffatome im Kristallgitter von Metallen bzw. Metallegierungen in Form intermetallischer Verbindungen eingebaut, wobei je Gitteratom bis zu zwei, in Einzelfällen sogar zwei bis drei Wasserstoffatome aufgenommen werden können. Dies hat zur Folge, daß bei Verwendung von Metallegierungen wie Eisen-Titan nur bis zu 1,75 Gew.% Wasserstoff im Speichermaterial ($FeTiH_{1,95}$) enthalten sein. können, weil hier Eisen und Titan zusammen bereits etwa 98,25 Gew.% der Substanz darstellen. Günstigere gespeicherte Wasserstoffmengen erhält man bei Verwendung leichterer Atome als Gittermaterial, beispielsweise Magnesium (vgl. [13–18]). Dabei ergibt sich jedoch das Problem, daß die Bildungsreaktion des Hydrids und die Freisetzung des Wasserstoffs nur bei relativ hoher Temperatur rasch genug ablaufen bzw. ein genügend hoher Wasserstoffpartialdruck erzeugt werden kann. Durch Verwendung von Katalysatoren, beispielsweise Anthracen, ist es möglich, auch bei niedrigen Temperaturen die Bildungsreaktion entsprechend zu beschleunigen (vgl. [18])[8].

Die Temperatur kann ferner durch Verwendung entsprechender Legierungssätze, vor allem Nickel, gesenkt werden. Allerdings bleibt die Bildungswärme des Hydrids sehr groß, welche bei der Befüllung des Speichers abgeführt und

[8] Vgl. Bogdanovich, B., Katalytische Synthese von Magnesiumhydrid unter milden Bedingungen. Angewandte Chemie *92*, 845–846 (1980). Eine weitere Veröffentlichung wird ebenda 1984 erscheinen.

bei Freisetzung von Wasserstoff dem Speicher wieder zugeführt werden muß. Sie beträgt etwa 30% des unteren Heizwertes von Wasserstoff (vgl. Tabelle 22).

Ähnliche Verhältnisse hinsichtlich gespeichertem Wasserstoffanteils, Zersetzungsenergie bzw. Zersetzungstemperatur gelten auch für die Zersetzung von Methylzyklohexan in Toluol und Wasserstoff (s. Tabelle 22), welches verschiedentlich zur Wasserstoffspeicherung vorgeschlagen wurde [19, 20]. Darüber hinaus stellt die Entwicklung dieses Konzepts eine im Vergleich zur Hydridspeicherung wesentlich schwierigere und nur mit erheblich größerem verfahrenstechnischen Aufwand zu lösende Aufgabe dar, ohne einschneidende Vorteile oder Verbesserungen gegenüber der Hydridspeicherung erwarten zu lassen.

Antriebsverfahren

1. Elektroantrieb über Brennstoffzellen

Die bisherige Entwicklung von Brennstoffzellen für mobile Anwendungen erfolgte unter der Voraussetzung, daß sie im Wettbewerb mit dem Verbrennungsmotor möglichst dessen Kraftstoffe, also Kohlenwasserstoffe, verwenden sollten. Diese Bedingung ist bei Verwendung von Wasserstoff als alternativem Kraftstoff aufgehoben. Damit bekommt die leichter zu lösende Aufgabe, eine Wasserstoff-Brennstoffzelle für mobilen Einsatz zu entwickeln, erhöhte Bedeutung, weil sie neben unerreichter Umweltfreundlichkeit grundsätzlich eine bessere Ausnutzung des Kraftstoffs verspricht. Bei den heute insbesondere als Folge der Raumfahrtprogramme realisierten Brennstoffzellen haben die Wasserstoff-Sauerstoff-Zellen den höchsten Entwicklungsstand erreicht und weisen Wirkungsgrade im Bereich von 50–60% bei Lebensdauern von einigen tausend Stunden auf (vgl. [21–25]).

Zu den erprobten Brennstoffzellen gehören ferner die Methanol-Zellen, die teils mit reinem Sauerstoff, teils mit Luft betrieben werden. Ein Nachteil der Methanol-Zellen besteht darin, daß die Reaktionen an den Elektroden zwangsläufig zu Karbonaten führen, wobei der Elektrolyt verbraucht wird. Ferner werden bei Umgebungstemperatur nur relativ niedrige Stromdichten an den Elektroden erzielt, was großes Leistungsgewicht[9] zur Folge hat [24]. Aus diesem Grunde sind derartige Zellen ähnlich wie die Ammoniak (NH_3)- bzw. Hydrazin (N_2H_4)-Zelle für den Kraftfahrzeugbetrieb von untergeordnetem Interesse. Es besteht aber die Möglichkeit, Methanol bzw. geeignete Kohlenwasserstoffe katalytisch in Wasserstoff und Kohlenmonoxid aufzuspalten und dieses Gemisch in Wasserstoff-Luft-Zellen zu verwerten, welche dabei geringe Anfälligkeit gegen CO_2 aufweisen müssen. In diesem Falle dienen Methanol bzw. Kohlenwasserstoffe als Speicher für Wasserstoff.

Eine Anwendung von Brennstoffzellen im Kraftfahrzeug ist trotz der bekannten Vorteile noch sehr problematisch, weil sie eine Reihe nachteiliger

---

[9] Definiert als Masse je Leistungseinheit (kg/kW).

Eigenschaften haben, was unter den im Kraftfahrzeug herrschenden Betriebsbedingungen von ausschlaggebender Bedeutung ist. Brennstoffzellen müssen vor ihrer Inbetriebnahme aufgeheizt werden, bis die Verlustwärme der Reaktion im Gleichgewicht mit den Wärmeverlusten an die Umgebung ist, was insbesondere im Winter zusätzliche Probleme aufwirft. Die den Elektroden beizumischenden Katalysatoren, welche zum Teil Edelmetalle bzw. Metalle der Platingruppe sein müssen, erlauben umso höhere Leistungsdichte, je größer ihr Anteil an der Elektrode ist. Eine Verringerung der Leistungsdichte ist aber gleichbedeutend mit einer Abnahme der spezifischen Leistung[10], welche bei den besten Wasserstoff-Sauerstoff-Zellen etwa 66 W/kg (15 kg/kW) und bei einigen Methanolzellen 3,3 W/kg (300 kg/kW) beträgt (vgl. [10, 25, 26].

Da die Anwendung von Wasserstoff-Sauerstoff-Brennstoffzellen wegen der Kompliziertheit der hierfür nötigen Anlagen zur Betankung mit zwei Kraftstoffkomponenten und auch aus Sicherheitsgründen nur für Sonderanwendungen in Betracht kommt, ist die Verwendung der Wasserstoff-Luft-Brennstoffzellen anzustreben. Hier liegen die Probleme vor allem darin, verhältnismäßig große Mengen von Stickstoff abzuführen, sowie zur Vermeidung von Karbonatbildung bei basischen Zellen das Kohlendioxid aus der den Zellen zugeführten Luft zu entfernen. Ebenso besteht die Möglichkeit einer Beeinträchtigung der Zelle durch in der Luft enthaltene Schadstoffe wie beispielsweise Schwefeldioxid und Stickoxide, die eine Vergiftung der auf den Elektroden befindlichen Katalysatoren bewirken können. Dazu kommt ferner, daß bei gleichem Gasdurchsatz die Leistungsdichte und damit das Leistungsgewicht naturgemäß geringer ist als bei Betrieb mit reinem Sauerstoff.

Zusätzlich zur spezifischen Leistung der Brennstoffzelle ist auch diejenige des elektrischen Antriebs einschließlich des Stromstellers zur Leistungsregelung zu berücksichtigen, welche derzeit etwa 100 W/kg (10 kg/kW) beträgt [10, 26, 27] und etwa auf 150 W/kg (6 kg/kW) gebracht werden könnte. Daraus ergibt sich für das System Brennstoffzelle-Elektroantrieb im günstigsten Falle eine spezifische Leistung von etwa 50 W/kg bzw. ein Leistungsgewicht von 20 kg/kW. Dies entspricht in etwa den besten erreichbaren Werten der spezifischen Leistung für den Elektroantrieb mit Bleibatterien. Vergleicht man die gespeicherte Energie je Masseneinheit des Speichers beim Brennstoffzellen-Elektroantrieb von 3,3 bis etwa 6,0 kWh/kg für flüssigen Wasserstoff bzw. von 0,33 bis 0,55 kWh/kg bei Hydridspeicherung mit dem Wert von 0,03 kWh/kg für die Bleibatterie, so zeichnen sich für den Brennstoffzellen-Elektroantrieb Anwendungsbereiche im Wettbewerb oder in Kombination mit dem Batterie-Elektro-Antrieb ab.

2. Verbrennungsmotoren

Der Verbrennungsmotor ist grundsätzlich für den Betrieb mit Wasserstoff sehr gut geeignet und stellt unter den Antriebsmotoren den derzeit bestmöglichen Kompromiß zwischen Herstellungskosten, Kraftstoffökonomie, Lei-

---

[10] Leistung je Masseneinheit (kW/kg).

stungsgewicht, Fahrverhalten und Lebensdauer dar und besitzt darüber hinaus noch ein großes Entwicklungspotential insbesondere in Kopplung mit computergesteuertem Funktionsablauf (digitale Motorelektronik).

Erste Anwendungen wurden beim *Zeppelin*-Luftschiff *LZ 127-Graf Zeppelin* versucht, weil man auf diese Weise während der Fahrt abzublasenden Wasserstoff zusätzlich als Kraftstoffkomponente verwenden wollte [29, 30]. Dabei wurden seine fünf 12 Zylinder *Maybach* Motoren, die üblicherweise mit einer 80/20-Mischung aus Benzol und Benzin (570 PS, 1400 Upm, Verdichtung 1:6) betrieben wurden, auf eine Verdichtung von 1:7 umgestellt und mit Kokereigas unter Wasserstoffzumischung von 5% bis 30% betrieben. Bei einem 82stündigen Nonstop-Flug über dem Mittelmeer im Jahre 1928 konnte dabei eine Kraftstoffersparnis von etwa 14% erzielt werden.

Im Jahre 1935 wurden im LZ 129 fünf *Daimler-Benz* 16 Zylinder Dieselmotoren installiert und in ähnlicher Weise wie bei LZ 127 betrieben. Ähnliche Maßnahmen waren für das auf tragische Weise verunglückte englische Luftschiff R101 vorgesehen [30].

Zu den ersten Versuchen, Wasserstoff in Verbrennungsmotoren zu verwenden [31], sind diejenigen von *H. R. Ricardo* zu zählen [32], der mit äußerer Gemischbildung und Qualitätsregelung (Gemischregelung) arbeitete, gefolgt von *A. F. Burstall* [33], der weitere Untersuchungen an einem „Ricardo E 35" Motor durchführte.

Rudolf Erren, der zuerst in Deutschland und dann in England arbeitete, führte intensive Untersuchungen an Wasserstoff-Luft-, Wasserstoff-Sauerstoff- sowie an Mehrstoffmotoren durch, entwarf und demonstrierte Motoren mit innerer Gemsichbildung, d.h. Wasserstoffeinblasung während des Beginns des Verdichtungshubes [30, 35, 36].

Arbeiten von *Gerrish* und *Foster* 1935 befaßten sich mit Zweistoff-Dieselmotoren, die während des Saughubes mit einem Wasserstoff-Luft-Gemisch versorgt wurden [37] und beim Arbeitshub Dieseleinspritzung benutzten. *Oehmichen* [38] veröffentlichte 1942 Ergebnisse über Einzylindermotoren mit innerer Gemischbildung, wobei die Wasserstoffeinblasung etwa zu Beginn des Verdichtungshubes erfolgte. Weitere Arbeiten folgten von *R. O. King* et al. [39, 40], gefolgt von neuer Aktivität seit etwa 1970 (vgl. [41, 42]). Eine eingehendere Darstellung findet sich in [42, 43].

Otto-Motoren können bei Betrieb mit Wasserstoff im Teillastbereich in etwa die Wirkungsgrade konventioneller Dieselmotoren erreichen [28]. Der Wasserstoffbetrieb von Verbrennungsmotoren ermöglicht im Vergleich zu konventionellen Kraftstoffen eine drastische Reduzierung der schädlichen Motoremissionen. Im Abgas sind kein Kohlendioxid, Schwefeldioxid, Kohlenmonoxid oder Ruß sowie keine Kohlenwasserstoffe oder Bleiverbindungen enthalten. Als einziger Schadstoff können Stickoxide emittiert werden, deren Bildung durch gezielte Maßnahmen weitgehend unterdrückt werden kann.

Verbrennt man beispielsweise Wasserstoff im Motor mit entsprechendem

Luftüberschuß[11], dann erhält man eine sehr geringe Stickoxid-Emission, die in der Umgebung des stöchiometrischen Mischungsverhältnisses stark ansteigt, um dann wieder rasch abzufallen [44–48], (Abb. 64).

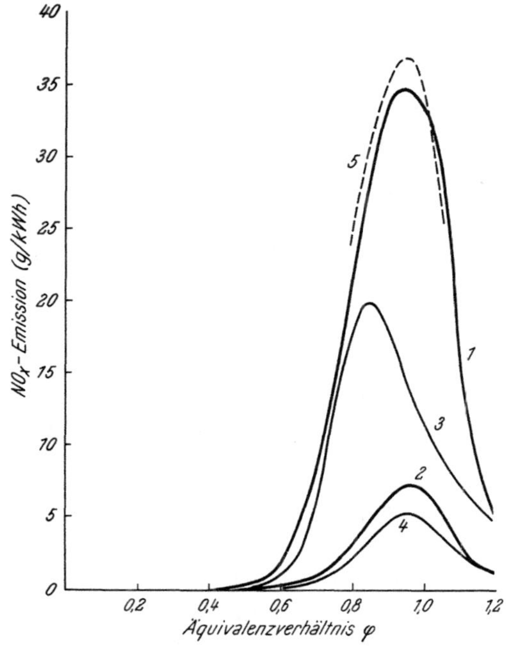

Abb. 64. Typische Werte der NO_x-Emission von H_2-Motoren als Funktion des Äquivalenzverhältnisses φ. *1* Äußere Gemischbildung, Füllungsregelung (nach [47]); *2* äußere Gemischbildung, Qualitätsregelung, Wassereinspritzung (nach [47]); *3* innere Gemischbildung (nach [44]); *4* innere Gemischbildung (nach [84]) bzw. günstigste erreichbare Werte (vgl. LIRIAM, nach [43]); *5* typische Werte für konventionelle Otto- und Dieselmotoren. Man beachte die enorme Verringerung der NO_x-Emission für den nur bei Wasserstoff möglichen Betriebsbereich von $\varphi < 0{,}7$

Infolge des großen Zündbereiches von 5 Vol.% bis 75 Vol.% ist bei Wasserstoff ein Motorbetrieb mit hohem Luftüberschuß, d.h. Verwendung eines mageren Gemisches auch bei äußerer Gemischbildung möglich. Im Gegensatz zu Benzin mit einem Zündbereich von 2 Vol.% bis 8 Vol.% kann also ein Otto-Motor mit Wasserstoff sowohl im sehr mageren wie auch extrem fetten Mischungsbereich betrieben werden, was Qualitätsregelung, d.h. eine solche über den Kraftstoffanteil des Gemisches wie beim konventionellen Dieselmotor ermöglicht. Aus diesem Grunde ist im Prinzip keine Drosselklappe (Füllungs-

---

[11] Vgl. Stebar, R. F., Parks, F. B.: Emission Control with Lean Operation Using Hydrogen Supplemented Fuel, Gen. Motors Res. Publ., GMR-1537 (1974).
Vgl. ferner Varde, K. S., Frame, G. H.: A Study of Combustion and Engine Performance Using Electronic Hydrogen Fuel Injection. Int. J. Hydrogen Energy *9*, 327–332 (1984).

regelung) erforderlich, wodurch insbesondere im unteren Teillastbereich (Stadtverkehr) die Gaswechselverluste verringert werden und der Wirkungsgrad bzw. die Kraftstofföokonomie fühlbar verbessert werden können. Der optimale Wirkungsgrad eines Wasserstoffmotors liegt dabei mit einem auf die stöchiometrische Mischung bezogenen Wasserstoffanteil (Äquivalenzverhältnis) von etwa $\varphi \simeq 0{,}4$ tiefer im Teillastbereich als beim Benzinmotor, was besonders für den Stadt- und Kurzstreckenverkehr Vorteile bietet. Dies ist durch die Tatsache bedingt, daß beim Betrieb mit magerem Gemisch der Einfluß der Veränderung der spezifischen Wärmen mit seinen nachteiligen Folgen auf den Wirkungsgrad nur sehr abgeschwächt in Erscheinung treten kann [49, 50]. Darüber hinaus wirkt sich beim Betrieb mit Wasserstoff die im Vergleich zu Benzin verbesserte Annäherung des tatsächlichen thermodynamischen Prozesses an den als Vergleichsprozeß für den Otto-Motor dienenden Gleichraumprozeß erheblich auf die Verbesserung des Wirkungsgrades aus. Dieser Gleichraumprozeß setzt eine vollständige isochore Verbrennung der Zylinderladung im oberen Totpunkt voraus, wofür im Grenzfall die Flammengeschwindigkeit gegen Unendlich gehen müßte. Die bei Wasserstoff im Vergleich zu Benzin erheblich größere Flammengeschwindigkeit ist daher Ursache für die bessere Übereinstimmung mit dem Gleichraumprozeß, der in dieser Hinsicht jedem Prozeß mit langsamerer Verbrennung überlegen ist. Die auf diese Weise insgesamt erzielbare Kraftstoffersparnis bei Wasserstoffbetrieb liegt nach verschiedenen Angaben zwischen 25 und 40% [10, 28, 47, 48, 51, 52, 53, 55].

Da sich gasförmiger Wasserstoff zufolge sehr kleiner kinematischer Zähigkeit und dadurch bedingter starker Turbulenz sehr gut mit Luft vermischt[12]. übertrifft er darin alle anderen gasförmigen und flüssigen Kraftstoffe erheblich. Dadurch bedingt und weil Verdampfungs- bzw. Rekondensationsprobleme entfallen, kann bei Wasserstoffmotoren sowohl beim Kaltstart als auch beim Beschleunigungsvorgang auf eine dadurch bedingte Kraftstoffanreicherung verzichtet werden. Dies verbessert die Kraftstofföokonomie, ermöglicht ferner bei Mehrzylindermotoren infolge der gleichmäßigeren Verteilung des Kraftstoffes auf die Zylinder ein besseres Leerlaufverhalten und trägt zur Verringerung der zyklischen Schwankungen bei.

Im Gegensatz zu Benzin bzw. Dieselöl bewirkt Wasserstoff keine Schmierölverdünnung und gewährleistet infolge des Fehlens von festen Verbrennungsrückständen stets einen sauberen Brennraum. Nachteilig wirken sich bei Betrieb mit Wasserstoff der im Vergleich zu Benzin niedrigere volumenbezogene Gemischheizwert, unter Umständen die größere Flammengeschwindigkeit von Wasserstoff-Luft-Gemischen sowie die geringere Zündenergie aus. Der niedrigere volumenbezogene Gemischheizwert führt bei äußerer Gemischbildung, d.h. Beimischung des Wasserstoffs zur Luft in der Ansaugleitung, zu geringerer Motorleistung, während die höhere Flammengeschwindigkeit zusammen mit der geringeren Zündenergie Rückzündung des Gemisches vom Zylinder in die Ansaugleitung zur Folge haben kann. Bei geöffnetem Einlaßventil kommt das einströmende zünd-

---

[12] Fälschlicherweise werden dafür oft die Diffusionseigenschaften des Wasserstoffs verantwortlich gemacht.

fähige Wasserstoff-Luft-Gemisch mit heißen Stellen im Brennraum bzw. dem heißen Restgas im Zylinder in Berührung, was zur Zündung und im Verein mit der hohen Flammengeschwindigkeit zum Rückschlagen der Flammen durch das noch geöffnete Einlaßventil in die Saugleitung führen kann. Eine Unterdrückung dieser Rückzündung bzw. unkontrollierten Frühzündung kann bei äußerer Gemischbildung im wesentlichen durch Kühlmaßnahmen erfolgen. Hierzu gehört die Verwendung von Zylinderköpfen aus Leichtmetall, Vermeidung scharfkantiger Stellen im Brennraum, Ausbildung des Brennraums mit möglichst homogener Temperaturverteilung, Verwendung von Zündkerzen mit hohem Wärmewert sowie Kühlung der abgebrannten Zylinderrestladung durch Abgasrückführung, oder direkte Wassereinspritzung in die Saugleitung [28, 51–53].

Abgasrückführung und Wassereinspritzung verringern dabei einerseits die Stickoxidemission beträchtlich, haben andererseits jedoch auch eine Leistungseinbuße zur Folge. Eine erfolgreiche Maßnahme ist ferner die elektronisch oder mechanisch gesteuerte intermittierende Zufuhr von Wasserstoff, bei welcher die Zufuhrventile erst während des Ansaughubs öffnen, so daß die teilweise schon vorher angesaugte Verbrennungsluft eine Kühlwirkung auf die Restgase und auf die Brennraumwandungen ausüben kann [51].

Das Problem der Rückzündung und der Leistungseinbuße kann sowohl beim Viertakt- wie beim Zweitaktmotor durch direkte Wasserstoffeinblasung in den Brennraum während des Verdichtungstaktes (innere Gemischbildung) völlig vermieden werden [38, 41, 43, 47, 48, 54]. Allerdings sind hierzu Einblasedrücke von 10 bis 20 bar erforderlich, welche durch das Kraftstoffversorgungssystem aufgebracht werden müssen. Die Weiterentwicklung von Wasserstoffmotoren wird in Zukunft vorzugsweise diesen Weg beschreiten. Eine weitere Möglichkeit ist dieselähnlicher Betrieb mit Einblasungsbeginn knapp vor Erreichen des oberen Totpunktes [43, 44], wofür allerdings Einblasedrücke von mehr als 100 bar erforderlich sind. Zu erwähnen ist ferner auch der Kreiskolbenmotor, der infolge der im Vergleich zum Hubkolbenmotor kühleren Brennräume ein gewisses Entwicklungspotential für Wasserstoff bieten kann [10].

Eine Reihe von Problemen können bei Wasserstoffmotoren als Folge der im Vergleich zu Kohlenwasserstoffen bzw. Methanol geringeren Klopffestigkeit auftreten [39, 57, 58, 59]. Während bei Benzin je nach Qualität Oktanzahlen zwischen 90 und 100 und darüber erreicht werden, ist dem Wasserstoff eine erheblich niedrigere äquivalente Oktanzahl, nach [56] beispielsweise nur etwa 60, zuzuordnen[13].

Aufgrund verschiedener anderer Untersuchungen [60, 61] ist die Oktanzahl von Wasserstoff mit Sicherheit kleiner als die von Benzin. Eine Maßnahme zur Vermeidung von Klopfen ist Senkung des Verdichtungsverhältnisses, wobei allerdings als Folge des größeren Restgasvolumens die unkontrollierte Frühzündung am heißen Restgas begünstigt wird. Eine indirekte Erhöhung der Gemischoktanzahl kann durch Mischungskühlung, beispielsweise durch Wassereinspritzung oder kryogene Gemischbildung (s. S. 139, 141) erreicht werden.

---

13 Es ist darauf hinzuweisen, daß die Eigenschaften eines Kraftstoffes nicht allein durch Angabe eines einzigen Parameters charakterisiert werden können. In der Reihe der für einen Kraftstoff charakteristischen Größen ist die Oktanzahl jedoch eine der wichtigsten.

Die bei Gasmotoren zur Charakterisierung übliche Methanzahl (MZ) ist zur Beurteilung der Klopfeigenschaften von Wasserstoff nicht verwendbar, da sie mit Wasserstoff als unterem Grenzwert (H_2: MZ = 0, Methan: MZ = 100) definiert ist.

Die Beurteilung der Klopffestigkeit von Wasserstoff ist darüber hinaus erschwert, weil hier aus der Literatur keine eindeutige Definition des Klopfens und des dazu erforderlichen meßtechnischen Nachweises gefolgert werden kann. Nach [39] werden beispielsweise zwei Arten von Klopfen unterschieden, wobei an einem Prüfmotor in einem Fall bei Zurücknehmen des Zündzeitpunktes ein Leistungsabfall – „Detonationsklopfen“ – und im anderen Fall eine Leistungszunahme – „Verbrennungsklopfen“ – registriert wird. Nach [40, 58] sollte der Wasserstoffmotor vornehmlich zum Verbrennungsklopfen neigen[14].

Darüber hinaus ist neben der Abhängigkeit des Klopfverhaltens vom Verdichtungsverhältnis und der Lufteinlaßtemperatur eine starke Abhängigkeit vom Äquivalenzverhältnis φ Kraftstoff-Luft und von der Drehzahl vorhanden. Bei annähernd stöchiometrischem Gemisch ($\varphi = 1$) wird dabei der Verbrennungsablauf durch die große Flammengeschwindigkeit des Wasserstoff-Luft-Gemisches negativ beeinflußt, was sich in einem harten Verbrennungsgeräusch sowie hoher thermischer und mechanischer Belastung des Motors äußern kann [38].

Je nach Drehzahl ist ferner der Einfluß der Gasströmung und Turbulenz im Brennraum und an den Einlaßöffnungen bedeutsam, da im stöchiometrischen Mischungsbereich auch bei Wasserstoffbetrieb eine Zunahme der Flammengeschwindigkeit beobachtet wird, die etwa das Zehnfache der bei Verbrennung des ruhenden Gemisches in einer Verbrennungsbombe gemessenen Werte betragen kann [49].

Da die große Flammengeschwindigkeit einen starken zeitlichen Druckanstieg und hohe Spitzendrücke zur Folge haben kann, ist der exakte Einsatz von Klopfen auch hier meßtechnisch unter Umständen nur schwer eindeutig zu registrieren. Klopfen ist ferner nicht völlig unabhängig von der Stickoxidemission zu sehen, weil Maßnahmen zu dessen Unterdrückung in Abhängigkeit von der Art der Gemischbildung auch Einfluß auf die Stickoxidbildung nehmen können. Beispielsweise hat niedrige Gemischtemperatur vor bzw. während des Verdichtungstaktes, homogene Mischung und niedriger Kraftstoffanteil (mageres Gemisch) verbessernden Einfluß auf das Klopfverhalten sowie geringe Stickoxidemission zur Folge. Bei äußerer Gemischbildung, gekennzeichnet durch unkontrollierte Frühzündung einschließlich Rückschlagen in die Saugleitung, findet dabei infolge homogener Mischung von Wasserstoff und Luft unterhalb eines Äquivalenzverhältnisses von $\varphi \sim 0{,}5$ nur sehr geringe Stickoxidbildung statt, welche bei $\varphi \sim 0{,}8$ ihr Maximum erreicht und darüber wiederum stark abfällt [45, 47].

[14] Versteht man unter Klopfen die Selbstzündung eines von der Flammenfront noch nicht erreichten Gemischanteiles, dann wäre unter Annahme unveränderter Zündverzugszeit und gleicher Brennraumgeometrie Wasserstoff zufolge der im Vergleich mit Kohlenwasserstoffen wesentlich größeren Flammengeschwindigkeit wesentlich günstiger einzustufen als bisher.

Dabei wird der Stickoxidgehalt unterhalb $\varphi \sim 0{,}8$ und insbesondere für $\varphi \sim 0{,}5$ vornehmlich durch die Kinetik bei seiner Bildung begrenzt, während er oberhalb von $\varphi \sim 0{,}8$ im wesentlichen durch das beim Arbeitshub eingefrorene thermodynamische Gleichgewicht zwischen Stickstoff und Sauerstoff bestimmt wird [43].

Bei innerer Gemischbildung ist Rückschlagen in die Saugleitung nicht mehr möglich, und die Klopfneigung kann durch entsprechende Maßnahmen wie beispielsweise kontinuierliche dieselähnliche Kraftstoffeinblasung während der Verbrennungsperiode, beginnend bei etwa 6 ° v.o.T. und Zündung mit etwa 5 ° v.o.T. positiv beeinflußt bzw. unterdrückt werden. Da der Verlauf des Verbrennungsdruckes im Zylinder durch den Verlauf der Wasserstoffeinblasung bzw. durch den Einblasedruck beeinflußt werden kann, ist gegenüber äußerer Gemischbildung grundsätzlich eine „weichere Verbrennung" möglich.

Bei geschichteter bzw. inhomogener Ladung, wie sie für innere Gemischbildung charakteristisch ist, hat die Überlagerung der Einflüsse von Bildung bzw. Zersetzung im Bereich von etwa $\varphi \sim 0{,}9$ eine Absenkung des Stickoxidgehaltes gegenüber äußerer Gemischbildung zur Folge. Bei einem Mittelwert von φ zwischen $0{,}5 \leqslant \varphi \leqslant 0{,}8$ tritt aber, bedingt durch Inhomogenitäten der Ladung, unverhältnismäßig starke Stickoxidbildung auf, weil ein erheblicher Anteil der Verbrennung in einem reaktionskinetisch mehr die Stickoxidbildung bevorzugenden Bereich von φ erfolgt [42, 43, 44, 47, 48, 52, 53].

Dabei ist eine sehr starke Abhängigkeit der Stickoxidemission vom Zeitpunkt des Beginns der Wasserstoffeinblasung festzustellen. Bei Einblasungsbeginn etwa früher als 40 °v.o.T. ist eine entsprechend lange Mischungszeit vorhanden, welche reduzierte Ladungsschichtung und damit geringere Stickoxidbildung zur Folge hat. Bei Kraftstoffeinblasung zu einem späteren Zeitpunkt, beginnend bei etwa 30 °v.o.T., verbrennt Wasserstoff zufolge starker Inhomogenität der Ladung überwiegend bei einem lokalen Äquivalenzverhältnis von $\varphi > 0{,}8$ und dadurch bedingter verringerter Stickoxidemission.

Während ein Wasserstoff-Einblasungsbeginn von 30 °v.o.T. noch nicht zur völligen Unterdrückung von unkontrollierter Frühzündung und Klopfen führt, ist dies grundsätzlich bei sehr spätem Einblasungsbeginn (6 °v.o.T.) möglich, bringt aber, wie schon erwähnt, zufolge der stark inhomogenen Ladung Probleme hinsichtlich Verbrennung und Stickoxidemission mit sich. Abhilfe kann hier grundsätzlich nur ein Verfahren schaffen, welches eine starke Durchmischung innerhalb kurzer Zeit ermöglicht. Ein derartiges Verfahren, LIRIAM (Late Injection Rapid Ignition and Mixing) ist in [43] beschrieben, wobei allerdings die Probleme der schnellen Durchmischung bisher noch nicht zufriedenstellend gelöst werden konnten.

Offenbar teilen sich Wasserstoffmotoren mit innerer Gemischbildung und spätem Injektionsbeginn des Kraftstoffs eine Reihe von Problemen mit konventionellen Dieselmotoren, wie beispielsweise erhöhte Stickoxidemission und nicht ausreichende Homogenisierung des Kraftstoff-Luft-Gemisches. Dies erfordert beim konventionellen Dieselmotor einen Betrieb im mageren Bereich zur Verringerung von Stickoxid- bzw. Rußemission mit den darin enthaltenen Schadstoffen, während beim Wasserstoffmotor ein Betrieb auch im stöchiometrischen Mischungsbereich möglich erscheint, wenn zusätzliche Maßnahmen zur Reduktion der Stickoxidemission vorgenommen werden können.

Neben Abgasrückführung und Wassereinspritzung ist insbesondere die kryogene Gemischbildung [62, 63], d.h. bei äußerer Gemischbildung Beimischung von kaltem Wasserstoffgas zur Ansaugluft bzw. bei innerer Gemischbildung Einblasung des kalten Wasserstoffs in den Zylinder, eine sehr wirksame Maßnahme zur Verminderung der Stickoxidemission. Durch die Beimischung von kaltem Wasserstoffgas wird dabei die Temperatur des Gemisches vor allem im stöchiometrischen Bereich fühlbar abgesenkt, was zu einem höheren volumetrischen Gemischheitswert (Ladungsheizwert) und prinzipiell auch zu verringerter Klopfneigung führt.

Bei äußerer Gemischbildung gilt dabei für den spezifischen Ladungsheizwert h_v (kWh/l) des Gemisches

$$h_v = h_u \cdot \varphi \cdot \frac{r_{st} \cdot \rho_k}{1 + \varphi \cdot r_{st}} \tag{123}$$

h_u unterer Heizwert des Kraftstoffs (kWh/kg).

Tabelle 24 zeigt den unteren Heizwert h_u für Benzin und Wasserstoff, die Dichte ρ_k bei Umgebungstemperatur und gasförmigem Kraftstoff sowie das Kraftstoff-Luft-Volumenverhältnis r_{st} bei stöchiometrischer Mischung unter Normalbedingungen.

Tabelle 24

	h_u (Wh/g)	ρ_k (g/l)	r_{st}
Benzin	12,7	3,5	0,026
Wasserstoff	33,3	0,09	0,42

Bei stöchiometrischer Mischung ($\varphi = 1$) erreicht Wasserstoff 42% des Luftvolumens. Dem entspricht nach (123) ein Wasserstoffanteil von

$$\frac{\varphi \cdot r_{st}}{1 + \varphi \cdot r_{st}} = \frac{r_{st}}{1 + r_{st}} = 0{,}3 \, ,$$

d.h. etwa 30% des Gemischvolumens.

Während bei äußerer Gemischbildung der große Volumenanteil des gasförmigen Wasserstoffs eine Einbuße an verfügbarer Verbrennungsluft und damit eine entsprechende Leistungseinbuße zur Folge hat, wird bei innerer Gemischbildung reine Luft vom Motor angesaugt und Wasserstoff erst während des Verdichtungstaktes eingeblasen. Dadurch ergibt sich für den spezifischen Ladungsheizwert eine Steigerung auf

$$h_v = h_u \cdot \varphi \cdot r_{st} \cdot \rho_k \, . \tag{124}$$

Bei innerer Gemischbildung wird demzufolge der spezifische Ladungsheizwert im Falle stöchiometrischer Mischung gegenüber äußerer Gemischbildung unter sonst gleichen Bedingungen um den Faktor 1,42 vergrößert und kann durch Aufladung des Motors weiter erhöht werden.

Tabelle 25 gibt für Wasserstoff und Benzin typische Werte des spezifischen

Tabelle 25. *Spezifischer Ladungsheizwert bei kryogener Gemischbildung mit Wasserstoff im Vergleich zu Benzin*

		h_v max (Wh/l)				h_v für η max (Wh/l)				h_v für φ_{min} (Wh/l)
		T_M (K)[7]				T_M (K)[7]				T_M (K)[7]
	φ	300	228[4,1]	256[2]	φ	300	266[4,1]	~300[2]	φ_{min}	~300[3,4]
Benzin[3]	1,0	1,05 1,89[3]	– –	– –	0,9	0,96 1,25[8]	– –	– –	0,83	0,88 1,14[3]
Wasserstoff	1,0	0,89[3]	1,17	1,04	0,4	0,43[3]	0,49	0,43	0,2	0,23[3,4]
Wasserstoff[5]	1,0	1,14	1,50	1,38	0,4	0,56	0,64	0,58	0,2	0,30
Wasserstoff[6]	1,0	1,26	1,95[8]	1,79[8]	0,4	0,50	0,83[8]	0,75[8]	0,2	0,25[6] 0,32[8]

[1] Trockene Luft, [2] mit Wasserdampf gesättigte Luft, [3] äußere Gemischbildung, [4] kryogene äußere Gemischbildung, [5] kryogene äußere Gemischbildung und adiabatische Aufladung um 0,5 bar; [6] innere Gemischbildung, [7] Gemischtemperatur, [8] adiabatische Aufladung um 0,5 bar.

Ladungsheizwertes für charakteristische Werte des Äquivalenzverhältnisses φ, charakterisiert durch maximalen Ladungsheizwert, maximalen Wirkungsgrad η_{max} sowie minimalen verwertbaren Ladungsheizwert. Die Temperatur des gasförmigen Wasserstoffs wurde dabei mit 40 K angenommen. Für flüssigen Wasserstoff würden sich entsprechend größere Werte für h_v ergeben.

Daraus ist ersichtlich, daß kryogene äußere Gemischbildung im Bereich maximaler Motorleistung ($\varphi = 1$) eine Steigerung des spezifischen Ladungsheizwertes von 0,89 Wh/l auf 1,17 bzw. 1,04 Wh/l ermöglicht, was in etwa dem Wert für Benzin mit 1,05 Wh/l bzw. demjenigen für innere Gemischbildung mit Wasserstoff (1,26 Wh/l) entspricht. Adiabatische Aufladung des Motors mit 0,5 bar und äußerer Gemischbildung mit Wasserstoff führt zu einer Steigerung auf 1,5 bzw, 1,38 Wh/l und übertrifft damit sogar den Wert für den aufgeladenen Benzinmotor (1,36 Wh/l). Eine weitere Steigerung ist grundsätzlich mit kryogener innerer Gemischbildung und Aufladung erzielbar, womit unter der Voraussetzung der Vermeidbarkeit von unkontrollierter Frühzündung und Klopfen der Wasserstoffmotor dem Benzinmotor sogar überlegen sein könnte.

Es ist ferner darauf hinzuweisen, daß die Kühlwirkung des kalten Wasserstoff-Luft-Gemisches quantitativ in etwa dem entspricht, was bei äußerer Gemischbildung mittels Wassereinspritzung ohne fühlbare Leistungseinbuße erreicht werden kann. Erste Untersuchungsergebnisse lassen erwarten, daß in dieser Hinsicht auf die stets eine Komplikation bedeutende Wassereinspritzung völlig verzichtet werden kann [62, 63, 66].

Wassereinspritzung[15] wird zufolge ihrer Kühlwirkung neuerdings neben der

[15] Dieselbe wurde ursprünglich zur Leistungssteigerung von Flugmotoren entwickelt. Vgl. Riedel, W.: Beeinflussung der Wirtschaftlichkeit von Verbrennungsmotoren durch Kraftstoffzusätze. ATZ *43*, 2 (1940).

Anwendung in Rennmotoren und trotz nachteiliger Eigenschaften, wie beispielsweise Korrosion bzw. Ausfrieren bei niedrigen Temperaturen, auch zur Herabsetzung der Stickoxidemission von Benzin- bzw. Dieselmotoren in Erwägung gezogen.

3. Vergleich von Wasserstoff-Kraftfahrzeugen hinsichtlich Antrieb und Speicherung

Die Anwendungsbereiche von Wasserstoff-Kraftfahrzeugen hängen sehr stark von der Art der Speicherung des mitgeführten Wasserstoffs sowie vom Antriebsverfahren selbst ab. Im folgenden wird ein Vergleich zwischen Wasserstoff-Fahrzeugen mit LH_2-Speicherung bzw. Hydridspeicherung sowie mit Antrieb über Verbrennungsmotor bzw. Elektromotor über Wasserstoff-Luft-Brennstoffzellen durchgeführt. Gewählt wurde der Stadt- bzw. Kurzstreckenverkehr, der wegen seiner spezifischen Anforderungen an den wirtschaftlichen und energiesparenden Betrieb von Kraftfahrzeugen von erheblicher Bedeutung ist [67]. Als Basis wird der „Europa-Zyklus" (Abb. 65) bzw. der SAEJ227 D-Zyklus für Elektrofahrzeuge (Abb. 66) herangezogen, deren charakteristische Daten in Tabelle 25 zusammengestellt sind (vgl. [65, 66].

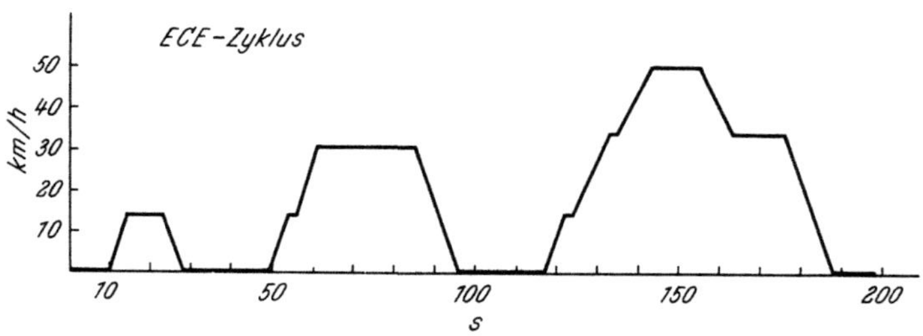

Abb. 65. „Europa-Fahrzyklus"

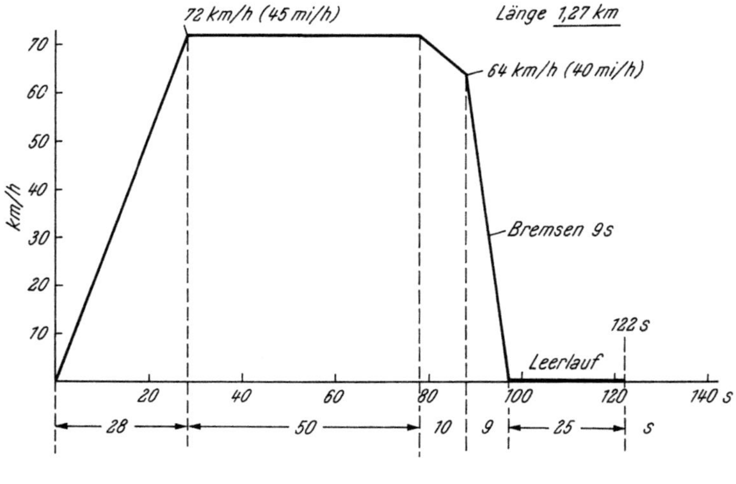

Abb. 66. SAE-J 227 D-Zyklus

Tabelle 25. *Europa-Zyklus und SAE-J-227D Zyklus: Vergleich für den Otto-Motor mit Benzinbetrieb*

	ECE	SAE 227
Zykluszeit (s)	195	122
Zykluslänge (km)	1,013	1,27
Mittl. Geschwindigkeit[1] (km/h)	18,7	47,13
Maximalgeschwindigkeit (km/h)	50,0	70,0
Gesamte Leerlaufphase (s)	60,45	25
Antriebsenergie je Zyklus[2] (kWh/1000 kg)	0,0814	0,10
Benzinverbrauch[3] (l/100 km a. 1000 kg)	5,4	5,28
Benzinverbrauch[4] im Leerlauf (l/100 km)	4,9	2,34
Gesamtverbrauch[5] (l/100 km)	8,7	11,4

[1] Ohne Leerlaufphase; [2] auf den Antriebsrädern, Luftwiderstandsbeiwert c_W mal Querschnittsfläche A: $c_W A = 1\ \text{m}^2$, Rollwiderstandskoeffizient $c_r = 0{,}012$; [3] Umwandlungswirkungsgrad $\eta_M = 0{,}17$, einschließlich Motor und Kraftübertragung, ohne Leerlaufphasen; [4] Otto-Motor; 2 l Hubraum, Leerlaufdrehzahl 800 min^{-1}, $\varphi = 0{,}8$, Füllungsreglung; [5] Fahrzeugmasse 1200 kg.

Sieht man von den Leerlaufphasen ab, so ergeben sich für die erforderliche Antriebsenergie je Zyklus in etwa vergleichbare Werte, während sich einschließlich der Leerlaufphasen für gleiche Fahrtstrecken unter den hier gemachten Annahmen grob etwa vergleichbarer Kraftstoffverbrauch ergibt. Damit können im Rahmen der hier zulässigen Näherung beide Fahrzyklen aus energetischer Sicht in etwa gleichwertig beurteilt und sowohl für den Stadtverkehr als auch für den stadtnahen Kurzstreckenverkehr herangezogen werden.

Aufschlußreich für den Vergleich von Fahrzeugen mit verschiedenen Speicherverfahren für Wasserstoff bzw. verschiedenen Varianten ihres Antriebs ist der Aufwand an Primärenergie für die Bewältigung einer vorgegebenen Fahrtstrecke bei gegebenem Fahrzyklus. Im folgenden wird hierbei die Herstellung von Wasserstoff ausgehend von Wärme als Primärenergie über Elektrizitätserzeugung und Elektrolyse zugrunde gelegt, was sinngemäß auch für die Verflüssigung gilt[16]. Ein charakteristischer Parameter ist nach [64–66] der zusätzliche Aufwand an Primärenergie, welcher zur Speicherung von 1 kg Wasserstoff an Bord eines Kraftfahrzeuges bei vorgegebener Reichweite je Speicherfüllung erforderlich ist. Als Speicherverfahren wird im folgenden die Hydridspeicherung

[16] Es ist aufschlußreich festzustellen, daß unter obigen Annahmen immerhin etwa 30% der aufgewendeten Primärenergie im flüssigen Wasserstoff enthalten sind, während dieser Wert für synthetische Kraftstoffe in etwa zwischen 30% und 40% liegt. Berücksichtigt man die verbesserte Kraftstoffökonomie von Wasserstoffmotoren (S. 136), dann entspricht LH_2 aus energetischer Sicht durchaus den synthetischen Kraftstoffen (Synfuels), ohne deren Umweltbelastung aufzuweisen.

sowie die Speicherung in flüssigem Zustand angenommen. Zur Ermittlung der zu speichernden Wasserstoffmenge bei vorgegebener Reichweite unter Zugrundelegung des SAE J 227 D-Zyklus (Abb. 66 bzw. Tabelle 25) ergibt sich aus der Energiegleichung

Fall A: Hydridspeicherung

$$\frac{m_0 + m_{sp}}{1000} \cdot p \cdot \frac{Z}{\eta_M} = \beta \cdot m_{Hy} \cdot h_u \tag{125}$$

m_0 Fahrzeugmasse ohne Hydridspeicher (kg), m_{sp} Gesamtmasse des Hydridspeichers (kg), m_{Hy} Masse des Hydrids (kg), $\gamma = m_{sp}/m_{Hy}$, p spezifischer Energiebedarf je Zyklus an den Antriebsrädern und 1000 kg Fahrzeugmasse (kWh/1000 kg), Z Zahl der Zyklen bezogen auf die Reichweite je Speicherfüllung, $\beta = \frac{m_{H_2}}{m_{Hy}}$ Anteil des gespeicherten Wasserstoffs im Hydrid (Gew.%), h_u unterer Heizwert von Wasserstoff (kWh/kg), η_M Wirkungsgrad einschließlich Motor und Kraftübertragung.

Aus (125) ergibt sich

$$m_{H_2} = \beta \cdot m_{Hy} = \frac{\beta}{\gamma} \cdot m_{sp} = \frac{\beta}{\gamma} \cdot \frac{m_0}{\dfrac{1000\,\eta_M \cdot \beta \cdot h_u}{p \cdot Z \cdot \gamma} - 1}. \tag{126}$$

Der Aufwand an Primärenergie E_{pr}, bezogen auf die Masse des zu speichernden Wasserstoffs, ergibt sich aus (126) mit

$$\frac{E_{pr}}{m_{H_2}} = \frac{p}{1000} \cdot \frac{m_{sp}}{m_{H_2}} \cdot \frac{1}{\eta_M} \cdot \frac{1}{\eta_1 \cdot \eta_2} \cdot Z, \tag{127}$$

wobei η_1 der Wirkungsgrad der Elektrizitätserzeugung aus Wärme und η_2 derjenige des Elektrolyseurs ist.

Fall B: Speicherung von flüssigem Wasserstoff

Die Energiegleichung lautet

$$\frac{m_0 + m_{sp} + m_{H_2}}{1000} \cdot p \cdot Z = m_{H_2} \cdot h_u \cdot \eta_M \tag{128}$$

mit m_{sp} Masse des Speichertanks.

Aus (128) ergibt sich

$$m_{H_2} = \frac{m_0 + m_{sp}}{\dfrac{1000\,\eta_M h_u}{p\,Z} - 1}. \tag{129}$$

Mit (127) erhält man den massenbezogenen Aufwand an Primärenergie zur Speicherung

$$\frac{E_{pr}}{m_{H_2}} = \frac{p}{1000} \cdot \frac{m_{H_2} + m_{sp}}{m_{H_2}} \cdot \frac{Z}{\eta_M \cdot \eta_1 \cdot \eta_2}. \tag{130}$$

Ein Vergleich der beiden Speicherungsverfahren ist in Tabelle 26 wiedergegeben.

Tabelle 26. *Aufwand an Primärenergie bezogen auf den gespeicherten Wasserstoff bei vorgegebener Reichweite und verschiedenen Antriebs- und Speicherverfahren (SAE J 227 D-Fahrzyklus.* Nach [66]

Reichweite	Speicherung	Antrieb	Massen[1] (kg) m_{H_2}	m_{Hy}	m_{sp}	Aufwand an Primärenergie (kWh/kg H_2)			Gesamtaufwand (kWh/kg)	H_2-Gesamt- (kg)
150 km	$FeTiH_{1,95}$	Otto-Motor	2,84	162	260	2,6[2]	22,75[4]	9,5[5]	34,8	1180
	MgNiH		2,56	81,2	130	2,6[2]	12,6[4]	10,5[5]	25,7	1065
	LH_2	Otto-Motor	2,33	–	15	31,4[3]	1,85[4]	0,25[5]	33,5	970
		Elektroantrieb und Brennstoffzelle	2,64	1800[8]	15	31,4[3]	0,72[7]	10,5[5]	42	1098
500 km	$FeTiH_{1,95}$[1]	Otto-Motor	21,6	1233	1974	2,6[2]	75,65[4]	9,5[5]	87,75	8985
	$FeTiH_{1,95}$[6]		13,6	835	1000	2,6[2]	56,76[5]	7,7[5]	67,0	5657
	MgNiH		11,8	374	598	2,6[2]	41,9[4]	10,5[5]	55,0	4908
	LH_2	Otto-Motor	8,1	–	50	31,4[3]	5,96[4]	0,25[5]	37,6	3370
		Elektroantrieb und Brennstoffzelle	8,8	1800[8]	50	31,4[3]	2,41[7]	10,5[5]	44,3	3660

[1] m_{H_2}, m_{Hy} Wasserstoff- bzw. Hydridmasse, m_{sp} Gesamtmasse des Hydridspeichers (m_{sp} = 1,6 m_{Hy}); [2] Aufwand an Primärenergie zur Verdichtung von Wasserstoff auf 30 bar zur Speicherfüllung; [3] Aufwand an Primärenergie zur Verflüssigung mit: Verflüssigungsarbeit 11 kWh/kg, Kraftwerkwirkungsgrad 0,31, Elektrolysewirkungsgrad 0,8; [4] Wirkungsgrad des Motors einschließlich Kraftübertragung 0,17. Der höhere Wirkungsgrad für H_2-Motoren im Teillastbereich ist nicht berücksichtigt. [5] Aufwand an Primärenergie zur Herstellung des Speichers bzw. der Brennstoffzelle, bezogen auf wöchentliche Befüllung über 8 Jahre (416 Füllungen); [6] m_{sp} = 1,2 m_{Hy}; [7] Mittlerer Wirkungsgrad von Brennstoffzelle und Antriebsmotor einschließlich Kraftübertragung von $\eta_M = 0{,}6 \cdot 0{,}65 = 0{,}39$; [8] Masse der Brennstoffzelle 1800 kg (15 kg/kW). Dauerleistung 60 kW, Spitzenleistung 120 kW. Masse des Antriebsmotors und Zubehörs gleich der Masse eines 100 kW Otto-Motors angenommen. Optimistisch angenommenes Fahrzeuggesamtgewicht demzufolge 1100 kg + 1800 kg = 2900 kg, gegenüber 1100 kg (ohne Speichermasse) in den übrigen Fällen.

Tabelle 26 ist ein Fahrzeug mit 1100 kg Masse ohne Einbeziehung der Speichermasse bzw. der Masse des Brennstoffzellenaggregates zugrunde gelegt. Das Gewicht des Motors ist in allen Fällen in der Masse von 1100 kg enthalten. Als Zusatzannahme wurde zugunsten des Brennstoffzellen-Fahrzeuges die Masse des Elektromotors (60 kW Dauerleistung, 120 kW Spitzenleistung) derjenigen des Verbrennungsmotors (100 kW) gleichgesetzt. Verglichen werden Fahrzeuge mit Hydridspeicherung bzw. Speicherung von flüssigem Wasserstoff und Verbrennungsmotor sowie Fahrzeuge mit flüssigem Wasserstoff, Brennstoffzelle und Elektromotor. Die angenommenen Reichweiten betragen 150 km bzw. 500 km. Von Bedeutung ist insbesondere der Gesamtaufwand an Primärenergie zur Speicherung des Wasserstoffs (Spalte 6), der bei einer Reichweite von 150 km für Eisen-Titan-Hydrid und flüssigen Wasserstoff bei dem gewählten Fahrzyklus in etwa gleiche Werte ergibt, während bei 500 km Reichweite je Tankfüllung der flüssige Wasserstoff (37,6 kWh/kg) dem Eisen-Titan-Hydrid gegenüber (87,75 kWh/kg) eine energetisch erdrückende Überlegenheit aufweist. Ein Fahrzeug mit Brennstoffzelle, Elektroantrieb und Speicherung von flüssigem Wasserstoff verhält sich für beide Reichweiten in etwa gleich, ist aber der Kombination von Verbrennungsmotor mit flüssigem Wasserstoff deutlich unterlegen.

Die Speicherung von Wasserstoff mit Magnesium-Nickel-Hydrid im Fahrzeug ist zum Vergleich angeführt. Sie ist allerdings infolge der hohen Zersetzungstemperatur des Hydrids (s. Tabelle 22) nur in Kopplung mit Eisen-Titan-Hydrid anwendbar. Der Eisen-Titan-Hydrid-Speicher liefert dabei solange Wasserstoff, bis der Magnesium-Nickel-Hydrid-Speicher durch die Abgaswärme des Motors genügend aufgeheizt worden ist (kombinierter Hydridspeicher). Eine wesentliche Verringerung des gesamten Speichergewichtes erscheint dabei nicht möglich.

Ein Problem stellt darüber hinaus die hohe Zersetzungswärme des Magnesium-Nickel-Hydrids mit 27% des unteren Heizwertes von Wasserstoff im Verein mit der hohen erforderlichen Zersetzungstemperatur von etwa 250 °C (Tabelle 22) dar. Dies kann dazu führen, daß die im Abgas bei einer mittleren Temperatur von etwa 550 °C nutzbare Abwärme infolge der geringen zur Verfügung stehenden Temperaturspanne nicht ausreicht, um den zur Verbrennung im Motor benötigten Wasserstoff unter allen vorkommenden Betriebszuständen freizusetzen. Dies trifft vor allem dann zu, wenn der Motor mit optimalem Wirkungsgrad im Teillastbereich, d.h. einem Minimum an Abwärme, betrieben wird [59].

Aufschlußreich ist ferner die Aufteilung des Gesamtaufwandes an Primärenergie zur Speicherung des Wasserstoffs. Während bei den Hydriden der Hauptanteil der zur Speicherung erforderlichen Primärenergie (Spalte 5, Kolonne 2) dazu dient, den schweren Speicher dem Fahrzyklus entsprechend zu beschleunigen, benötigt beim flüssigen Wasserstoff der Verflüssigungsprozeß den Hauptanteil an Primärenergie. Während in dieser Hinsicht flüssiger Wasserstoff bei 150 km Reichweite dem einfachen bzw. kombinierten Hydridspeicher gleichkommt, ist er bei 500 km Reichweite konkurrenzlos überlegen und entspricht dabei hinsichtlich des Gewichtsaufwandes für Tank und Kraftstoff dem Benzin. Beim außerstädtischen Verkehr mit entsprechend großer Reichweite und näherungsweise konstanter Fahrgeschwindigkeit – d.h. wenig Beschleunigungsvorgänge – würde der Hydridspeicher hinsichtlich des Aufwandes an Primärenergie wieder aufholen. Das große erforderliche Speichergewicht würde aber an langen Steigungen die Fahrgeschwindigkeit sowie im Stadtverkehr das Beschleunigungsvermögen unzumutbar verringern und einem Pkw das Fahrverhalten eines beladenen Kleinlastwagens verleihen. Daraus ist zu schließen, daß die unbestrittenen Vorteile der Hydridspeicher weniger im mobilen Bereich als bei stationären Anwendungen liegen können [17, 18].

Der Elektroantrieb über Brennstoffzellen und gespeicherten flüssigen Wasserstoff ist hinsichtlich Reichweite und Primärenergieaufwand zur Wasserstoffspeicherung in etwa mit dem Verbrennungsmotor vergleichbar, hinsichtlich des hohen Gewichts von heute verfügbaren Brennstoffzellen und Elektroantrieben jedoch in ähnlicher Weise unterlegen wie die Hydridspeicherung [10, 67]. Eine Verbesserung könnte durch den Hybridantrieb, d.h. Kopplung einer Brennstoffzelle geringerer Leistung und demzufolge geringerem Gewicht mit einer leistungsfähigen Speicherbatterie bringen, die zur Abdeckung der Beschleunigungsspitzen im Stadtverkehr dient und von der Brennstoffzelle geladen wird [68]. Abgesehen vom Preis scheint es aber zweifelhaft, ob zukünftige Entwicklungen zu derart leichten Brennstoffzellenaggregaten führen werden, die geeignet sind, den höheren kontinuierlichen Leistungsbedarf des Fahrzeugantriebs beim außerstädtischen Verkehr und entsprechender Fahrgeschwindigkeit zu decken. Der Brennstoffzellen-Elektroantrieb dürfte vor allem für den innerstädtischen und stadtnahen Verkehr von Bedeutung sein und könnte hier bei Verwendung entsprechend leichter Brennstoffzellen – Antriebs- und H_2-Speicheraggregate (die Speicherung von flüssigem Wasserstoff ist hierfür gewichtsmäßig besonders geeignet) – die energetisch günstigste Lösung darstellen.

Die Speicherung von flüssigem Wasserstoff stellt den günstigsten Kompromiß zwischen den Fahreigenschaften im Stadtverkehr bzw. Überlandverkehr hinsichtlich Fahrzeugbetrieb und Primärenergieaufwand dar und ist damit den Kohlenwasserstoffen bzw. dem Benzin äquivalent [67].

Versuchsfahrzeuge mit flüssigem Wasserstoff

Elektroantrieb über Brennstoffzellen

Obwohl in Vergangenheit und Gegenwart eine größere Reihe von Versuchsfahrzeugen mit Wasserstoff-Sauerstoff- bzw. Wasserstoff-Luft-Brennstoffzellen demonstriert wurde, kam bisher kein Fahrzeug zum Einsatz, bei welchem Wasserstoff in flüssiger Form gespeichert war.

Eine gewisse Ausnahme bildet das 1965–66 im Einsatz befindliche Versuchsfahrzeug von *General Motors* und *Union Carbide*, ein Lieferwagen bzw. Kleinbus für sechs Personen, der anstelle des Benzinmotors mit Brennstoffzellen und Elektromotor ausgerüstet war [67, 70]. Die Nennleistung des aus 32 Modulen bestehenden Aggregates von 1500 kg Gewicht betrug 32 kW bei konstanter Belastung und konnte kurzzeitig auf bis zu 160 kW gesteigert werden. Als Reichweite waren bei Speicherung von flüssigem Wasserstoff und flüssigem Sauerstoff etwa 250 km vorgesehen. Bei den praktischen Versuchen wurden jedoch Druckgasspeicher (Stahlflaschen) verwendet, weil damals die kryogene Speicherung von Wasserstoff und insbesondere auch von Sauerstoff im Fahrzeug unter anderem sicherheitstechnische Probleme aufwarf.

Sauerstoff kam anstelle von Luft zur Anwendung, weil nur auf diese Weise mit den damals zur Verfügung stehenden Brennstoffzellen die zur Beschleunigung des Fahrzeuges (0–100 km in 30 s) sowie zum Halten einer entsprechenden Höchstgeschwindigkeit (115 km/h) erforderliche Leistung erzielt werden konnte. Das Fahrzeug zeigte, daß die Brennstoffzellentechnik damals einen Entwicklungsstand erreicht hatte, welcher für den Elektroantrieb erstmals die Installierung der zum Fahrzeugantrieb benötigten Leistung (allerdings bei 100% Übergewicht gegenüber Benzinbetrieb) ermöglichte.

Versuchsfahrzeuge mit Verbrennungsmotor und Speicherung von flüssigem Wasserstoff

Wie im folgenden angeführt, wurden in der Zeit von 1973 bis 1983 von verschiedenen Gruppen in den U.S.A., Japan und der Bundesrepublik Deutschland derartige Versuchsfahrzeuge entwickelt und im Fahrbetrieb erprobt.

1971	Perris Smogless Autom. Ass. [71]
1973	Billings Energy Corp. (BEC) [42, 73]
1973/74	Los Alamos Scientific Laboratory (LASL) [74]
1973/74	University of California Los Angeles (UCLA) [75, 76]
1975	Musashi Institute of Technology, Tokyo [62]
1978/79	DFVLR-Stuttgart und Universität Stuttgart FKFS [77]
1979	LASL-DFVLR gemeinsames Projekt [78, 79, 80]
1980	Musashi Institute of Technology [54, 81, 83]
1981	DFVLR-Stuttgart [66, 82]
1982	Musashi Institute of Technology [84]

Im folgenden wird eine kurze Charakterisierung dieser Versuchsfahrzeuge gegeben, wobei der Schwerpunkt auf seiten des kryogenen Kraftstoffsystems liegen soll. Im Interesse einer Erfassung der neueren Entwicklungen auf diesem Gebiet wird daher dem DFVLR-Versuchsfahrzeug bzw. dem gemeinschaftlich zwischen dem LASL und der DFVLR erstellten Versuchsfahrzeug mehr Raum gewidmet. Bezüglich weiterer Einzelheiten, insbesondere des motorischen Verhaltens, der Abgasemission und weiterer Versuchsergebnisse sei auf die Literatur verwiesen (vgl. ferner [85, 86]).

Versuchsfahrzeug der *Perris Smogless Automobile Association* (1971): Dieses Fahrzeug, ein Ford F250 mit 8 Zylinder-Motor stellt nach Kenntnis des Verfassers das erste, jemals mit flüssigem Wasserstoff betriebene Fahrzeug dar. Flüssiger Wasserstoff und flüssiger Sauerstoff wurden dabei in Transportbehältern von *Union Carbide-Linde* zur Speicherung verwendet [71, 85]. Über ein längeres Versuchsprogramm und entsprechende Versuchsergebnisse sind nach 1971 offenbar keine Veröffentlichungen vorhanden[17].

[17] Wasserstoff-Sauerstoff-Motoren, vgl. [72].

Versuchsfahrzeug der *Billings Energy Corporation* (1974): Nachdem im Jahre 1973 ein Campingwagen (Winnebago-Motorhome, 1972) mit einem 7,2 Liter 8 Zylinder-Motor einschließlich der Zusatzverbraucher wie Herd, Kühlschrank und Stromerzeuger auf flüssigen Wasserstoff umgestellt worden war [42, 73, 85], wurde 1974 ein Ford Monte Carlo V8 mit 8 Zylinder-Motor und 5,7 Liter Hubraum und äußerer Gemischbildung vorgestellt, der zur Speicherung von flüssigem Wasserstoff einen Flüssigerdgas-Tank der *Beach-Aircraft Corporation* und zur zusätzlichen Wasserstoffspeicherung noch einen Hydridspeicher verwendete. Zur NO_x-Unterdrückung und zur Vermeidung von Rückzündung in die Saugleitung wurde Wassereinspritzung verwendet.

Versuchsfahrzeug des *Los Alamos Scientific Laboratory* (1973/74): Dieses Fahrzeug, ein 1973 Dodge „1/2 Ton Pick-up Truck" mit Viergang-Getriebe, 5,2 Liter 8 Zylinder V-Motor und 1,8 t Leergewicht in fahrbereitem Zustand, wurde mit folgenden Modifikationen auf Wasserstoffbetrieb mit äußerer Gemischbildung und Füllungsregelung umgestellt (vgl. [74, 85]):

1. Der Vergaser wurde durch einen *Impco*-Gasmischer für Flüssiggas bzw. Propan ersetzt.

2. Zur Unterdrückung von unkontrollierter Frühzündung bzw. Rückschlagen in die Saugleitung und Klopfen wurde Abgasrückführung angewendet.

3. Ein kugelförmiges, aus Aluminium gefertigtes Speicher-Dewar von 190 l Fassungsvermögen wurde konzipiert, von der *Minnesota Valley Engineering Company* (MVE) zur Verfügung gestellt (s. Abb. 67) und auf der Ladefläche

Abb. 67. Versuchsfahrzeug des Los Alamos National Laboratory für flüssigen Wasserstoff (1973) (Quelle: Los Alamos National Laboratory)

montiert. Mit einem Gewicht von 42,6 kg ist es auf das Fassungsvermögen bezogen der leichteste bisher bei Flüssigwasserstoff-Fahrzeugen zur Anwendung gelangte Tank. Die maximale Verdampfungsrate des Behälters war kleiner als 1% je Tag, betrug aber bei Verwendung der erforderlichen Flanscharmaturen zum Füllen und Entnehmen von Wasserstoff etwa 3,3% je Tag.

Da dieses Fahrzeug (Abb. 67) nicht im Rahmen eines geförderten Projektes erstellt wurde, konnte es nur in sehr eingeschränktem Maße einem Testprogramm unterzogen werden. Es wurde akkumulativ über eine Strecke von 500 km mit Wasserstoff auf Straßen in und um Los Alamos (ca. 2200 m Seehöhe), charakterisiert durch lange Steigungen bis zu 7%, gefahren und zeigte dabei für Wasserstoff einen spezifischen Energieverbrauch von 1,11 kWh/km, was 67% des spezifischen Energieverbrauchs bei Benzinbetrieb (1,65 kWh/km) entspricht. Das Fahrzeug wurde demzufolge überwiegend im Teillastbereich gefahren, was einerseits durch die große Höhenlage und andererseits durch die Abgasrückführung bedingt war. Die mit Wasserstoff erzielte maximale Motorleistung betrug nach Schätzungen etwa 50% gegenüber Benzinbetrieb. Der flüssige Wasserstoff im Dewar stand unter einem Überdruck von etwa 0,5 bar und gelangte nach Verdampfung und Aufwärmung über einen Wärmetauscher zum *Impco*-Gasmischer.

Die an diesem Fahrzeug speziell mit den kryogenen Komponenten gesammelten Erfahrungen waren in dieser Hinsicht richtungweisend für die anschließend in den folgenden Jahren laufenden Entwicklungen auf diesem Gebiet.

Versuchsfahrzeug der *University of California Los Angeles* (UCLA) 1973/74: Nach Prüfstandversuchen im Jahr 1973 an einem von einem Flüssigwasserstoffspeicher versorgten Chevrolet V8-Motor (5,7 Liter Hubraum) wurde etwas später als in Los Alamos ein Fahrzeug, in diesem Falle ein AMC-Jeep (von der U.S. Post zur Verfügung gestellt) mit 3,8 Liter 6 Zylinder-Motor auf Wasserstoffbetrieb mit äußerer Gemischbildung umgerüstet und eingehend demonstriert [75, 76, 85].

Als Speicher für flüssigen Wasserstoff wurde ein Dewar vom gleichen Typ wie beim Los Alamos Versuchsfahrzeug verwendet und im rückwärtigen Teil des Fahrzeuges montiert, der normalerweise zur Aufnahme der auszufahrenden Post diente.

Der Vergaser des Motors wurde in modifizierter Form zur Wassereinspritzung benutzt und gasförmiger Wasserstoff über zwei *Impco*-Gasmischer zugeführt, von denen einer im unteren Teillastbereich mit Drosselklappenregelung (Füllungsregelung) arbeitete, während der zweite im oberen Teillast- bis Vollastbereich zugeschaltet wurde und dort Qualitätsregelung durchführte. Das Äquivalenzverhältnis Wasserstoff-Luft wurde dabei im unteren Teillastbereich mit etwa $\varphi = 0{,}45$ konstant gehalten, um dann im oberen Teillast- und im Vollastbereich kontinuierlich auf $\varphi = 1$ anzusteigen. Bezüglich genauerer Information über dieses bemerkenswerte Fahrzeug sei auf die diesbezüglichen Veröffentlichungen verwiesen [76, 77].

Versuchsfahrzeug des *Musashi-Institute of Technology*, Tokio (1975): Dieses Fahrzeug (Musashi III), ein Datsun B-210 Pkw mit 1,4 Liter 4 Zylinder Otto-Motor wurde zur Teilnahme an der „Student Engineered Economy Design

Rallye" (SEED-Rallye), welche im August 1975 in Kalifornien stattfand, auf Wasserstoffbetrieb mit Speicherung von flüssigem Wasserstoff umgestellt [62, 85, 86, 87].

Zu diesem Zweck wurde ein Speicherbehälter konventioneller Bauart (Innenbehälter durch Hals mit Außenbehälter verbunden) von 230 l Fassungsvermögen installiert, um dem Fahrzeug während der Rallye die Zurücklegung einer Strecke von 650 km (400 miles) ohne Auftanken zu ermöglichen (Abb. 68). Der Tank wog 120 kg, der Innenbehälter bestand aus Edelstahl von 3 mm Wandstärke, während für den Außenbehälter (1000 mm ϕ, ca. 800 mm Höhe) Aluminium mit 5 mm Wandstärke verwendet wurde. Der maximale Betriebsüberdruck war 5 bar, die Verdampfungsrate betrug etwa 2,5% je Tag. Zum raschen Druckaufbau im Tank nach Befüllung wurde kaltes Wasserstoffgas aus dem Tank über einen Wärmetauscher aufgewärmt und mittels Pumpe in die flüssige Phase des Tanks gedrückt.

Abb. 68. Ansicht des Versuchsfahrzeuges Musashi 3. Der Heckaufbau diente zur Unterbringung der oberen Partie des Tanks für flüssigen Wasserstoff (Quelle: Musashi Institute of Technology)

Über eine kräftig dimensionierte, im Fahrzeuginnern verlaufende vakuumisolierte Leitung wurde dem Tank kaltes Wasserstoffgas entnommen und dem Motor über ein vom Gaspedal mechanisch betätigtes Drosselventil mit einer Temperatur von etwa 140 K dem Motor zugeführt.

Der Motor wurde mit äußerer Gemischbildung betrieben, wobei das kalte Wasserstoffgas über mechanisch mittels Nockenwelle betätigte Ventile getaktet in die Ansaugstutzen der einzelnen Zylinder mit etwa 1 bar Überdruck eingeblasen wurde. Die Wasserstoffeinlaßventile öffneten dabei zugleich mit den Einlaßventilen der zugehörigen Zylinder und schlossen nach 90° Kurbelwellendrehwinkel. Da die Öffnungszeit der Wasserstoffeinlaßventile umgekehrt zur Motordrehzahl abnimmt, müßte der Vordruck an den Ventilen überproportional zur Drehzahl zunehmen, um lineares Verhalten am Gaspedal zu erzielen. Lineares Verhalten des Gaspedals wurde mit Hilfe eines zweiten, in Serie zum Motorregelventil befindlichen Ventils erreicht, welches den Vordruck an den Wasserstoffeinlaßventilen mit zunehmender Motordrehzahl erhöhte.

Im Interesse geringer NO_x-Emission wurde im Mittellast- bis Vollastbereich mit Qualitätsregelung (offene Drosselklappe) und unterhalb eines Äquivalenzverhältnisses von etwa $\varphi \leqslant 0{,}6$ mit Luftdrosselung und zunehmendem Äquivalenzverhältnis (Füllungsregelung) gefahren.

Mit diesem Motor, der nach Kenntnis des Verfassers als erster mit kryogener äußerer Gemischbildung (s. S. 139) arbeitete, konnte bei Wasserstoffbetrieb die Leistung des Motors im Benzinbetrieb erreicht und die Vorteile kryogener Gemischbildung demonstriert werden.

Der spezifische Energieverbrauch des Fahrzeugs auf der SEED-Rallye, wo bei einer Gesamtstrecke von 2781 km der größte Teil der Strecke mit näherungsweise konstanter Geschwindigkeit (80–88 km/h) gefahren wurde, ergab sich als offizielles Ergebnis der Veranstalter mit 0,6 kWh/km, was umgerechnet auf Benzin einen Wert von 0,57 kWh/km (15,3 km/l; 6,5 l/100 km) entspricht.

Versuchsfahrzeug der *Deutschen Forschungs- und Versuchsanstalt für Luft- und Raumfahrt* (1978/79): Dieses Fahrzeug, ein BMW 518, wurde ursprünglich in einem gemeinsamen Programm der *Deutschen Forschungs- und Versuchsanstalt für Luft- und Raumfahrt* (DFVLR) in Stuttgart und dem *Forschungsinstitut für Kraftfahrwesen und Fahrzeugmotoren* (FKFS) an der *Universität Stuttgart* als erster Flüssigwasserstoff-Pkw in Europa in den Jahren 1978–79 erstellt und 1979 erstmals vorgeführt. Zu diesem Zeitpunkt lag der Schwerpunkt auf der Demonstration des Gesamtsystems Motor-Flüssigwasserstoffspeicher. Demzufolge wurde zunächst die vom FKFS vorgenommene Konversion des Motors auf Wasserstoff nur mit minimalem Aufwand durchgeführt, während dem kryogenen Teil erhöhte Aufmerksamkeit gewidmet wurde. Das Fahrzeug wurde 1980 von der DFVLR voll übernommen und aufgrund der vorliegenden Versuchsergebnisse mehrmals modifiziert [66, 63, 82, 87].

Die im folgenden gegebene kurze Beschreibung stellt den Stand der Entwicklung seit April 1982 dar [63]:

Als Motor findet nunmehr der 4 Zylinder BMW 520-Motor mit 2 Liter Hubraum in der U.S.A.-Version (reduziertes Verdichtungsverhältnis, 1:8,3) Anwendung. Er ist mit einem Abgasturbolader[18] versehen, welcher bei etwa 2500 U/min einsetzt und einen Ladedruck von 0,3 bar liefert. Das Konzept des Zweistoff-Betriebes wurde beibehalten[19], d.h. es ist Betrieb sowohl mit Benzin als auch mit Wasserstoff möglich. Bei Benzinbetrieb mit Füllungsregelung findet eine Bosch L-Jetronic[20] ohne Benutzung des Turboladers Anwendung. Der Wasserstoffbetrieb wird mit elektronisch geregelter äußerer Gemischbildung und Wassereinspritzung durchgeführt, wobei letztere nur beim Beschleunigungsvorgang sowie im oberen Teillast- bis Vollastbereich einsetzt. Das Funktionsprinzip ist in Abb. 69 schematisch dargestellt, während Abb. 70 einen Blick in den Motorraum zeigt.

---

[18] Von der Firma Kühnle, Kopp und Kausch (KKK) zur Verfügung gestellt.

[19] Nicht mit Wasserstoff-Benzin-Mischbetrieb zu verwechseln, vgl. [88].

[20] Für aktive Unterstützung ist der Verfasser der Robert Bosch AG zu Dank verpflichtet.

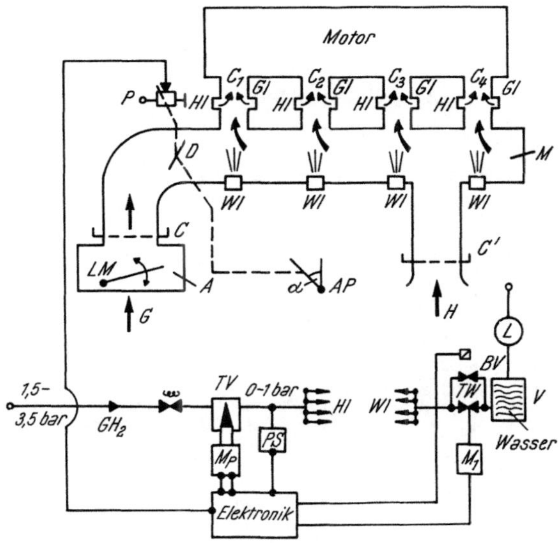

Abb. 69. Funktionsschema des DFVLR-Versuchsfahrzeuges für den Betrieb mit Benzin (L-Jetronic) bzw. für Wasserstoff. *P*: Potentiometer, *TV*: Drosselventil und *PS*: Drucksensor zur Qualitätsregelung bei H_2-Betrieb (Kappe *C* aufgesetzt, *C*, entfernt); *HI*: H_2-Einblasung bzw. *WI*: Wassereinspritzung an den Zylindereinlässen C_1 bis C_4; M_p Motorpotentiometer; *TW* Drosselventil zur Regelung der Wassereinspritzung mit *BV* Bypassventil; *AP* Gaspedal; *D* Drosselklappe mit: *LM* Luftmengenmesser der L-Jetronic bei Benzinbetrieb (Kappe C_2 aufgesetzt); *G* Lufteinlaß bei Wasserstoffbetrieb; *GI* Einspritzventile der L-Jetronic für Benzin

Oberhalb des Zylinderkopfes befindet sich ein Luftsammler *M* (Abb. 69), der bei Wasserstoffbetrieb über den Anschluß *H* vom Turbolader mit Luft versorgt wird. Der Luftmengenmesser *A* (bzw. *LM*) der Bosch *L*-Jetronic ist dabei vom Luftsammler *M* getrennt und letzterer ist bei *C* geschlossen. Die Luft gelangt nunmehr vom Sammler *M* über U-förmige Verbindungsstücke C_1 bis C_4 zu den Ansaugöffnungen der Zylinder 1 bis 4. Wasserstoff gelangt vom LH_2-Tank nach Aufwärmung auf Umgebungstemperatur in gasförmigem Zustand (GH_2) unter einem Überdruck von 1,5–3,5 bar an ein elektronisch geregeltes, über das Gaspedal gesteuertes Drosselventil *TV* und wird über einen Verteiler an die Einlaßöffnungen *HI* der vier Zylinder geleitet und kontinuierlich in die Absaugluft eingeblasen (kontinuierliche Saugrohreinblasung). Das Volumen der vier U-förmigen Verbindungsstutzen ist dabei genügend groß gehalten, um stromaufwärts im Luftsammler *M* kein zündfähiges Wasserstoff-Luft-Gemisch entstehen zu lassen. Die Wassereinspritzung wird mittels speziell dimensionierter Einspritzdüsen *WI* durchgeführt, in welchen ein Teil des zum Leerlauf des Motors benötigten Wasserstoffs durch einen Drallkörper verwirbelt und mit Wasser gemischt wird. Damit konnte bei einem Einspritzüberdruck von nur 1,8 bar einwandfreie Zerstäubung des Wassers innerhalb eines auf die Zylindereinlaßventile gerichteten Kegels von etwa 20° Öffnungswinkel erreicht werden. Der Einspritz-

Abb. 70. Motorraum des DFVLR-Versuchsfahrzeuges. Mit Abb. 69 gilt: *W* Vorratsbehälter für Wasser mit *L*; Membranpumpe zur Druckbeaufschlagung; *P* Potentiometer, TV-Drosselventil zur Leistungsregelung; *PS* Drucksensor; GH_2 gasförmiger Wasserstoff; *LT* Anschlußstutzen zum Turbolader; *M* Luftsammler; *D* Drosselklappe für Benzinbetrieb; *GI* Sammelrohr zur Benzineinspritzung; *LM* Luftmengenmesser der L-Jetronic; *LF* Luftfilter, *V* Vakuumpumpe für Bremskraftverstärker bei Wasserstoffbetrieb

vordruck wurde dabei durch ein Druckluftpolster im Wasserspeicher *V* erzeugt, während Einspritzmenge und Einsatzpunkt in Abhängigkeit von der Gaspedalstellung über ein elektronisch geregeltes Drosselventil *TW* und zusätzlich beim Beschleunigungsvorgang über ein manuell abschaltbares Bypassventil *BV* geregelt wurde. Der Wasservorrat (16 l) reicht beim Stadtfahrzyklus für etwa 400 km, da im Teillastbereich kein Wasser benötigt wird. Bei längerem Fahren im Vollastbereich reduziert sich diese Strecke auf etwa 150 bis 200 km.

Bei der Motorregelung wird über ein mit dem Gaspedal verbundenes Potentiometer *P* ein Sollwert für den Wasserstoffdruck nach dem Drosselventil *TV* vorgegeben und über die Elektronikeinheit mit dem vom Drucksensor *PS* gelieferten Signal mittels Istwert-Sollwert-Vergleich ein Regelsignal abgeleitet, welches für die entsprechende Einstellung des Drosselventils über den Stellmotor M_p sorgt. Die Stellzeit des Drosselventils *TV* von Leerlauf zu Vollauf beträgt etwa 1 Sekunde, wodurch Überschwingen und eine Überfettung des Wasserstoff-Luft-Gemisches beim Beschleunigungsvorgang vermieden wird. Hervorzuheben ist, daß diese Anordnung in weitem Bereich unabhängig vom Vordruck am Drosselventil *TV* arbeitet, womit der ansonsten notwendige Einbau eines voluminösen Druckminderers vermieden wird.

Die Zündverstellung wird über einen speziellen Fliehkraftsversteller[21]-Einsatz etwa 1500 U/min, Verstellung auf 8° v.o.T. bei 4000 U/min) und mangels Unterdruck im Sammler (Qualitätsregelung, keine Drosselklappe) über eine lastabhängige elektromechanische Verstellung (Signal vom Potentiometer *P*) durchgeführt. Beim Starten des Motors wird das Hauptmagnetventil GH_2 (Abb. 70) erst mit etwa einer halben Sekunde Verzögerung geöffnet, um Überfettung des Gemisches zu vermeiden. Aus demselben Grund bleibt während des Startvorganges die Betätigung des Gaspedals wirkungslos. Fällt ferner im Betrieb die Motordrehzahl etwa unter 100 U/min, wird das Hauptmagnetventil automatisch geschlossen, um Ausströmen von Wasserstoff bei stehendem Motor und nicht abgeschalteter Zündung auszuschließen.

Bei Benzinbetrieb wird die gesamte Wasserstoff-Elektronik abgeschaltet, die Verbindung zum Turbolader bei *H* unterbrochen und verschlossen sowie der Lufteinlaß zum Luftsammler bei *C* geöffnet (Abb. 69). Der Motor wird dann in

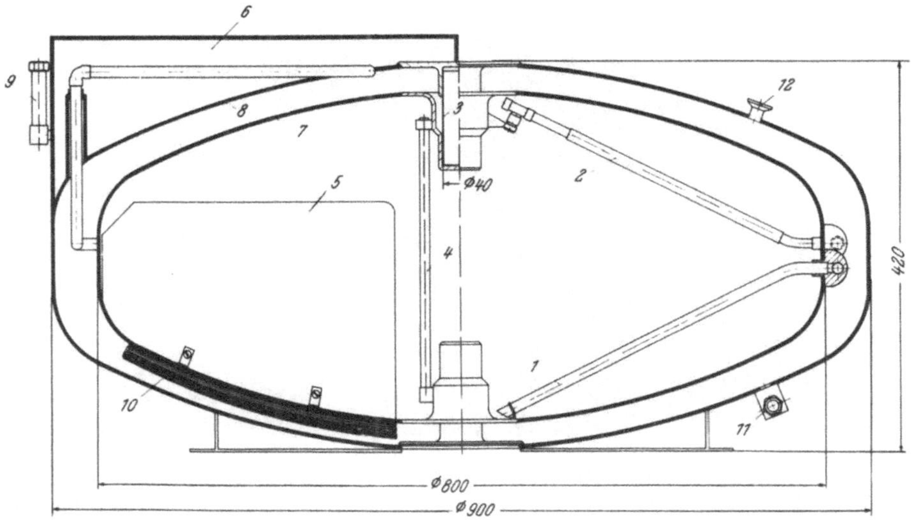

Abb. 71. Querschnitt vom Tank des DFVLR-Versuchsfahrzeuges. *1* bzw. *2* Leitung für flüssigen bzw. gasförmigen Wasserstoff; *3* Tragrohr des Innenbehälters (GFK). *4* Niveausensoren. *5* Antischwallbleche. *6* Raum für Armaturen bzw. Wärmetauscher; *7* Innenbehälter; *8* Außenbehälter; *9* Sicherheitsventile; *10* Superisolation; *11* Sicherheitsventil des Vakuumraumes; *12* Evakuierstutzen

[21] Siehe Fußnote 19 auf Seite 152.

üblicher Weise über die Drosselklappe geregelt und die Zündverstellung über Fliehkraft- und Unterdruckversteller durchgeführt.

Zur Speicherung des flüssigen Wasserstoffs wird ein im Jahre 1974 entwickelter, verschiedenen Versuchsprogrammen unterzogener Tank mit einem Fassungsvermögen für ungefähr 120 Liter flüssigen Wasserstoff [82, 86, 89] verwendet. Er weist eine Verdampfungsrate von 8% pro Tag auf und ist im Kofferraum neben einem kleinen Benzintank von ca. 18 Liter Fassungsvermögen untergebracht. Dieser Wasserstoff-Tank (Abb. 71 und 72) wurde erstmals konsequent für die Anwendung im Kraftfahrzeug entwickelt. Er kann im Gegensatz zu den bisher üblichen, bei Wasserstoff-Fahrzeugen eingesetzten Speicherdewars jede beliebige Lage einnehmen, ohne Schaden zu erleiden. Entnahme und Füllung von flüssigem Wasserstoff ist für Abweichungen bis zu einem Winkel von etwa 20° von seiner Normallage möglich. Der maximale Arbeitsdruck ist etwa 4,5 bar (Ansprechen der Sicherheitsventile), der höchstzulässige Betriebsdruck etwa 8,5 bar, der Berstdruck etwa 15 bar. Der Tank ist vakuumisoliert und wurde aus fertigungstechnischen Gründen in Edelstahl ausgeführt und wiegt etwa 90 kg. Im Laufe späterer Entwicklungen, nach dem gleichen Prinzip gebaute leichtere Tanks wurden in Aluminium ausgeführt [77, 82, 86, 87].

Abb. 72. Ansicht des im Kofferraum des DFVLR-Versuchsfahrzeuges montierten Tanks für 120 l flüssigen Wasserstoff. Links ein Benzintank von ca. 16 l Fassungsvermögen für den Betrieb des Versuchsfahrzeuges mit Benzin (Photo: DFVLR)

Während des Betriebs wird Wasserstoff zunächst aus der Gasphase entnommen, wenn der Druck im Tank ein wählbares Druckniveau im Bereich von 1,5 bis 4,5 bar übersteigt (Abb. 73). Dabei sinkt der Druck, wobei nach Unterschreiten der vorgewählten Druckschwelle eine elektronische Steuereinheit auf Entnahme aus der Flüssigphase umschaltet, so daß bei weiterer Entnahme der Druck

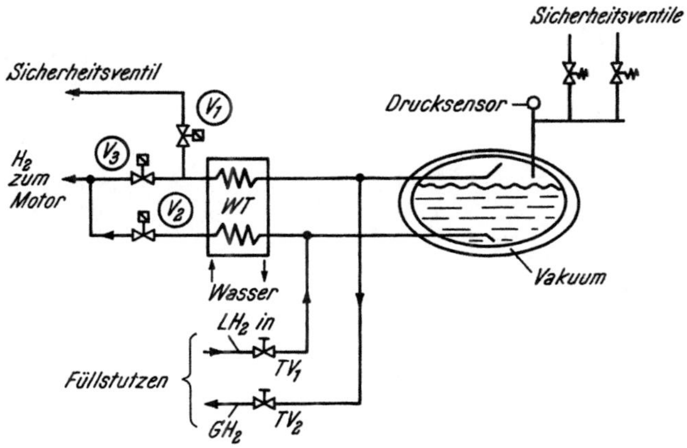

Abb. 73. Prinzip der Wasserstoffentnahme aus dem Tank des DFVLR-Versuchsfahrzeuges. Der im Wärmetauscher *WT* auf Umgebungstemperatur aufgewärmte Wasserstoff wird in Abhängigkeit vom Druck im Tank über die Magnetventile V_2 bzw. V_3 aus der Flüssigkeits- bzw. Gasphase entnommen und dem Motor zugeleitet

im Tank konstant bleibt. Der flüssige bzw. gasförmige Wasserstoff wird über einen vom Kühlwasser des Motors beaufschlagten und mit dem Tank integrierten Wärmetauscher verdampft bzw. auf Umgebungstemperatur aufgewärmt und gelangt dann über eine außen unterhalb des Fahrzeugbodens verlegte Leitung über das Hauptmagnetventil GH_2 und das Drosselventil *TV* (s. Abb. 70) zum Motor. Damit werden Abdampfverluste des Tanks zufolge Druckaufbau innerhalb betriebsloser Perioden von maximal etwa zwei Tagen vermieden, weil durch den nachfolgenden Fahrbetrieb das inzwischen aufgebaute Druckniveau durch Entnahme von Wasserstoff aus der Gasphase wieder abgebaut wird.

Zur Füllstandsanzeige im Tank wurden zehn Kohlewiderstände verwendet, welche mit Konstantstrom gespeist, beim Auftauchen aus der Flüssigkeit zufolge Widerstandsänderung ein Signal geben und der Zahl der Kohlewiderstände entsprechende Füllstandsniveaus angezeigt werden.

Der aus dem Tank nach längerer Stillstandszeit des Fahrzeuges über die Sicherheitsventile abgeblasene gasförmige Wasserstoff kann entweder direkt ins Freie abgegeben werden, wo er sich gefahrlos in der Luft verdünnt oder aber über einen an der Unterseite des Fahrzeuges befindlichen Brenner über eine Pilotflamme gezündet und verbrannt werden. Beim Parken in geschlossenen bzw. schlecht belüfteten Räumen wird stets der Brenner benutzt, wobei dessen Pilotflamme über ein Thermoelement überwacht und bei Erlöschen automatisch wieder gezündet wird. Ein ursprünglich verwendeter „katalytischer Brenner" erwies sich wegen Anfälligkeit des verwendeten Katalysators auf Luftverunreinigungen als unzuverlässig [66].

Die konsequente Verwendung der als Vorstufe für die Verwendung digitaler Motorelektronik[22] dienenden elektronischen Analogschaltungen zur Gemisch-

[22] Ein diesbezügliches Folgeprogramm unter Verwendung eines entsprechenden Versuchsfahrzeuges wurde 1983 in Kooperation zwischen der Bayerischen Motorenwerke AG und der DFVLR unter Mitwirkung der Robert Bosch AG begonnen.

Abb. 74. Ansicht des DFVLR-Versuchsfahrzeuges anläßlich der Durchführung von Fahrtests in den U.S.A. im Jahre 1982 (Photo: DFVLR)

bildung, elektronisches Gaspedal, Zündverstellung und Wassereinspritzung erleichterten infolge ihrer Flexibilität in der Anpassung den Versuchsbetrieb erheblich, bestätigte voll die ursprünglich in sie gesetzten Erwartungen und führten zu der Erkenntnis, daß die Entwicklung zukünftiger Wasserstoff-Fahrzeuge in sehr starkem Maße durch die Elektronik bestimmt sein wird.

Das Versuchsfahrzeug wurde 1982 auf öffentlichen Straßen in den U.S.A. mit flüssigem Wasserstoff gefahren sowie in und um *Los Alamos* (New Mexico) einem Versuchsprogramm einschließlich Höhentests (2300–3000 m Seehöhe) unterzogen[23]. Die insgesamt gefahrene Strecke betrug dabei etwa 3200 km (Abb. 74). Tabelle 27 zeigt typische Daten hinsichtlich Beschleunigung und Kraftstoffverbrauch (vgl. [63, 66].

Aus dem Beschleunigungsverhalten ist zu entnehmen, daß die Motorleistung für Benzin- und Wasserstoffbetrieb unter den in Los Alamos herrschenden Bedingungen etwa den gleichen Wert aufwies. Der Turbolader, welcher vornehmlich eingebaut wurde, um zwecks Vermeidung von erhöhter Stickoxidemission ohne erhebliche Leistungseinbuße mit magerem Gemisch fahren zu können, konnte demzufolge unter Höhenbedingungen die bei äußerer Gemischbildung mit Wasserstoff bedingte Leistungseinbuße gegenüber Benzinbetrieb wettmachen. Dies wird durch die Tatsache gestützt, daß sowohl bei Benzin- als auch bei Wasserstoffbetrieb an langen, etwa 4%igen Steigungen eine Geschwindigkeit von über 130 km/h gehalten werden konnte, wobei die Klopfgrenze noch nicht erreicht war. Zu diesem Zweck wurde, um etwaige Gefährdung des Motors zu vermeiden, dem Wasser als Antiklopfzusatz etwa 20 Vol.% tertiärer

[23] Ermöglicht wurde dies durch aktive Unterstützung in erheblichem Umfang von Seiten der Bayerischen Motorenwerke AG.

Tabelle 27. *Beschleunigung*[11] *und spezifischer Kraftstoffverbrauch des DFVLR-Versuchsfahrzeuges*

Beschleunigung[1]	Wasserstoffbetrieb	Benzinbetrieb
0 – 90 km/h[1]	17 s (16,2 s)[3]	11 s (10,5 s)[3]
0 – 100 km/h[2]	19,5 s[10] (14 s)	19 s (13,75 s)[3]
Leergewicht (fahrbereit)	1350 kg	1250 kg
Gesamtgewicht	1510[7] kg 1630[8] kg	1510[7] kg 1630[8] kg
Kraftstoffverbrauch	ca. 60 l/100 km	
	1,7 km/l	–
A: DFVLR-Teststrecke[4]	1,4 kWh/km	–
Reichweite je Tankfüllung	ca. 200 km	
B: ECE-Zyklus[5]	ca. 40 l/100 km 2,5 km/l 0,944 kWh/km	 –
Reichweite je Tankfüllung	ca. 300 km	
C: Testprogramm in den U.S.A.[6]	ca. 32 l/100 km[10] 3,13 km/l 0,755 kWh/km	9,16 l/100 km[9] 10,9 km/l 0,96 kWh/km
Reichweite je Tankfüllung	ca. 400 km	ca. 180 km

[1] Auf DFVLR-Versuchsgelände. Lufttemperatur 20°C, Luftdruck 735 mm Hg. [2] In Los Alamos. Ausdrehen der Gänge bis 4500 U/min. Lufttemperatur 26 °C, Luftdruck 588 mm Hg. [3] Reduziert auf Meeresniveau und 20 °C. [4] „DFVLR-Zyklus". 0,12 kWh/kg 1000 kg, ohne Leerlauf, mittlerer Motorwirkungsgrad einschließlich Kraftübertragung $\eta_M = 0{,}18$. [5] 0,0814 kWh/km, ohne Leerlauf, B aus A berechnet. [6] Gemittelte Werte. [7] Einschließlich Fahrer- und Beifahrer. [8] Einschließlich Gepäck, Ersatzteilen und Benzinreserve. [9] „Regular, unleaded". [10] Mit Turbolader. [11] Die Geschwindigkeitsangaben wurden gegenüber früher veröffentlichten Daten korrigiert, weil eine Überprüfung des Tachometers im fraglichen Geschwindigkeitsbereich ein Nacheilen um ca. 10 km/h ergab.

Butylalkohol beigemischt. Dabei wurde festgestellt, daß durch diese Maßnahme die einzuspritzende Wassermenge im Vollastbereich erheblich reduziert werden konnte.

Die Beschleunigungswerte über Benzinbetrieb in *Los Alamos* und auf dem DFVLR-Versuchsgelände sind nicht kompatibel, selbst wenn man das unterschiedliche Fahrzeuggesamtgewicht und die auf Meeresniveau und 20 °C Lufttemperatur reduzierten Werte zum Vergleich heranzieht. Die Erklärung liegt vermutlich in einer als Folge des niedrigen Luftdruckes (588 mm Hg) nicht optimalen Anpassung der L-Jetronic oder aber in einer bezüglich des verwendeten Kraftstoffes (regular unleaded) nicht optimalen Zündverstellung.

Da die Verwendung des Turboladers im Versuchsfahrzeug recht befriedigende Fahrleistungen ergab, besteht die Möglichkeit einer weiteren Verbesserung durch die Anwendung getakteter kryogener Gemischbildung (Wasserstofftemperatur 40–60 K), welche nach den bisherigen Versuchsergebnissen unkontrollierte Frühzündung und NO_x-Emission vermindert sowie Wassereinspritzung entbehrlich macht.

Versuchsfahrzeug erstellt in Zusammenarbeit von LASL-NMEI-DFVLR (1979/80): Im Rahmen eines vom *U.S. Department of Energy* geförderten Projekts wurde in Zusammenarbeit zwischen dem *Los Alamos Scientific Laboratory*[24], dem *New Mexico Energy Institute* und der *Deutschen Forschungs- und Versuchsanstalt für Luft- und Raumfahrt* ein Versuchsträger erstellt, welcher einerseits den Stand der Technik des flüssigen Wasserstoffs hinsichtlich Anwendung im Kraftfahrzeug einschließlich Betankung und Handhabung demonstrieren und andererseits aufgrund der Testergebnisse Richtlinien und Empfehlungen für weitere Entwicklungen auf diesem Gebiet ermöglichen sollte [79, 90, 91, 92, 93].

Die Koordinierung des Projekts einschließlich Leitung, Versuchsbetrieb und Versuchsdurchführung lag beim LASL, während das Versuchsfahrzeug, ein 1979 *Buick Century* mit einem 3,9 Liter 6 Zylinder-Motor mit Turbolader und automatischem Getriebe vom NMEI bereitgestellt wurde. Von seiten der DFVLR wurde zunächst ein ursprünglich für ein anderes Projekt vorgesehener, aus Aluminium gefertigter Tank für flüssigen Wasserstoff (Abb. 75)[25] sowie eine halbautomatische Betankungseinrichtung (s. Abb. 82) einschließlich der benötigten elektronischen Ausrüstung zur Verfügung gestellt [77, 80].

Die im Auftrag des LASL von der *Billings Energy Corporation* (Independence, Missouri) durchgeführte Umstellung des Motors auf äußere Gemischbildung mit Füllungsregelung umfaßte neben der Adaptierung des Fahrzeuges als Minimalprogramm im wesentlichen die Installation eines *Impco*-Gasmischers auf dem Vergaser, wobei letzterer einschließlich der ursprünglichen Benzinkraftstoffpumpe für die Wassereinspritzung modifiziert wurde, die Anpassung der Zündverstellung sowie Abstimm- und Prüfstandarbeiten. Die Inbetriebnahme erfolgte im Mai 1980, und das Fahrzeug konnte nach Überwindung geringfügiger Anfangsprobleme erfolgreich bis Juli 1982 in *New Mexico* bzw. im Raum *Los Alamos* eingesetzt und auch in verschiedenen Städten in den U.S.A. erfolgreich demonstriert werden.

Zu bemerken ist, daß infolge der Höhenlage von *Los Alamos* das Beschleunigungsverhalten des Fahrzeugs nicht völlig zufriedenstellend war. Der Turbolader, welcher in der Benzinversion das Kraftstoff-Luft-Gemisch verdichtete und naturgemäß an das Wasserstoff-Luft-Gemisch nicht angepaßt war, konnte deshalb den infolge Höhenlage und äußerer Gemischbildung bedingten Leistungsverlust offenbar nur zum Teil beheben.

Im Laufe des Versuchsprogramms wurde ferner ein in Zusammenarbeit zwischen dem LASL und der DFVLR entwickelter und gefertigter zylindrischer Tank für flüssigen Wasserstoff eingesetzt (Abb. 76), welcher das Volumen im

---

24 Seit 1981 *Los Alamos National Laboratory.*

25 Für die freundliche Genehmigung zur Veröffentlichung der Abb. 67, 75 und 76 ist der Verfasser dem Los Alamos National Laboratory und insbesondere W. F. Stewart zu besonderem Dank verpflichtet.

Abb. 75. Ansicht des im Kofferraum des Los Alamos Versuchsfahrzeuges montierten, von der DFVLR bereitgestellten Tanks für flüssigen Wasserstoff (Photo: Los Alamos National Laboratory)

Abb. 76. Ansicht des im Kofferraum des Los Alamos Versuchsfahrzeuges montierten, gemeinsam von der DFVLR und dem Los Alamos National Laboratory entwickelten Experimentiertanks für flüssigen Wasserstoff (Photo: Los Alamos National Laboratory)

Kofferraum des Versuchsfahrzeuges besser ausnutzte [90, 91]. Der aus Aluminium gefertigte Außenbehälter dieses Experimentaltanks ist aus Gründen der Zugänglichkeit mit Flanschen versehen ausgeführt. Der Innenbehälter besteht aus Edelstahl mit einem Fassungsvermögen von 155 Litern flüssigem Wasserstoff und ist von zwei abgasgekühlten, mit Superisolation belegten Strahlungsschilden aus Kupfer umgeben [80, 93]. Diese Ausführung bedingte das relativ hohe Gewicht des Tanks von 156 kg einschließlich der Armaturen. Die Verdampfungsrate beträgt etwa 4% pro Tag.

Tabelle 28. *Typische Daten des LASL-Versuchsfahrzeuges* (s. [90, 91])

		Wasserstoff	Benzin
Beschleunigung von 0 auf 80 km/h	(s)	16,8[1]; 24,8[2]	14,4[3]
Gewicht, fahrbereit	(kg)	1610; 1715	1520
Kraftstoffverbrauch	l/100 km	41,3[4]	13,8[5]
	km/l	2,42	7,23
	kWh/km	0,84	1,21
Stickoxidemission	g/km	0,04; 3,7[6]	0,37–0,5[8]
Reichweite je Tankfüllung	(km)	274[4]; 362[4,7]	483
Gesamte, akkumulativ gefahrene Strecke	(km)	3633	–

[1] In Independence, Missouri, Seehöhe 229 m; [2] Los Alamos, New Mexico, Seehöhe 2225 m; [3] Im Raum um Los Alamos, bestimmt an einem ähnlichen Buick-Regal; [4] Überlandverkehr um Los Alamos, nach Santa Fé und Albuquerque; [5] Angaben der Umweltschutzbehörde; [6] Bei Leerlauf bzw. Vollast, keine Mittelwerte; [7] Zweiter Tank; [8] Angaben des Herstellers als Mittelwert über einen Standard-Fahrzyklus.

Die Betankung des Fahrzeuges (insgesamt 65 Betankungen) erfolgte teilweise über die DFVLR-Betankungseinrichtung und insbesondere außerhalb von Los Alamos behelfsmäßig mit Hilfe eines transportablen Speicherbehälters für flüssigen Wasserstoff [79, 87, 90, 91]. Betankungszeiten bei kaltem Fahrzeugtank von 9 Minuten (14,5 g LH_2/s) bei einer durch das Kaltfahren der Leitungen bedingten Verdampfung von 9,1 l LH_2, entsprechend einem Füllungswirkungsgrad von 92%, konnten ohne Betankungseinrichtung bzw. von 88% mit Betankungseinrichtung erreicht werden. Der Verlust von 9,1 l LH_2 ohne Betankungseinrichtung ist auf das Kaltfahren einer entsprechend massiven, für wesentlich größere Durchflußmengen bestimmten Verbindungsleitung zu dem großen Speichertank von ca. 50 000 l LH_2 zurückzuführen, von welchem aus in *Los Alamos* die Betankung vorgenommen wurde. Bei entsprechender, kleinerem Durchsatz angepaßter Leitung wäre daher ein erheblich höherer Füllungswirkungsgrad zu erwarten.

Im wesentlichen konnten die Ziele des Projektes, nämlich der Versuchsbetrieb eines Fahrzeuges mit flüssigem Wasserstoff unter normalen Verkehrs- und Straßenbedingungen einschließlich der Sammlung von technischen Daten und Meßergebnissen, zusammen mit der Demonstration des Fahrzeuges und seiner Betankung, sowie die Erarbeitung von Empfehlungen für weitere Forschungs- und Entwicklungsarbeiten erreicht werden. Fahrzeug und Tankstelle wurden mittlerweile dem „*Institute for Hydrogen Systems*“ (IHS) in Toronto für weiterführende Untersuchungen zur Verfügung gestellt.

Versuchsfahrzeuge des Musashi Institute of Technology mit innerer Gemischbildung (1980–82): Im Jahre 1980 wurde anläßlich der 3. Weltwasserstoff-Konferenz in Tokio ein Fahrzeug mit 3-Zylinder-Zweitaktmotor und elektrischer Zündung (*Musashi* IV) [81] und anläßlich der Weltwasserstoff-Konferenz 1982 in Pasadena ein solches mit 3-Zylinder-Zweitakt-Dieselmotor und Glühkerzen als Zündhilfe vorgestellt (*Musashi* V) [84] (Abb. 77).

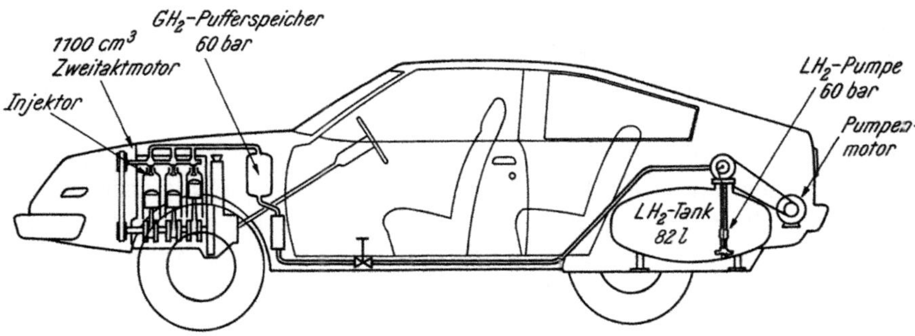

Abb. 77. Prinzipaufbau und kryogenes System des Versuchsfahrzeuges Musashi 5 (LH_2-Diesel) (Photo: Musashi Institute of Technology)

Ausgehend von der Erkenntnis, daß bei Zweitaktmotoren äußere Gemischbildung praktisch ausgeschlossen ist, da während des Ladungswechsels eine mehr oder weniger intensive Vermischung von Frischgas und Abgas stattfindet, was beim Wasserstoff-Luft-Gemisch zu unkontrollierter Frühzündung führt, wurde versucht, Zweitaktmotoren mit reiner Luftspülung und innerer Gemischbildung zu betreiben [54, 83, 87].

Die Ergebnisse zeigen, daß die Restgase beim Ladungswechsel des Zweitaktmotors der Abgasrezirkulation beim Viertaktmotor entsprechen, wodurch ohne zusätzliche Maßnahmen eine wesentlich geringere Stickoxidemission als beim Viertaktmotor mit innerer Gemischbildung erreicht werden kann. Klopfen und insbesondere unkontrollierte Frühzündung kann durch Einblasen von kaltem Wasserstoffgas positiv beeinflußt werden. Es zeigte sich jedoch, daß bei „früher Einblasung“, d.h. unmittelbar nach Schließen des Einlaßschlitzes durch den Kolben, bei einer Wasserstoffeinlaßtemperatur unterhalb etwa 210 K, Wirkungsgrad und Leistung des verwendeten Motors (1100 cm^3) als Folge geringerer Verbrennungsgeschwindigkeit des kalten Wasserstoffgases und dadurch bedingter Verringerung des Spitzendrucks einschließlich des Auftretens zyklischer

Druckschwankungen stark abnahmen. Bei den Fahrzeugen *Musashi* III (539 cm^3 3-Zylinder-Zweitaktmotor des *Suzuki* CERVO) und *Musashi* IV (1100 cm^3) konnte dies durch Einblasung von kaltem Wasserstoff mit einer Temperatur oberhalb 150 K vermieden werden [81]. Darüber hinaus war es infolge der Einblasung von kaltem Wasserstoff möglich, die Verdichtung von etwa 1:6,9 bei Benzinbetrieb auf 1:8 mit Wasserstoffbetrieb zu erhöhen und damit Werte für Leistung und Wirkungsgrad zu erhalten, die höher waren als bei Benzinbetrieb. Darüber hinaus wurde die Stickoxidemission auf etwa 60% gegenüber Benzinbetrieb reduziert.

Die Wasserstoffeinblasung erfolgte über je ein Ventil pro Zylinder, welches mechanisch von einer Nockenwelle betätigt wurde. Ventile und Nockenwelle sind auf dem Zylinderkopf angeordnet.

Ein wichtiges Problem, nämlich die Erzeugung des erforderlichen Einspritzdruckes von etwa 10 bar an Bord des Fahrzeuges, was für gasförmigen Wasserstoff einen größeren Kompressor mit entsprechend großer Antriebsleistung erfordern würde, konnte durch Entwicklung einer kleinen kompakten Kolbenpumpe für flüssigen Wasserstoff gelöst werden [81]. Die Kaltseite dieser über einen 70 W-Elektromotor angetriebenen Pumpe befindet sich im Tank direkt im flüssigen Wasserstoff. Beim Musashi III wurde ein zylindrischer Tank verwendet, während Musashi IV einen in Flachbauweise entworfenen Edelstahltank ähnlich dem des DFVLR-Versuchsfahrzeuges verwendet. Diese Pumpenanordnung wurde gewählt, weil infolge der engen einzuhaltenden Toleranzen zwischen Kolben und Zylinderwand einwandfreier Pumpenbetrieb nur im Bereich der Auslegungstemperatur von 20 K möglich ist und auf diese Weise die kritische Phase des Kaltfahrens der Pumpe bei kaltem Tank vermieden werden kann. Als Folge dieser Anordnung muß allerdings eine wesentlich erhöhte Verdampfungsrate des Wasserstoffs im Speicherbehälter in Kauf genommen werden.

Die Weiterentwicklung dieser Pumpe für flüssigen Wasserstoff ermöglichte schließlich einen Einblasedruck von 60 bar und damit „späte Einblasung" in der Nähe des oberen Totpunktes. Im Musashi V wird ein Dreizylinder-Zweitaktmotor von 1,1 Liter Hubraum und einer Verdichtung von 1:12 verwendet, der mit Platin-Glühkerzen (1300 K) katalytische Zündung des Wasserstoff-Luft-Gemisches[26] und damit erstmalig dieselähnlichen Betrieb eines Fahrzeuges mit Wasserstoffmotor demonstrierte [84] (Abb. 78).

Entwicklungen am kryogenen Kraftstoffsystem

1. Hochdruckpumpe für flüssigen Wasserstoff

Innere Gemischbildung mittels Hochdruckeinblasung ist auch für Viertaktmotoren von erhöhter Bedeutung, weil bei „später Einblasung" (LIRIAM, s. S. 139) und gesteuerter Verbrennung erhebliche Verbesserungen hinsichtlich

---

[26] Die Zündtemperatur des Wasserstoff-Luft-Gemisches liegt um etwa 100 K höher als bei Dieselkraftstoff-Luft. Wie Versuche zeigten, ist Dieselbetrieb bei Wasserstoff ohne entsprechende Hilfseinrichtungen nicht möglich [94–98]; vgl. auch Varde, K. S., Frame, G. A.: Hydrogen Aspiration in a Direct Injection Type Diesel Engine – its Effects on Smoke and Other Engine Performance Parameters. Int. J. Hydrogen Energy *8*, 549–555 (1983).

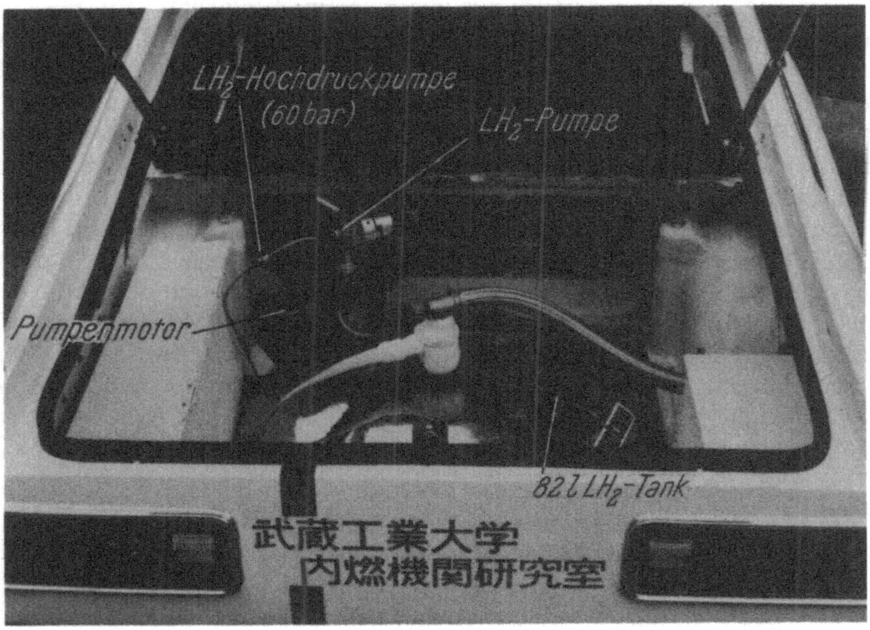

Abb. 78. Ansicht des LH_2-Tanks mit LH_2-Hochdruckpumpe im Heck des Versuchsfahrzeuges Musashi 5 (Photo: Musashi Institute of Technology)

Stickoxidemission, unkontrollierter Frühzündung und Klopfen zu erwarten sind. Demzufolge befassen sich laufende Entwicklungsarbeiten mit der Erhöhung des Einblasedruckes auf über 100 bar, mit der Erhöhung von Zuverlässigkeit und Lebensdauer sowie mit der optimalen Anordnung der Pumpe innerhalb des Kraftstoffsystems [63, 82]. Die derzeit erforderliche Anordnung im Kraftstofftank ist unbefriedigend, weil aus Gründen der Zugänglichkeit und Wartungsmöglichkeit eine weite Öffnung zum Einsetzen der Pumpe erforderlich ist, was zusammen mit der Pumpe ein unzulässig hohes Wärmeleck des Tanks zur Folge hat. Eine Anordnung der Pumpe als getrennte Einheit außerhalb des Tanks ist deshalb anzustreben. Dies bringt eine Reihe zusätzlicher Probleme, die mit der Aufwärmung der Pumpe bei abgestelltem Fahrzeug, dem Kaltfahren beim Start und der im Interesse kurzer Kaltfahrzeit erforderlichen, möglichst kleinen Wärmekapazität, d.h. geringstmöglichem Materialaufwand auf der Kaltseite der Pumpe, zusammenhängen.

2. Kraftstofftank

Aufgrund der Erfahrungen mit den Tanks der DFVLR- bzw. LASL-DFVLR-Versuchsfahrzeuge konnten im Rahmen laufender Projekte[27] Kraftstofftanks entwickelt werden, welche eine Verdampfungsrate von etwa 2% je Tag und dem

---

[27] Im Rahmen einer Kooperation zwischen der Daimler Benz AG und der DFVLR, welche die Demonstraton LH_2-betriebene: Versuchsfahrzeuge und damit zusammenhängende Forschungs- und Entwicklungsarbeiten zum Ziele hat.

entsprechend bei etwa 10%iger Füllung eine Druckaufbaurate von etwa 0,05 bar/h (20 h/bar) bzw. 0,03 bar/h (30 h/bar) bei etwa 85% Füllung aufweisen.

Dem entspricht bei einer Druckdifferenz von etwa 2 bar zwischen minimalem und maximalem Betriebsdruck (Ansprechen der Sicherheitsventile bei etwa 3,5 bar Überdruck) ein Zeitraum von etwa 40–60 Stunden (Druckaufbauzeit), innerhalb dessen bei ruhendem Fahrzeug keinerlei Verluste durch Abblasen der Sicherheitsventile auftreten. Da nach dieser Zeit der Verdampfungsrate des Tanks entsprechend gasförmiger Wasserstoff an die Luft austritt, könnte das Parken eines derartigen Fahrzeuges in geschlossenen, schlecht belüfteten Räumen (Garagen) sicherheitstechnische Probleme mit sich bringen. In dieser Hinsicht ist daher eine weitere Erhöhung der Druckaufbauzeit bzw. eine Verringerung des Wärmelecks durchaus wünschenswert. Da es heute im Laboreinsatz Speicherbehälter mit abgasgekühlter Superisolation für flüssigen Wasserstoff gibt, die bei einem Füllvolumen zwischen 100 und 200 Litern Abdampfraten von 0,5% je Tag aufweisen (vgl. Abb. 79), sind weitere Verbesserungen

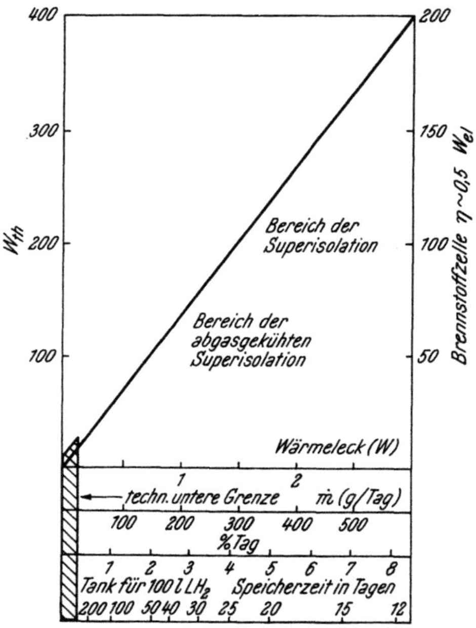

Abb. 79. Abdampfraten von LH_2-Speichertanks und die im abdampfenden Wasserstoff enthaltene Energie

durchaus möglich. Da die Aufhängung des Innenbehälters zufolge Wärmeleitung hier bereits erheblich zum gesamten Wärmeleck beiträgt, dürfte durch magnetische Aufhängung eine weitere Reduzierung der Abdampfrate des Innenbehälters [99] auf etwa 0,25% je Tag erreichbar sein, was in etwa die Grenze der technischen Möglichkeiten darstellen dürfte. Der dabei notwendigerweise immer noch abdampfende Wasserstoff kann zur Speisung einer kleinen Brennstoffzelle dienen [6, 65, 66, 77], die bei nicht in Betrieb befindlichem Fahrzeug zur Ladung der Fahrzeugbatterie dient bzw. im Fahrbetrieb den rotierenden elektrischen Generator überhaupt ersetzen könnte. Letzteres wäre aus energetischen Gründen durchaus vorteilhaft, weil heute der auf den Kraftstoff bezogene Gesamtwirkungsgrad der elektrischen Energieerzeugung beim Kraftfahrzeug im Stadtverkehr sehr niedrig ist (Abb. 80) und infolge des höheren Wirkungsgrades der Brennstoffzelle eine zwar relativ geringe, aber dennoch fühlbare Kraftstoffersparnis möglich wäre. Die für die Anwendung dieses Verfahrens erforderlichen kleinen und kraftfahrzeugtauglichen Brennstoffzellen sind bislang allerdings nicht verfügbar.

Eine weitere Möglichkeit, die Abgabe von verdampftem Wasserstoff an die Umgebung zu vermeiden, bestünde darin, einen kleinen Hydrid-Hilfsspeicher zu installieren, welcher im Falle einer Abdampfrate des Kraftstofftanks von 0,5% je Tag (etwa 100 g Wasserstoff je Tag) beispielsweise nur etwa 2 kg Speichermaterial in Form von Magnesium benötigen würde, um über 48 Stunden hindurch den abdampfenden Wasserstoff aufzunehmen[28]. In Fortführung des Konzeptes könnte ein derartiger Hilfsspeicher ferner als Notreserve bei leergefahrenem Flüssigwasserstofftank dienen.

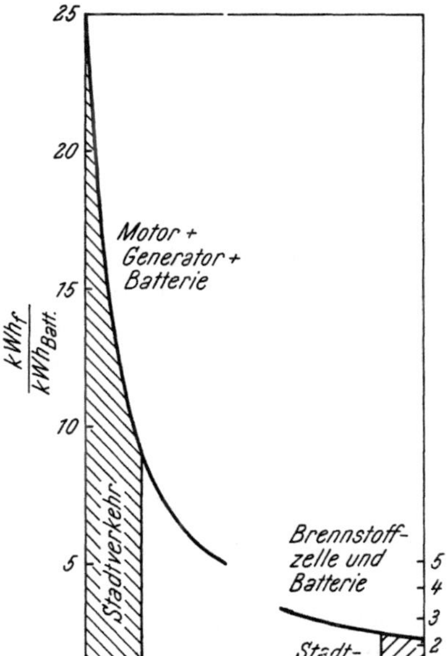

Abb. 80. Aufwand an Kraftstoff (kWh_f) zur Erzeugung elektrischer Energie an Bord von Kraftfahrzeugen, bezogen auf die in der Batterie gespeicherte elektrische Energie (kWh_{Batt}). Vergleich des Gesamtwirkungsgrades zwischen konventionellem Verfahren und Brennstoffzelle

[28] Während der Fahrt wird dann dieser gespeicherte Wasserstoff mittels Wärmezufuhr über das Abgas freigesetzt und zusätzlich zu dem aus dem LH_2-Tank entnommenen Kraftstoff dem Motor zugeführt, wodurch die auf Seite 146 die bei reiner Hydridspeicherung auftretenden energetischen Probleme vermieden werden.

3. Hochdruck-Einblaseventile

Eine wesentliche Voraussetzung für äußere getaktete Gemischbildung sowie für innere Gemischbildung sind zuverlässige Einblaseventile mit entsprechend langer Lebensdauer und möglichst geringer Leckrate. Während für äußere Gemischbildung ferner eine Hauptforderung in entsprechend großem Öffnungsquerschnitt des Ventils liegt, um während der typischen Öffnungszeiten von 3–5 ms den zur Verbrennung nötigen Kraftstoff zu liefern (typischer Wert 100 cm^3 unter Umgebungsdruck), liegen bei innerer Gemischbildung die diesbezüglichen Forderungen in der Bewältigung der großen Ventilkräfte und in der Lebensdauer des in Kontakt mit dem Brennraum stehenden Ventilsitzes bzw. Ventilkegels [100].

Für äußere Gemischbildung wurde über eine Reihe von Lösungsvorschlägen und Erfahrungen berichtet, die von direkter mechanischer Steuerung mittels Nockenwelle über rein elektrische Betätigung hin bis zur kombinierten elektrohydraulischen Funktion reichen [101, 102, 103]. Für innere Gemischbildung kommen nach bisheriger Erkenntnis nur mechanische Steuerung über eine Nockenwelle oder aber hydraulische Steuerung in Betracht. Diese Erfahrungen können durch Entwicklungen bei kryogener Gemischbildung modifiziert werden, wo infolge der wesentlich höheren Dichte des kalten gasförmigen Wasserstoffs erheblich geringere Öffnungsquerschnitte und damit kleinere bewegte Massen zulässig sind [63].

Fahrzeugbetankung

Während die Handhabung großer Mengen von flüssigem Wasserstoff bei der Füllung bzw. Entleerung von Tankfahrzeugen und Großbehältern bzw. von Raketentanks Stand der Technik ist und dort von speziell ausgebildetem Personal vorgenommen wird, sind die Probleme beim Betanken von Kraftfahrzeugen völlig anders geartet. Im Gegensatz zum großtechnischen Umgang mit Wasserstoff kann nicht vorausgesetzt werden, daß technisch geschultes Personal die Betankung vornimmt. Da ferner die handzuhabenden Wasserstoffmengen und Massenflüsse beim Betanken eines Kraftfahrzeuges um Größenordnungen kleiner sind als im großtechnischen Bereich, sind im allgemeinen dort entwickelte Komponenten und Verfahren nicht ohne weiteres übertragbar. Beispielsweise spielt die Wärmekapazität von Leitungen, Ventilen usw. bei den großen Mengen und Massenflüssen, wie sie beim Befüllen von Transportfahrzeugen und Großbehältern auftreten, eine relativ untergeordnete Rolle. Bei der Betankung von Kraftfahrzeugen, wo in entsprechenden zeitlichen Abständen etwa 120 bis 150 Liter im angestrebten Zeitraum von etwa 5 Minuten umgefüllt werden sollen, sind die Wärmekapazität der Betankungseinrichtung einschließlich Ventilen, Metallschläuchen, Leitungen sowie deren Strömungsverluste von dominierendem Einfluß. Aus Mangel an entsprechender Nachfrage sind geeignete Komponenten nicht auf dem Markt erhältlich und müssen bei Bedarf entwickelt werden.

Die Lösung der hier beschriebenen Probleme kann jedoch durch Entwicklung einer mikroprozessorgesteuerten vollautomatischen Betankungseinrichtung erreicht werden, wo der Benutzer lediglich die Verbindung zum Kraftfahrzeugtank herzustellen, den Betankungsvorgang zu starten und nach Beendigung desselben die Verbindung zum Fahrzeug wieder zu lösen hat. Dabei müssen an das automatische System im wesentlichen folgende Anforderungen gestellt werden:

1. Fehlbedienungen dürfen zu keiner gefährlichen Situation führen. Insbesondere ist das Austreten von flüssigem Wasserstoff an die Luft zu vermeiden.
2. Der Betankungsvorgang muß bei Versagen der Elektronik oder der wasserstofführenden Leitungen automatisch gestoppt werden.
3. Die Betankung muß automatisch gestoppt werden, wenn der Fahrzeugtank gefüllt ist.
4. Der Betankungsvorgang muß jederzeit durch Kommando von außen gestoppt werden können, d.h. Teilbetankung muß möglich sein.
5. Wasserstofführende Leitungen und Ventile müssen vor Eindringen von Luft und Feuchtigkeit geschützt sein.
6. Starten des Motors und damit Wegfahren des Fahrzeuges muß automatisch unterbunden sein, solange Verbindung zwischen Fahrzeug und Zapfsäule besteht.
7. Verbindungen zwischen Zapfsäule und Fahrzeug sollen während des Betankungsvorganges nicht gelöst werden können.

Diese Bedingungen sind mit den Mittel und Möglichkeiten erfüllbar, welche der heutige Entwicklungsstand der Elektronik bietet.

Erste Überlegungen in dieser Richtung stammen von *F. J. Edeskuty* und *W. F. Stewart* , 1973 [6], konnten aber damals nicht weitergeführt werden. Von der DFVLR wurde 1978 eine halbautomatische Betankungseinrichtung demonstriert, die mit Ausnahme der Punkte 6 und 7 die hier angegebenen Voraussetzungen im wesentlichen erfüllt [77, 82, 90]. Da jedoch während des Betankungsvorganges noch zwei manuelle Bedienungsvorgänge durchgeführt werden müssen, entspricht diese Betankungseinrichtung, deren Prinzip in Abb. 81 dargestellt ist, noch nicht dem angestrebten vollautomatischen System.

Unter Druck befindlicher (1,5 bar) flüssiger Wasserstoff gelangt von Hauptspeicher über die Leitung A, ein kryogenes Magnetventil CSV_1 und ein Rückschlagventil V_1 über die flexible vakuumisolierte Fülleitung in den Fahrzeugtank. Beim Betankungsvorgang entstehender gasförmiger Wasserstoff strömt durch die vakuumisolierte flexible Rückgasleitung über das Rückschlagventil V_2 und das kryogene Magnetventil CSV_2 über die Leitung B zwecks weiterer Verwendung zurück zu einem Aufnahmesystem.

Die gesamte Ventilanordnung befindet sich zwecks thermischer Isolation im Vakuum (Ventilkammer, gestrichelt gekennzeichnet). Zur Vermeidung des Ausströmens von Wasserstoff bei Fehlbedienung wird über eine Vakuumpumpe und die Magnetventile SV_3 und SV_4 das wasserstofführende Leitungssystem evakuiert und über einen Vakuumsensor *VS* kontrolliert. Nur im Falle einwandfreier Kopplung der Betankungsschläuche mit den Füllstutzen am Tank, d.h. bei Erreichen eines vorgegebenen Vakuums in den wasserstofführenden Leitungen wird die nach Starten des Betankungsvorganges durch Knopfdruck eingeleitete Betankungssequenz vom Mikroprozessor freigegeben. Durch Leuchtfelder an der Zapfsäule werden dem Benutzer auszuführende Handgriffe ange-

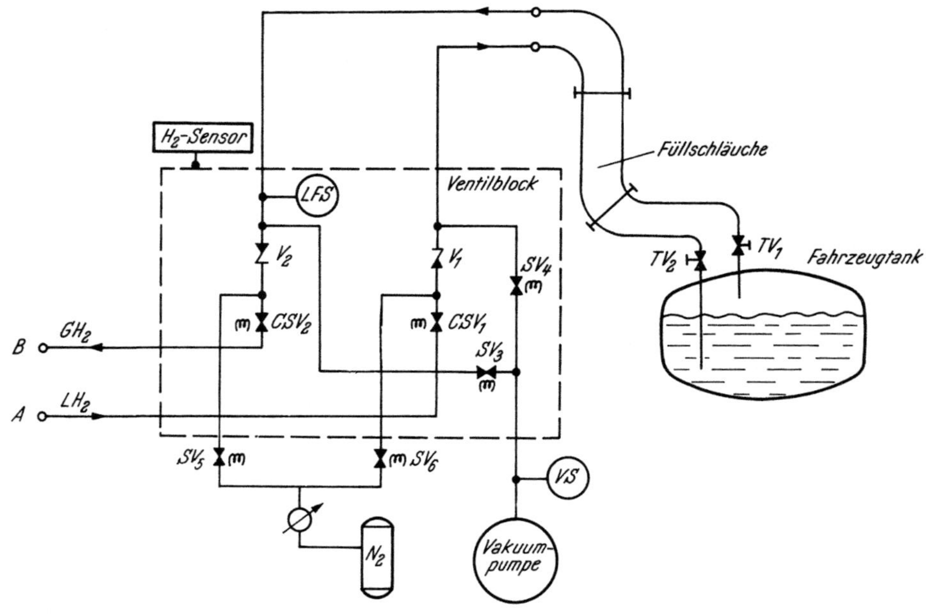

Abb. 81. Prinzip der Tankstelle für flüssigen Wasserstoff

zeigt. Insbesondere müssen nach Starten des Betankungsvorganges und Freigabe der Betankungssequenz die auf dem Fahrzeugtank befindlichen Ventile TV_1 und TV_2 geöffnet werden, womit die Befüllung des Tanks läuft. Bei gefülltem Fahrzeugtank strömt flüssiger Wasserstoff in die Rücklaufleitung, wodurch über einen Flüssigphasensensor *LFS* die Ventile CSV_1 und CSV_2 automatisch geschlossen werden. Dem Benutzer wird über Leuchtschrift angezeigt, die Tankventile TV_1 und TV_2 zu schließen. Danach werden die wasserstofführenden Leitungen von der Vakuumpumpe über die Ventile des SV_3 und SV_4 evakuiert, wobei überprüft wird, ob die Tankventile TV_1 und TV_2 auch tatsächlich geschlossen wurden. War dies nicht der Fall, bleibt die Betankungssequenz unterbrochen. Bei geschlossenen Tankventilen werden nach Erreichen des Vakuums die Wasserstoffleitungen mit trockenem gasförmigem Stickstoff über die Ventile SV_5 und SV_6 geflutet. Durch Leuchtschrift wird dem Benutzer das Ende des Tankvorganges gemeldet.

Bei Teilbetankung wird der Füllvorgang durch Knopfdruck unterbrochen und der Benutzer im Schriftfeld aufgefordert, die Tankventile TV_1 und TV_2 zu schließen und über Knopfdruck zu melden. Durch Evakuierung wird geprüft, ob die Ventile auch tatsächlich geschlossen wurden. Bei positivem Ergebnis wird wie oben beschrieben die Sequenz mit Fluten der evakuierten Leitungen mittels gasförmigem Stickstoffs fortgesetzt.

Durch Überwachung des zur thermischen Isolation dienenden permanenten Vakuums der Ventilkammer und dem damit verbundenen Vakuumzwischenraum der flexiblen Füll- und Rückgasleitung wird sichergestellt, daß bei einem Schlauchbruch (Vakuumverlust) die gesamte Anlage abgeschaltet und das Austreten von Wasserstoff in die Atmosphäre unterbunden wird.

Zwei Anlagen dieser Art wurden nach Entwicklung der entsprechenden Komponenten, d.h. insbesondere von zuverlässigen Magnetventilen geringer Wärmekapazität (geringer Masse), welche bei tiefen Temperaturen im Hochvakuum arbeiten müssen, gebaut. Eine davon (Abb. 82) wurde im Rahmen des gemeinsamen Projekts zwischen LASL und der DFVLR zur Betankung des Versuchsfahrzeuges eingesetzt [91, 92, 93]. Anstelle beleuchteter Schriftfelder wurden als einzige Modifikation bewegliche Anzeigetafeln benutzt, um Lesbarkeit bei hellem Sonnenlicht zu gewährleisten.

Abb. 82. Ansicht einer halbautomatischen Betankungseinrichtung für flüssigen Wasserstoff. Die hier gezeigte Anlage wurde im Rahmen eines gemeinsamen Programmes zwischen dem Los Alamos National Laboratory und der DFVLR in den U.S.A. eingesetzt (Photo: DFVLR)

Derzeit laufende Untersuchungen führten zur Entwicklung einer Betankungsvorrichtung, welche auch die Punkte 6 und 7 (S. 169) erfüllt und vollautomatisch arbeitet. Letzteres erfordert die Anbringung von Magnetventilen am Fahrzeugtank sowie eine elektrische Verbindung zwischen Zapfstelle und Fahrzeug über eine Steuerleitung. Über letztere kann gleichzeitig das Starten des Fahrzeugmotors während der Betankung unterbunden werden. Eine Blockierung der Verbindungen zum Fahrzeug kann während des Betankungsvorganges entweder elektrisch oder über Druckluft erfolgen.

Ein – derzeit allerdings nicht vordringliches – Problem besteht in der

Messung der an der Tanksäule gezapften Wasserstoffmenge. Bei Großanlagen für flüssigen Wasserstoff werden im allgemeinen Turbinenzähler eingesetzt, wobei allerdings der Gasanteil in der Flüssigkeit entweder äußerst gering oder aber durch entsprechende Ausbildung der Meßturbine auskompensiert werden muß. Das Problem besteht darin, aus einer Volumenmessung, die von der Turbine ausgeführt wird, auf eine Massenmessung zu schließen [104, 105, 106]. Letzteres ist nötig, weil das Volumenverhältnis Gas zu Flüssigkeit am Siedepunkt des flüssigen Wasserstoffs etwa 78 beträgt und demzufolge die durch Strömungsverluste und Wärmelecks bedingte Verdampfung auch nur eines sehr geringen Massenanteils zu einer erheblichen Fälschung der Meßergebnisse führt.

Für die kleinen Massenflüsse, wie sie beim Betanken eines Fahrzeuges auftreten, erscheint es demzufolge nahezu ausgeschlossen, die Bildung eines, wenn auch noch so geringen Gasanteils in der Strömung zu verhindern, womit dieses Meßverfahren zur Anwendung hier nicht geeignet sein dürfte. Eine Lösung dieses Problems ist hier auf der Basis einer Massenflußmessung zu erwarten, welche entweder auf Trägheitseffekten (Strömungsumlenkung, dem Anemometerprinzip (Wärmeübergang) oder Protonenspinresonanz) beruhen, wofür jedoch noch erhebliche Entwicklungsarbeit erforderlich sein wird [106, 107].

Verhalten des Kraftstoffsystems in Unfallsituationen

Über die Auswirkung von Unfallsituationen auf das LH_2-Kraftstoffsystem und daraus erwachsender spezifischer Schäden können heute noch keine verbindlichen Aussagen gemacht werden. Es bestehen einerseits Parallelen zu Flüssiggas bzw. flüssigem Methan, die aber andererseits wiederum nicht direkt mit flüssigem Wasserstoff verglichen werden können, weil sich letzterer beispielsweise bei Ausbreitung in Luft gegenüber ersteren wesentlich anders verhält. Darüber hinaus kann aus den Erfahrungen der NASA [108] im Umgang mit flüssigem Wasserstoff geschlossen werden, daß bei den bisher aufgetretenen Unfällen mit LH_2-Tankfahrzeugen der Unfallverlauf mit anderen brennbaren Flüssigkeiten wie beispielsweise Benzin, Flüssiggas oder z.B. Äthylen in vielen Fällen dramatischere Folgen gehabt hätte.

Für eine zuverlässige Beantwortung der hier angesprochenen Fragen sind die Sammlung weiterer Erfahrungen und die Durchführung entsprechender Versuchsprogramme erforderlich.

Aus der Durchführung von Freisetzungsexperimenten (Spills) mit größeren Mengen an flüssigem Wasserstoff sowie aus den Ergebnissen der im Zusammenhang mit der Verwendung von flüssigem Wasserstoff in der Luftfahrt durchgeführten Untersuchungen können jedoch trotzdem bereits Aussagen gemacht werden, welche die Meinung unterstützen, daß flüssiger Wasserstoff in dieser Hinsicht bei Abwägung seiner Vor- und Nachteile in etwa nicht schlechter abschneiden würde als Benzin oder Flüssiggas [109, 110] (vgl. ferner Kap. 9). Dies soll kurz anhand typischer Unfallsituationen skizziert werden.

1. Bildung eines zündfähigen Wasserstoff-Luft-Gemisches in geschlossenen Räumen des Fahrzeugs, insbesondere der Fahrgastkabine

Dies muß bei allen drei erwähnten Kraftstoffen möglichst verhindert werden, weil Zündquellen im Fahrzeug niemals auszuschließen sind und nach Zündung eines Gasgemisches der bei Deflagration auftretende Druckanstieg das „Umschlagen" in Detonation zur Folge haben kann. Wasserstoff könnte infolge seines weiten Zündbereiches in Luft von 4 bis 75 Vol.% im Vergleich zu Methan mit 5 bis 15 Vol.% bzw. mit Benzin 1,0 bis 7,6 Vol.% gefährlicher als letztere eingestuft werden. Demgegenüber besitzt Benzin allerdings die niedrigste untere Zündgrenze. Der volumenbezogene Gemischheitswert beträgt ferner für ein Wasserstoff-Luft-Gemisch an der unteren Zündgrenze nur etwa ein Fünftel des Wertes von Benzin-Luft, während Methan-Luft knapp unter letzterem liegt.

Bei Kraftfahrzeugen wird deshalb im allgemeinen das gesamte Kraftstoffsystem möglichst außerhalb des Fahrzeuges angebracht, wobei sich der Krafttstofftank außerhalb der Knautschzone befinden soll. Bei Fahrzeugen mit Flüssiggas befindet sich der Tank im allgemeinen im Kofferraum außerhalb der Knautschzone, wobei der Kofferraum gegenüber der Fahrgastkabine abgedichtet sein muß. Für den Fall auftretender Lecks für Versuchsfahrzeuge wird nach [111] die Anbringung von Gassensoren in der Fahrgastkabine empfohlen.

2. Beschädigung des Tanks ohne Austreten von flüssigem Wasserstoff

Die verwendeten Tanks der Versuchsfahrzeuge in *Los Alamos* bzw. bei der DFVLR stellen eine sehr steife Struktur dar (doppelwandig mit Vakuumisolation und beulsicherem Außenbehälter), welche Unfallsituationen gegenüber wesentlich widerstandsfähiger sind als die herkömmlichen, für konventionelle Kraftstoffe verwendeten dünnwandigen Tanks. Darüber hinaus halten die aus Glasfaserkunststoff (GFK) bestehenden Aufhängungen der Innentanks einer stoßartigen Beanspruchung zwischen 20 bis 30 g[29] stand. Dies wird durch die Erfahrung mit dem DFVLR-Versuchsfahrzeug bestätigt, welches anläßlich seines Aufenthaltes in den U.S.A. einen Auffahrunfall erlitt. Das stehende Fahrzeug wurde dabei etwa 7 m in eine Kreuzung hineingeschoben, Kofferraumrückwand, Kofferraumboden und linker Kotflügel waren erheblich beschädigt, der Kardantunnel wies Risse auf. Der mit flüssigem Wasserstoff gefüllte Tank sowie die Tankarmaturen überstanden diesen Unfall ohne Beschädigung.

Vakuumverlust durch Leck am Außenbehälter: Untersuchungen zeigen, daß das Isoliervermögen der Superisolation, wenngleich erheblich reduziert, selbst bei totalem Verlust des Vakuums für einen gewissen Zeitraum erhalten bleibt, so daß bei entsprechender Auslegung von Abgasleitung und Sicherheitsventilen in keinem Fall mit unzulässig hohem Druckanstieg im Tank zu rechnen ist. Beispielsweise beträgt das Wärmeleck des Tanks im DFVLR-Versuchsfahrzeug etwa 3 W und steigt wie Versuche bestätigt haben, im Falle eines Vakuumverlustes zunächst auf etwa 500 bis 1000 W an. Bei vollkommenem Verlust des Isoliervermögens – Abreißen der Isolation vom Innenbehälter – würde das Wärmeleck gemäß einer Wärmeübergangszahl von Luft auf Oberflächen, welche sich auf 20 K befinden, nach [5] (Kap. 4) etwa 40 W/m^2 K betragen. Dem entspricht bei etwa 2 m^2 Oberfläche des Innentanks ein Wärmeleck von 19 kW und eine Verdampfungsrate von ca. 40 g LH_2/s. Da der Wasserstoff durch die

---

29 $1\ g = 0{,}81\ m\ s^{-2}$.

Abgasleitung mit einer Temperatur wenig oberhalb der Siedetemperatur strömt, ist dessen Dichte relativ hoch. Sie beträgt bei 25 K und 3,5 bar etwa 0,004 g/cm³ gegenüber $9 \cdot 10^{-5}$ g/cm³ unter Normalbedingungen. Unter Berücksichtigung der sehr kleinen kinematischen Zähigkeit des Wasserstoffs bei tiefen Temperaturen ergibt sich für die übliche Abgasleitung des Innentanks (12 $\phi \times$ 1 mm) ein Druckabfall in der Größenordnung von 1 bar. Demzufolge ist bei dem angegebenen Betriebsdruck von 3,5 bar, der genügend weit vom kritischen Druck entfernt ist, bei einer derartigen Unfallsituation mit keinem unzulässig hohen Druckanstieg zu rechnen. Der Vollständigkeit halber sei erwähnt, daß bei flüssigem Helium infolge seiner geringen Verdampfungswärme (20,6 Ws/g gegenüber 443,5 Ws/g bei LH_2) die Verhältnisse wesentlich kritischer liegen.

Bruch der Aufhängungen des Innentanks mit oder ohne Vakuumverlust: In beiden Fällen ist die Annahme zulässig, daß das Wärmeleck die Verdampfungsrate und den Druckanstieg innerhalb der vorhin genannten Werte nicht überschreiten kann.

3. Beschädigung des Tanks unter Austritt von flüssigem Wasserstoff

Diese Situation kann bei Verlust des Vakuums infolge eines Lecks im Außenbehälter unter gleichzeitiger Beschädigung des Innenbehälters auftreten. Infolge der Steifigkeit der Tankstruktur ist dies nur bei einem sehr schweren Unfall, beispielsweise Überrollen des Tanks durch ein schweres Fahrzeug, bei Massenkarambolagen usw. möglich, wo im allgemeinen die auftretenden Schäden hinsichtlich ihrer Schwere nicht mehr durch die Beschädigung des Wasserstofftanks charakterisiert sind.

In diesem Falle erfolgt Austreten von flüssigem Wasserstoff, der jedoch innerhalb kürzester Zeit verdampft (s. S. 126). Da Wasserstoff, wie erwähnt, bereits bei einer Temperatur von etwa 30 K, also bei einer Erwärmung um etwa 10 K vom Siedepunkt ab in Luft Auftrieb erfährt, vermischt und verdünnt er sich beim Aufsteigen unter starker Turbulenz in Luft, so daß bei eventueller Entzündung der Wasserstoffbrand im wesentlichen auf einen Bereich oberhalb des Fahrzeuges begrenzt bleibt und innerhalb kürzester Zeit zum Erlöschen kommt. Dabei wurde angenommen, daß Wasserstoff direkt ins Freie austreten kann, was zutrifft, wenn der Tank unterhalb des Fahrzeugbodens angebracht ist. Bei den Versuchsfahrzeugen, wo sich der Tank im Kofferraum befindet, springt bei derart schweren Unfällen erfahrungsgemäß der Kofferraumdeckel auf bzw. reißt ab, so daß obige Annahme auch hier gegeben ist. Das oben beschriebene Verhalten des Wasserstoffs bei Unfällen ist dabei gegenüber dem Verhalten herkömmlicher Kraftstoffe völlig verschieden. Beispielsweise besitzt weder Benzindampf noch verdampftes Flüssiggas Auftrieb in Luft, so daß hier im Bodenbereich der Unfallstelle mit entsprechend langer Verweilzeit der Gasschwaden zu rechnen ist.

Überrollen des Fahrzeuges

Bei Ausführung des Tanks nach dem in Abb. 72 dargestellten Prinzip hat dies bei Liegenbleiben des Fahrzeuges in Umkehrlage bei unbeschädigtem Tank keine weiteren Folgen. Die Druckaufbaurate bliebe unverändert, während die

Abgasleitung flüssigen Wasserstoff führt. Bei Vakuumverlust zufolge Beschädigung des Tanks würde als Folge des Druckanstieges notwendigerweise flüssiger Wasserstoff über die Sicherheitsventile abgeblasen. Bei Anbringung der Sicherheitsventile außen am Fahrzeugboden kann jedoch der Wasserstoff ungehindert ins Freie austreten, verdampfen, sich mit der Luft vermischen und verdünnen. Die Entleerung des Behälters verläuft wegen der wesentlich höheren Dichte der Flüssigkeit (0,07 g/cm^3) in einem erheblich kleineren Zeitraum als in dem unter Punkt 2 skizzierten Fall. Es bleibt zu überprüfen, ob dieser Zeitraum ausreichend ist, um unzulässig hohen Druckanstieg zu vermeiden.

Abschließend sei noch kurz ein Unfall erwähnt, den das UCLA-Fahrzeug im Jahre 1975 beim Tranport auf einem Anhänger bei gefülltem Tank erlitt [112]. Infolge Reifenschadens am Schleppfahrzeug geriet der Anhänger außer Kontrolle, zerbrach die Anhängerkupplung, geriet von der Straße ab und überschlug sich, wobei das Flüssigwasserstoff-Fahrzeug unterhalb des Anhängers auf dem Dach liegend zur Ruhe kam (Abb. 83). Die Halterungen des Wasserstofftanks sowie

Abb. 83. Situation unmittelbar nach dem Unfall des ursprünglich auf einem Anhänger befindlichen UCLA-Fahrzeuges (vgl. [112])

der Tanks selbst blieben äußerlich unbeschädigt und – wie sich später zeigte – war auch kein Leck am Vakuummantel entstanden[30]. Infolge der Bauart des Tanks als Speicherdewar mit Hals (s. Abb. 67) kam nunmehr flüssiger Wasserstoff mit der warmen, auf Umgebungstemperatur befindlichen Halspartie des Tanks in Kontakt, was raschen Druckanstieg bewirkte, wobei rasch verdampfender flüs-

[30] Wie es die Duplizität der Ereignisse mit sich bringt, überstand das DFVLR-Versuchsfahrzeug 1984 einen nahezu in gleicher Weise ablaufenden Unfall ohne Beschädigung des Kraftstofftanks, in welchem sich zu diesem Zeitpunkt kein Wasserstoff befand.

siger Wasserstoff über das Sicherheitsventil abgeblasen wurde, Abb. 84[31]. Durch manuelles Öffnen des Ventils der Fülleitung, deren inneres Ende sich nunmehr im Gasraum befand, wurde gasförmiger Wasserstoff kurz abgeblasen und der Druck dabei bis unterhalb der Ansprechschwelle des Sicherheitsventils reduziert. Danach wurde das Fahrzeug aufgerichtet und konnte trotz erheblicher Beschädigungen an der Karosserie mit eigener Kraft die Rückfahrt nach *Los Angeles* antreten.

Abb. 84. Situation kurz nach dem Unfall des UCLA-Fahrzeuges. Die durch Abblasen von kaltem Wasserstoffgas entstandene Nebelwolke ist links deutlich zu sehen (s. Text) (nach [112])

[31] Für die Bereitstellung der Abb. 83 und 84 sowie die Genehmigung zur Veröffentlichung ist der Verfasser J. Finegold vom Solar Energy Research Institute in Golden, Colorado, zu besonderem Dank verpflichtet.

Literatur

1. Marchetti, C.: Hydrogen, Master Key to the Energy Market. Euro-Spectra *10*, 117–129 (1971).
2. Marchetti, C.: Hydrogen and Energy. Chem. Econ. Eng. Rev. *5*, 7–25 (1973).
3. Marchetti, C., Nakicenovic, N.: The Dynamics of Energy Systems and the Logistic Subsituation Model. Ar-78-1B, Int. Inst. for Appl. Systems Analysis (IASA), 1978.
4. Manne, A. S., Marchetti, C.: Hydrogen: Mechanisms and Strategies of Market Penetration, pp. 1193–1209 of "Hydrogen Energy", Part P. Veziroglu, T. N. (ed.). New York: Plenum Press 1974.
5. Marchetti, C.: The Evolution of the Energy Systems and the Aircraft Industry. Proc. Symp. Hydrogen in Air Transportation, DFVLR, Stuttgart 1979.
6. Jones, L. W.: Liquid Hydrogen as a Fuel for the Future. Science *174*, 367–370 (1971).
7. Bain, A.: LH_2-Spacecraft Experience Applicable to Aircraft Operations. Proc. Working Symp. on Liquid Hydrogen-Fueled Aircraft. NASA-Langley Res. Center, Hampton, VA, May 15–16, 1973.

8. Cleaver, A. V.: Cryogenic Fluids in the Aerospace Industry. Cryotech. *73*, 107–111. Prod. Ind. Gases, Proc. Conf. 1973, Guildford, England, IPC Sci., Technol. Press 1974.
9. Pinkel, I. I.: Alternative Fuels for Aviation. Impacts Mil. Res. Dev., AGARD, Annual Meeting, 31–36, 1974.
10. Escher, W. J. D., Brewer, G. D.: Hydrogen: Make Sense Fuel for an American Supersonic Transport. J. Aircr. *12*, 3–10 (1975).
11. Silverstein, A., Hall, E. W.: Liquid Hydrogen as a Jet Fuel for High Altitude Aircraft. RME 55C28a, NACA, 1–2 (1955).
12. Gammon, B. E.: Preliminary Evaluation of the Air and Fuel Specific-Impulse Characteristics of Several Potential Ram-Jet Fuels, IV: Hydrogen, Methylnaphtalene and Carbon. RME 51F05, NACA (1951).
13. Mikolowski, W. T., Noggle, L. W.: The Potential of Liquid Hydrogen as a Military Aircraft Fuel. Int. J. Hydrogen Energy *3*, 449–460 (1978).
14. Carson, L. K., Davis, G. W., Versaw, E. F., et al.: Study of Methane Fuel for Subsonic Transport Aircraft. NASA-CR-159320, Lockheed Calif. Corp. 1980.
15. Brewer, G. D.: The Prospects for Liquid Hydrogen Fueled Aircraft. Int. J. Hydrogen Energy 7, 21–41 (1982), see also: Proc. 17th IECEC, Los Angeles 1982.
16. Witkofski, R. D.: Comparison of Alternate Fuels for Aircraft. NASA-TM-70155, 1979.
17. Witkofski, R. D.: Alternate Aircraft Fuels – Prospects and Operational Implications. NASA-TM-X-74030, 1977.
18. Sloop, J. F.: Liquid Hydrogen as a Propulsion Fuel 1945–1959. NASA-SP-44-4, Stock-No. 033-000-00707-8, U.S. Governm. Printing Office, Washington, D.C., 1978.
19. Brewer, G. D.: Hydrogen Usage in Air Transportation. Int. J. Hydrogen Energy *3*, 217–229 (1978).
20. Escher, W. J. D.: Prospects for Liquid Hydrogen Fueled Commercial Aircraft. Escher-Foster Technol. Ass. Rep. PR-37, 1973.
21. Escher, W. J. D.: Liquid Hydrogen Future Aircraft Fuel: Background, Payoff and Cryogenic Engineering Challenge. Adv. Cryog. Eng., Vol. 20, pp. 70–81. New York: Plenum Press 1974.
22. Brewer, G. D., Morris, R. E.: Study of LH_2 Fueled Subsonic Passenger Transport Aircraft, NASA CR-144935, Lockheed – California Company, January, 1976.
23. Brewer, G. D.: Is LH_2 the High Cost Option for Aircraft Fuel? Proc. 17th IECEC-Conf., Los Angeles, Vol. 3, 1191, 1982.
24. Anon.: An Exploratory Study to Determine the Integrated Technological Air Transportation System Ground Requirements of Liquid Hydrogen Fueled Subsonic, Long-Haul Civil Air Transports. The Boeing Commercial Airplane Corp., NASA-CR-2699, 1976.
25. Anon.: IEA-Programme of Research and Development on the Production of Hydrogen from Water: Task III, Assessment of Potential Future Markets for the Production of Hydrogen from Water. Consolidated Final Report, S. 38, 39. Comm. of the European Communities, Brussels 1980.
26. Weiss, S.: The Use of Hydrogen for Aircraft Propulsion in View of the Fuel Crisis. NASA-TM-X-68242, 1973.
27. Anon.: Wasserstoff als Sekundärenergieträger, Vorschlag für ein Forschungs- und Entwicklungsprogramm. DFVLR-Mitt. 81–10 (1981).
28. Escher, W. J. D., Foster, R. W., Tison, R, R., Hanson, J. A.: Solar/Hydrogen Systems Assessment. DOE/JPL-955492, U.S. Dept. of Energy, Div. of Energy Storage Systems, Vol. 1, 130 S., Vol. 2, 487 S. (1980), see also: Int. J. Hydrogen Energy 7, 3–20 (1982).
29. Johnson, J. E.: The Economics of Liquid Hydrogen Supply for Air Transportation, Adv. Cryog. Eng., Vol. 19, pp. 12–22. New York: Plenum Press 1973.
30. Prandtl, L.: Führer durch die Strömungslehre, 3. Aufl. Braunschweig: Vieweg 1949.

31. Schlichting, H.: Grenzschichttheorie, 483 S. Karlsruhe: G. Braun 1958.
32. Lees, L.: The Stability of the Laminar Boundary-Layer in a Compressible Fluid. NACA-Rep., 876, 1947.
33. Reshotko, E.: Drag Reduction by Cryo-Fuel. Astronaut. and Aeroaut. *10*, 1 (1978).
34. Mulready, R. C.: Liquid Hydrogen Engines. In: Technology and Uses of Liquid Hydrogen, Scott, R. G. (ed.), 149–180. New York: Pergamon Press 1964.
35. Pratt, D. T., Allwine, K. J., Malte, P. C.: Hydrogen as a Turbojet Engine Fuel – Technological, Economical and Environmental Impact. Proc. 2nd Int. Symp., on Air Breathing Engines, Sheffield, England, Royal Aeronaut. Soc., 1974.
36. Riple, J. C., Baerst, C. F.: Preliminary Studies of a Turbofan Engine and Fuel System for Use with Liquid Hydrogen. Proc. Int. Symp. Hydrogen in Air Transportation, DFVLR, Stuttgart 1979.
37. Dupont, A. A.: Liquid Hydrogen as a Supersonic Transport Fuel. Adv. Cryog. Eng., Vol. 12, pp. 1–20. New York: Plenum Press 1967.
38. Whitlow, J. B., Jr., Weber, R. J., Civinkas, K. C.: Preliminary Appraisal of Hydrogen and Methane Fuels in a March 2,7 Supersonic Transport. NASA-TM-X-6822, 1973.
39. Brewer, G. D., Morris, R. E.: Minimum Energy Liquid Hydrogen Supersonic Cruise Vehicle Study. NASA-CR-137776, Lockheed Calif., Comp., 1975.
40. Brewer, G. D.: Advanced Supersonic Technology Concept Study – Hydrogen Fueled Configuration. NASA-CR-114718, Lockheed Calif. Comp., 1974.
41. Jones, R. A., Huber, P. W.: Toward Scramjet Aircraft. Astronaut. and Aeronaut., February 1978.
42. Henry, R. J., Anderson, G. Y.: Design Considerations for the Airframe-Integrated Scramjet. NASA-TM-X-2895, 1973.
43. Waltrup, P. J., Anderson, G. Y., Stull, F. D.: Supersonic Combustion Ramjet (Scramjet) Engine Development in the United States. Proc. 3rd Fut. Symp. on Airbreathing Engines. Munich: DGL-Fachbuch Nr. 6, 1976.
44. Pinckney, S. Z.: Internal Performance Predictions for Langley Scramjet Engine Module. NASA-TM-X-74038, 1977.
45. Becker, J. V., Kirkham, F. S.: Hypersonic Transports. NASA-SP-292, 1971.
46. Brewer, G. D., Morris, R. E., Lange, R. H., Moore, J. W.: Study of the Application of Hydrogen Fuel to Long-Range Subsonic Transport Aicraft. NASA-CR-132559, Lockheed Calif. Comp. and Lockheed Georgia Comp., 1975.
47. Brewer, G. D., Wittlin, G., Versaw, E. F., et al.: Assessment of Crash Fire Hazard of LH_2-Fueled Aircraft. Final Report, NASA-CR-165525, 1981.
48. Brewer, G. D., Morris, R. E., Davis, D. W., et al.: Final Report Study of Fuel Systems for LH_2-Fueled Subsonic Transport Aircraft. NASA-CR-145319, Lockheed Calif. Comp., 1977.
49. Anthony, F. M., Colt, J. Z., Helenbrock, R. G.: Development and Validation of Cryogenic Foam Insulation for LH_2 Subsonic Transports. NASA-CR-3404, 1981.
50. Cunnington, G. R., Jr.: Analysis and Design of Insulation System for LH_2-Fueled Aircraft. Proc. Int. Symp. Hydrogen in Air Transportation, DFVLR, Stuttgart 1979.
51. Brewer, G. D.: Some Environmental and Safety Aspects of Using Hydrogen as a Fuel. Int. J. Hydrogen Energy *3*, 461–474 (1979).
52. Grobman, J., Norgreen, C.: Turbojet Emissions, Hydrogen Versus JP. NASA-TM-X-68258, 1973.
53. Broesbeck, D. E., Prince, W. R., Ciepluch, C. C.: Evaluation of Hydrogen Fuel in a Full Scale Afterburner. NACA-RM-E57H06, 1957.
54. Straight, D. M., Smith, A. L., Christenson, H. H.: Brief Studies of Turbojet Combustor

and Fuel System Operation with Hydrogen Fuel at −400 F. NACA-RM-E56K27a, 1957.
55. Ferri, A., Agnone, A.: Jet Engine Design that can Drastically Reduce Oxides of Nitrogen. AIAA-Paper, 74–160 (1974).
56. Korycinski, P. F.: Air Terminals and Liquid Hydrogen Commercial Air Transports. Int. J. Hydrogen Energy *3*, 231–250 (1978).
57. Brewer, G. D. (ed.): LH_2-Airport Requirements Study. Lockheed Calif. Comp., NASA-CR-2700, 1976.
58. Johnson, J. E.: The Economics of Liquid Hydrogen Supply for Air Transportation. Adv. Cryog. Eng., Vol. 19. New York: Plenum Press 1974.
59. Havens, J. A.: A Description and Assessment of the SIGMET LNG-Vapor Dispersion Model. Rep. CG-M-3-79, NTIS, Springfield, VA 22161, 1979.
60. Gideon, D. N., Putnam, A. A.: Dispersion Hazard from Spills of LNG on Land and on Water. Cryogenics, 9–15 (January 1977).
61. Gifford, N., Frandkin, A., Jr.: An Outline of Theories of Diffusion in the Lower Layers of the Atmosphere. In: Meteorology and Atomic Energy, Slade, D. H. (ed.), Rep. TID-24190, NTIS, Springfield, VA 22161, 1978.
62. Raymer, J. A.: Operation of an Aircraft Engine Using Liquefied Methane Fuel. Adv. Cryog. Eng., Vol. 26, pp. 1001–1006. New York: Plenum Press 1981.
63. Witkofski, R. D.: Dispersion of Flammable Vapor Clouds Resulting from Large Spill of Liquid Hydrogen. NASA-TM-83131, 1981.
64. Fay, J.: Unusual Fire Hazard of LNG Tanker Spills. Comb. Sci. and Technology *7*, 225–237 (1973).

Kraftfahrzeuge

1. Jones, L. W.: Liquid Hydrogen as a Fuel for the Future. Science *174*, 367–370 (1971).
2. Swain, M. R., Adt, R. R.: The Hydrogen-Air Fueled Automobile.Proc. 7th IECEC, paper 729217, publ. ACS, 1972.
3. Escher, W. J. D.: On the Higher Energy Form of Water (H_2O*) in Automotive Vehicle Advanced Power Systems. Proc. 7th IECEC, paper 729119, publ. ACS, 1972.
4. Winsche, W. E., Hoffmann, K. C., Salzano, F. J.: Economics of Hydrogen Fuel for Transportation and Other Residential Application, Proc. 7th IECEC, paper 729215, publ. ACS, 1972.
5. Jones, L. W.: Liquid Hydrogen as a Fuel for Motorvehicles: A Comparison with Other Systems. Proc. 7th Intersoc. Energy Conv. Eng. Conf. (IECEC), paper 729213, publ. ACS, 1972.
6. Stewart, W. F., Edeskuty, F. J.: Alternate Fuels for Transportation, Part 2: Hydrogen for the Automobile. Mech. Engineering, June 1974.
7. Gann, A.: On the Application of Hydrogen as a Fuel for Automotive Vehicles. ESRO TT-132, 14 S. (1973), DLR-Mitt. 73-22, Über die Verwendung von Wasserstoff als Treibstoff für Automobile, DFVLR, 1973.
8. Ohta, T.: Liquid Hydrogen as Engine Fuel. Cryog. Eng. (Tokyo) *8*, 52–58 (1973).
9. Williams, L. O.: Hydrogen Powered Automobiles Must Use Liquid Hydrogen. Cryogenics *13*, 693–698 (1973).
10. BMFT, Referat für Öffentlichkeitsarbeit: Neuen Kraftstoffen auf der Spur – Alternative Kraftstoffe für Kraftfahrzeuge. Wasserstoff ISBN 3-8725-3-0992, 285–578 (1974).
11. Peschka, W.: Wasserstoff als Alternativkraftstoff im Kraftfahrzeug. Int. Verkehrswesen *32*, 447–453 (1980).

12. Cloyd, D. R., Murphy, W. J.: Handling Hazardous Materials. NASA-SP-5032, 1965.
13. Hoffmann, K. C., et al.: Metal Hydrides as a Source of Fuel for Vehicular Propulsion. Proc. Int. Automotive Eng. Congr., Paper 690232. Detroit, Mich., 1969.
14. Wiswall, R. H., Jr., Reilly, J. J.: Metal Hydrides for Energy Storage. Proc. 7th IECEC, Paper 729210, publ. ACS, 1972.
15. Reilly, J. J., Wiswall, R. H., Jr.: The Formation and Properties of Iron-Titanium Hydride. Inorg. Chem. *13*, 218–222 (1974).
16. Reilly, J. J., Wiswall, R. H., Jr.: The Reaction of Hydrogen with Alloys of Magnesium and Nickel. Inorg. Chem. 7, 2254 (1968).
17. Buchner, H.: The Hydrogen/Hydride Energy Concept. Proc. 2nd World Hydrogen Energy Conf., Zürich *4*, 1749–1792 (1978), see also: Topler, J., Bernauer, O., Buchner H.: The Use of Hydrides in Motor Vehicles. J. Less Common Metals *74*, 385–399 (1980); Buchner, H.: Perspectives for Metal Hydride Technology. Prog. Energy Combust. Sci. *6*, 331–346 (1980).
18. Buchner, H.: Energiespeicherung in Metallhydriden (Innovative Energietechnik). Wien-New York: Springer 1982.
19. Sultan, O., Shaw, M.: Study of Automotive Storage of Hydrogen Using Recylable Liquid Chemical Carriers. TEC-75/003, ERDA, Ann Arbor 1975.
20. Taube, M., Taube, P.: Liquid Organic Carrier for Hydrogen as Automobile Fuel. EIR Würenlingen Rep., 1979, see also: Int. J. Hydrogen Energy *8*, 213–227 (1983).
21. Justi, W., Winsel, A.: Kalte Verbrennung. Wiesbaden: Franz Steiner Verlags GmbH 1962.
22. Vielstich, W.: Brennstoffelemente. Weinheim/Bergstraße: Verlag Chemie 1965.
23. Kordesch, K. V.: Handbook of Fuel Cell Technology, Berger, C. (ed.). Englewood, Cliffs., N.Y.: Prentice Hall Inc. 1968.
24. Dietz, H., Jahnke, H., Reber, H.: Forschungsarbeiten über elektrochemische Energiequellen. Bosch Tech. Ber. *3*, August 1971.
25. Dören, H. v., Euler, K. J.: Brennstoffelemente. VARTA Fachbuchreihe, Bd. 6. Düsseldorf: VDI-Verlag GmbH 1971.
26. Plust, H. G.: Aktuelle Probleme bei elektrischen Antriebssystemen für Straßenfahrzeuge. ATZ *13*, Hefte 9 und 11 (1971).
27. Weh, H.: Problematik der Energiespeicher und des elektrischen Antriebs. ATZ *76*, Heft 6 (1974).
28. Finegold, J. G., Van Vorst, W. D.: Engine Performance with Gasoline and Hydrogen Fuels. A Comparative Study. Proc., The Hydrogen Economy (Miami) Energy (THEME)-Conf., 1974.
29. Sturm, F.: Kraftgasverwendung im Luftschiff „Graf Zeppelin". Zeitschr. d. Vereins Deutscher Ingenieure (VDI), September 1929.
30. Weil, K. H.: The Hydrogen I.C. Engine – Its Origins and Future in the Emerging Energy-Transportation-Environment System. Proc. 7th Intersoc. Energy Conversion Engineering Conf., 1355–1363, American Chemical Soc., 1972.
31. Anon.: Use of Hydrogen for Driving Engines, Tests in Holland. Genie Civil *72*, 224 (1918).
32. Ricardo, H. R.: Further Notes on Fuel Research. Proc. Inst. Automobile Engrs. *18*, 327–341 (1924).
33. Burstall, A. F.: Experiments on the Behaviour of Various Fuels in a High-Speed Internal Combustion Engine. Proc. Inst. Automot. Engrs. *22*, 358–371 (1927).
34. Erren, R. A., Campbell, W. H.: Hydrogen from Off-peak Power – a Possible Commercial Fuel. Chem. Trade J. *92*, 328–339 (1933).

35. Erren, R. A., Campbell, W. H.: Hydrogen: A Commercial Fuel for I.C. Engines and other Purposes. J. Inst. of Fuel (Great Britain), 281, June 1933.
36. Erren, R. A.: Der Erren-Wasserstoffmotor. ATZ, Heft 19, 523 (1939).
37. Gerrish, H. C., Foster, H. H.: Hydrogen as an Auxiliary Fuel in Compression-Ignition Engines. NACA Rep. No. 535, 1935.
39. King, R. O., Wallace, W. A., Mahapatra, B.: The Hydrogen Engine and the Nuclear Theory of Ignition. Can. J. Res., F. *26*, 264 (1948).
38. Oehmichen, M.: Wasserstoff als Motortreibmittel. Deutsche Kraftfahrtforschung, Heft 68 (1942).
40. King, R. O., Rand, M.: Oxidation, Decomposition, Ignition and Detonation of Fuel Vapours and Gases. XXVII: Hydrogen Engine. Can. J. Technol. *33*, 445–469 (1955).
41. Murray, R. G., Schoeppel, R. J., Gray, C. L.: The Hydrogen Engine in Perspective. Proc. 7th IECEC, Paper 729217, ACS 1982.
42. Billings, R. E., Lynch, F. E.: History of Hydrogen Fueled Internal Combustion Engines. Publ. No. 73001, Technology Appl. Center, Univ. New Mexico, Albuquerque, N.M., April 1973.
43. Homan, H. S., De Boer, P. T. C., McLean, W. J.: The Effect of Fuel Injection on NO_x-Emissions and Undesirable Combustion for Hydrogen-Fueled Piston Engines. Int. J. Hydrogen Energy *8*, No. 2 (1983).
44. De Boer, P. C. T., McLean, W. J., Homann, H. S.: The Performance and Emissions of Hydrogen-Fueled Internal Combustion Engines. Int. J. Hydrogen Energy *1*, 153 (1976).
45. Blumberg, P. N.: Nitric Oxide Emissions from Stratified Charge Engines: Prediction and Control. Combust. Sci. Technol. *8*, No. 5 (1973).
46. Newhall, H. K.: Combustion Process Fundamentals and Combustion Chamber Design for Low Emissions. SAE Trans. paper No. 75100, 1975.
47. Adt, R. R., Jr., Swain, M. R., Pappas, J. M.: Hydrogen Engine Performance Project. U.S. Dept. of Energy (DOE), Second Annual Report. Contr. No. EC-77C03-1212, 1980.
48. Swain, M. R., Pappas, J. M., Adt, R. R., Jr., Escher, W. J. D.: Hydrogen-Fueled Automotive Engine Experimental Testing to Provide an Initial Design-Data Base. In: Alternate Fuels, SP-480, ISSN 0148-7191, SAE-paper 810350, 163–180 (1981).
49. Löhner, K., Müller, H.: Gemischbildung und Verbrennung im Ottomotor. Die Verbrennungskraftmaschine, Bd. 6. Wien: Springer 1967.
50. Schmidt, F. A. F.: Verbrennungskraftmaschinen. Wien: Springer 1967.
51. McCarley, C. A., Van Vorst, W. D.: Electronic Fuel Injection Techniques for Hydrogen Powered I.C. Engines. Int. J. Hydrogen Energy *5*, 179–204 (1980).
52. Pischinger, F., Schaffrath, M.: Untersuchungen an einem Wasserstoffmotor und Maßnahmen zur Prozeßverbesserung. Auto tech. Z. *78*, 445 (1976).
53. Drexl, K. W., Holzt, H. P.: Untersuchungen über die Gemischbildung und Verbrennung im Wasserstoffmotor. Entwicklungslinien in der Kraftfahrzeugtechnik. Köln: Verlag TOV-Rheinland 1977.
54. Furuhama, S.: Two Stroke Hydrogen Injection Engine. Tech. Note. Int. J. Hydrogen Energy *4*, 571–576 (1979).
55. Finegold, J. G.: Hydrogen: Primary or Supplementary Fuel for Automotive Engines. Int. J. Hydrogen Energy *3*, 83–104 (1978).
56. Leiker, M.: Die Gasmaschine. Wien: Springer 1953.
57. Downs, D., Walsh, A. D., Wheeler, R. W.: A Study of the Reactions that Lead to Knock in the Spark Ignition Engine. Phil. Trans. Roy. Soc., A 243, 463–524, London 1951.
58. King, R. O., Hayes, S. V., Allan, A. B., et al.: The Hydrogen Engine: Combustion Knock

and the Related Flame Velocity. Trans. E.I.C. *2*, 143–148 (1958).

59. Binder, K., Withalm, G.: Mixture Formation and Combustion in Interaction with the Hydrogen Storage Technology. Proc. 3rd World Hydrogen Energy Conf., Vol. 2, 1103–1117, Tokyo 1980.
60. Gathercole, A. H., Bindon, J. P., Roberts, L. W.: Detonation Limited Air Fuel Ratios in a Conventional High Speed Spark Ignition Engine Fueled with Hydrogen. Proc. South Afr. Conf. in Transportation, Univ. of Cape Town 1979.
61. Gammie, M. A., Bindon, J. P.: The Effect of Mixture Strength and Spark Advance on Detonation Intensity in a Small Squish-Chambered Hydrogen Fueled Spark-Ignition Engine. Proc. 3rd World Hydrogen Energy Conf., Vol. 2, Tokyo 1980.
62. Furuhama, S., Hiruma, M., Enemoto, Y.: Development of a Liquid Hydrogen Car. Int. J. Hydrogen Energy *3*, 61–81 (1978).
63. Peschka, W.: Liquid Hydrogen as a Vehicular Fuel – A Challenge for Cryogenic Engineering. Proc. 4th World Hydrogen Energy Conf., Vol. 3, 1053–1070. Adv. in Hydrogen Energy, 4 Vols. New York: Pergamon Press 1982; Int. J. Hydrogen Energy *9*, 515–525 (1984).
64. Carpetis, C.: Comparison of the Expenses Required for the Onboard Fuel Storage Systems of Hydrogen Powered Vehicles. Int. J. Hydrogen Energy *7*, 61–78 (1982), subm. for publ. (1980).
65. Peschka, W.: Wasserstoff als Alternativkraftstoff im Kraftfahrzeug. Int. Verkehrswesen *32*, 447–453 (1980).
66. Peschka, W.: Liquid Hydrogen for Automotive Vehicles – Experimental Results. ASME-Paper No. 81-HT-83 (1981).
67. Donnelly, J. J., Jr.., Greayer, W. C., Nichols, R. J., Escher, W. J. D., et al.: Hydrogen-Powered versus Battery-Powered Automobiles. Int. J. Hydrogen Energy *4*, 411–444 (1979).
68. Kordesch, K. V.: City Car with H_2-Air Fuel Cell/Lead Battery (One Year Operating Experience). Proc. 6th IECEC, Boston, Mass., Paper No. 719015, 1971.
69. Winter, C. E., Morgan, W. L.: General Motors Electro Van. J. Soc. Autom. Engrs., Paper 670182, Detroit 1967, see also: Marks, C., Rishavy, E. A., Wyczalek, F. A., SAE-Paper 670176, Automotive Engineering Congr., Detroit, Mich., January 8–13, 1967.
70. Anon.: Proceedings of the Fuel Cell in Transportation Applications Workshop, August 15–17, 1977, Los Alamos Sci. Lab., LA-7279-C, 1978, see also: Application Scenario for Fuel Cells in Transportation, LA-7634-MS, 1979.
71. Underwood, P. L., Dieges, P. B.: Hydrogen and Oxygen Combustion for Pollution Free Operation of Existing Standard Automotive Engines. Proc. 6th IECEC, SAE-Paper 719046, 1971.
72. Morgan, N. E., Morath, W. D.: Development of a Hydrogen-Oxygen I.C. Engine Space Power System. NASA Rep. by Vickers Inc., July 1965.
73. Billings, R. E.: Hydrogen Storage for Automobiles Using Cryogenics and Metal Hydrides. Proc. The Hydrogen Economy (Miami) Energy (THEME)-Conf., 1974.
74. Stewart, W. F., Edeskuty, F. J., Williamson, K. D., Lutgen, H. M.: Operating Experience with a Liquid Hydrogen Fueled Vehicle. Los Alamos Sci. Lab., LA-UR-74-1637, see also: Adv. Cryog. Eng., Vol. 20, pp. 82–89. New York: Plenum Press 1974.
75. Finegold, J. G., Van Vorst, W. D., et al.: The UCLA Hydrogen Car: Design, Construction and Performance. Trans. SAE 730507, 1973.
76. Bush, A. F., Van Vorst, W. D.: The UCLA Hydrogen Car. Adv. Cryog. Eng., Vol. 19, pp. 23–27. New York: Plenum Press 1974.

77. Peschka, W., Carpetis, C.: Cryogenic Hydrogen Storage and Refueling for Automobiles. Int. J. Hydrogen Energy *5*, 619–626 (1980), vgl. Proc. 2nd World Hydrogen Energy Conf.
78. Stewart, W. F.: Liquid Hydrogen as an Automotive Fuel. Adv. Cryog. Eng., Vol. 25, pp. 822–830. New York: Plenum Press 1980.
79. Stewart, W. F.: Liquid Hydrogen Fueled Buick. Los Alamos Sci. Lab. Rep. LA-8605-MS, November 1980.
80. Peschka, W., Edeskuty, F. J., Stewart, W. F.: Liquid Hydrogen Storage and Refueling for Automotive Applications. Proc. 3rd Miami Int. Conf. on Alternative Energy Sources, December 15–18, Miami Beach, Florida, 1980, vgl. Alternative Energy Sources III, Vol. 5, Veziroglu, T. N. (ed.). Berlin-Heidelberg-New York: Springer 1983.
81. Furuhama, S., Kobayashi, Y., Iida, M.: A LH_2 Engine Fuel System on Board – Cold GH_2 Injection into Two Troke Engine with LH_2-Pump. ASME-Paper No. 81-HT-81.
82. Peschka, W.: Operating Characteristics of a LH_2-Fueled Automotive Vehicle and of a Semi-Automatic Refuelling Station. Int. J. Hydrogen Energy *7*, 661–670 (1982).
83. Furuhama, S., Kobayashi, Y.: A Liquid Hydrogen Car with a Two Stroke Direct Injection Engine and LH_2-Pump. Int. J. Hydrogen Energy *7*, 809–820 (1982), see also: SAE-Paper 820349, 1982.
84. Furuhama, S., Kobayashi, Y.: Development of Hot-Surface-Ignition Hydrogen Injection Two-Stroke Engine. Proc. 4th World Hydrogen Energy Conf., Vol. 3, 1009–1020, Adv. in Hydrogen Energy. New York: Pergamon Press 1982.
85. Escher, W. J. D.: The Hydrogen Fueled Internal Combustion Engine, A Technical Survey of Contemporary U.S. Projects. Escher-Foster Ass. ETA-Rep. PR-51, St. Johns, Mich., 1975.
86. Escher, W. J. D.: Survey of Liquid Hydrogen Container Techniques for Highway Vehicle Fuel System Application. Escher-Foster Techn., St. Johns, Mich., DOE-Rep. No. HCP/M2752-01, November 1978.
87. Escher, W. J. D.: Hydrogen as an Automotive Fuel: Worldwide Update. Escher-Foster Technology Inc. Rep., St. Johns, Mich., 1982.
88. May, H., Gwinner, D.: Möglichkeiten der Verbesserung von Abgasemissionen und Energieverbrauch bei Wasserstoff-Benzin-Mischbetrieb. MTZ, No. 4 (1981), siehe auch: Possibilities of Improving Exhaust Emissions and Energy Consumption in Mixed Hydrogen-Gasoline Operation. Int. J. Hydrogen Energy *8*, 121–130 (1983).
89. Peschka, W., Carpetis, C.: A System Consideration of the Tank for Liquid Hydrogen Fueled Vehicles and the Resulting Tank Concept for a Passenger Car. Proc. 1st World Hydrogen Energy Conf., Miami Beach, 1976.
90. Stewart, W. F.: Operating Experience with a Liquid Hydrogen Fueled Buick and Refueling System, Hydrogen Energy Process. Proc. 4th World Hydrogen Energy Conf., Vol. 3, 1071–1093. New York: Pergamon Press 1982; Int. J. Hydrogen Energy *9*, 525–539 (1984).
91. Stewart, W. F.: Experimental Investigation of Liquid Hydrogen Vehicle Onboard Storage and Refueling System. Los Alamos National Lab. Final Rep., US-Dept. of Energy (DOE), July 1982.
92. Stewart, W. F., Edeskuty, F. J.: Liquid Hydrogen as a Vehicular Fuel. Mech. Engineering *24*, 24–29 (1981).
93. Stewart, W. F., Escher, W. J. D.: Liquid-Hydrogen Automotive Onboard Storage and Servicing System Project: A Progress Report, in: Alternate Fuels, SP-480, 181–188, SAE-Paper 810351, 1981.
94. Ikegami, M., Miwa, K., Shioji, M.: A Study of Hydrogen Fueled Compression Ignition Engines. Int. J. Hydrogen Energy *7*, 341–354 (1982).

95. Enemoto, K., Furuhama, S., Kobayashi, Y.: Ignitability of Hydrogen Air Mixture by Hot Surfaces and Hot Gases. Proc. 3rd World Hydrogen Energy Conf., Vol. 2, 1149–1164. New York: Pergamon Press 1980.
96. Ikegami, M., Miwa, K., Shioji, M.: A Study of Hydrogen Fueled Diesel-Combustion. Prep. of Japan Soc. of Mech. Engrs., Paper No. 750-15, 1975, see also: Proc. 3rd World Hydrogen Energy Conf., Vol. 2, 969–984. New York: Pergamon Press 1980.
97. Tanabe, H., Ohnishi, M., Sato, G. T., et al.: Experimental Study of the Transient Hydrogen Jet-Using a Fast Response Probe. Proc. 3rd World Hydrogen Energy Conf., Vol. 2, 985–1000. New York: Pergamon Press 1982.
98. Tanabe, H., Sorihashi, T., Suzuki, N., et al.: Experimental Study on the Transient Hydrogen Jet. Proc. 4th World Hydrogen Energy Conf., Vol. 3, 1115–1128. Adv. in Hydrogen Energy. New York: Pergamon Press 1982.
99. Williams, L. O., Spond, D. E.: A Storage Tank for Vehicular Storage of Liquid Hydrogen. Appl. Energy *6*, 98–112 (1980).
100. McCarley, C. A., Van Vorst, W. D.: Electronic Fuel Injection Technique for Hydrogen Powered I.C. Engines. Int. J. Hydrogen Energy *5*, 178–204 (1980).
101. Drexl, W., Holzt, H., Gutmann, M.: Characteristics of a Single Cyclinder Hydrogen Fueled I.C. Engine Using Various Mixture Formation Methods. Daimler-Benz AG, Central Research, 1976.
102. McCarley, C. A.: Development of a High Speed Injection Valve for Electronic Hydrogen Fuel Injection. Proc. 3rd World Hydrogen Energy Conf., Vol. 2, 1119–1134. Adv. in Hydrogen Energy, Vol. 2. New York: Pergamon Press 1980.
103. Suzuki, K., Uchiyama, Y., Hama, J.: Research of Hydrogen Fueled Spark Ignition Engine. Proc. 3rd World Hydrogen Energy Conf., Vol. 2, 1027–1040. Adv. in Hydrogen Energy, Vol. 2. New York: Pergamon Press 1980.
104. Minkin, H. L., Hobart, H. F., Warshwawski, I.: Performance of Turbine-Type Flowmeters in Liquid Hydrogen. Cryogenic Eng. News *3*, 16–20 (1968).
105. Hobart, H. F., Minkin, H. L., Warshwawski, I.: Life Test of Small Turbine-Type Flowmeters in Liquid Hydrogen. NASA-Lewis Res. C., NASA-TN-D-7323 and E-7371, 1983.
106. Keller, W. E.: Cryogenic Instrumentation at and above Liquid Hydrogen Temperature – Present and Future. Adv. Cryog. Eng., Vol. 18, pp. 189–301. New York: Plenum Press 1973.
107. Anon.: Liquid Hydrogen Flow by NMR Technique. Instrum. Control Syst. *39*, 87 (1966).
108. Ordin, P. M.: Review of Hydrogen Accidents and Incidents in NASA Operation. NASA-TM-X-71565, 1974, see also: Proc. 9th IECEC, 1974.
109. Johnson, E. F.: Fire Protection Developments in LNG-Fueled Vehicle Operation. Fire J. *66*, No. 6, November 1972.
110. Shooter, D., Kalelkar, A.: The Benefits and Risks Associated with Gaseous Fueled Vehicles. Rep. to the Massachusetts Turnpike Authority, Arthur D. Little Case 74400-2, May 1972.
111. Arvidson, J. M., Hord, J., Mann, D. B.: Efflux of Gaseous Hydrogen or Methane Fuels from the Interior of an Automobile. NBS-Tech. Note 666, 1975.
112. Finegold, J. G., Van Vorst, W. D.: Crash Test of a Liquid Hydrogen Automobile. Proc. 1st World Hydrogen Energy Conference, Vol. 3, Miami Beach, Clean Energy Res. Inst., 1976.

7. Flüssiger Wasserstoff in Kernforschung und Kerntechnik

Flüssiger Wasserstoff findet hier Anwendung in sogenannten Blasenkammern sowie bei der Herstellung von schwerem Wasserstoff mittels Destillation aus flüssigem Wasserstoff. Obwohl es sich hier um keine Anwendungen von flüssigem Wasserstoff als Sekundärenergieträger handelt und diese Anwendungen demzufolge nicht Thema dieses Buches sind, soll hier kurz darauf eingegangen werden, weil auf diesen Gebieten in den Jahren 1950 bis 1960 wichtige Vorarbeiten für die Handhabung und Technik des flüssigen Wasserstoffs geleistet und Erfahrungen gesammelt wurden, welche für die später einsetzende Entwicklung zur Anwendung von flüssigem Wasserstoff als Energieträger von nicht zu unterschätzender Bedeutung waren.

7.1 Blasenkammern mit flüssigem Wasserstoff

Die Blasenkammer entstand aus der Notwendigkeit, die in der Kernforschung zur Registrierung von Teilchenbahnen und Kernreaktionen bzw. Elementarteilchenreaktionen benutzte *Wilson*sche Nebelkammer zu verbessern bzw. durch eine nach einem anderen Prinzip arbeitende Anordnung zu ersetzen. Bei der *Wilson*schen Nebelkammer wird bekanntlich durch plötzliche Expansion einer mit Wasserdampf gesättigten Atmosphäre ein mit übersättigtem Wasserdampf gefüllter Raum erzeugt. Ein denselben passierendes geladenes Teilchen erzeugt entlang seiner Bahn Ionen, die als Kondensationskeime für Wassertröpfchen dienen, wodurch die Bahn des Teilchens als Nebelspur sichtbar wird. Zur Bestimmung von Teilchenenergie bzw. -impuls befindet sich die Kammer in einem homogenen Magnetfeld, welches die Teilchenbahnen krümmt.

Das Prinzip der von *Donald L. Glaser* 1952 erfundenen Blasenkammer [1] beruht auf der Bläschenbildung einer überhitzten, in Nähe des kritischen Punktes befindlichen Flüssigkeit entlang der Bahn geladener Teilchen, welche infolge ihrer ionisierenden Wirkung bzw. der Störung der lokalen thermischen Energiedichte Blasenkeime erzeugen [2].

Der erforderliche thermodynamisch instabile Zustand der Flüssigkeit wird dabei durch plötzliche rasche Druckabsenkung eingeleitet, wobei die Flüssigkeit (Abb. 85) entlang der Adiabaten 1–2–3 in den Zweiphasenbereich unter Volumenzunahme (größenordnungsmäßig 1%) expandiert. In diesem Augenblick erfolgt die Einleitung des von einem Teilchenbeschleuniger erzeugten Teilchenstrahls und Registrierung der Ereignisse mit nachfolgendem Druckanstieg von 3 nach 1. Der gesamte Vorgang 1–3–1 muß rasch genug ablaufen, um neben der Vermeidung von spontanem Verdampfen an Punkt 3 auch sicherzustellen,

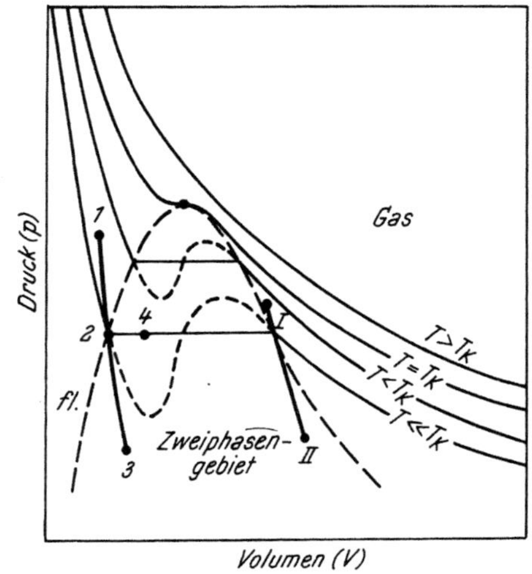

Abb. 85. Expansionsverlauf der Blasenkammer (1 → 2 → 3 → 4) sowie der Nebelkammer (I → II) im *p*-*v*-Diagramm (nach [4])

daß die Flüssigkeit während der Expansion der Adiabaten über 1–2 nach 3 folgt und nicht etwa der Isobaren im Zweiphasengebiet über 2 nach 4. Dies wird durch Pulsdauern von etwa 25 ms erreicht, wobei die Flüssigkeit der Adiabaten im wesentlichen reversibel und mit vernachlässigbar kleiner äußerer Arbeit folgt. Da die Teilchendichte der Flüssigkeit in der Blasenkammer die Gasdichte und damit die Zahl der Einzelereignisse in der *Wilson*-Kammer etwa um den Faktor 700–1000 übertrifft und ferner die Erholungszeit der Blasenkammer wesentlich kürzer ist, ergibt sich daraus im Vergleich zur Nebelkammer eine Erhöhung der Ausbeute an Meßdaten je Zeiteinheit in der Größenordnung von etwa 50 000 [3].

Eine Reihe von Flüssigkeiten sind in Blasenkammern verwendbar, wobei zu berücksichtigen ist, daß insbesondere bei den Untersuchungen mit hoher Teilchenenergie die Atome in der Flüssigkeit selbst auch als Target dienen und gewollt oder ungewollt zusätzliche Einzelreaktionen durch Wechselwirkung mit dem Teilchenstrahl beitragen. In den meisten Fällen, insbesondere bei Untersuchungen über Elementarteilchen ist es erwünscht, nur eine Atomsorte in der Blasenkammer anwesend zu haben, wobei das reine Protonentarget, also flüssiger Wasserstoff, neben flüssigem Deuterium die größte Bedeutung besitzt.

Die Entwicklung von Blasenkammern für flüssigen Wasserstoff erfolgte daher sehr rasch. Ausgehend von Kammern mit einem Fassungsvermögen von einigen Litern flüssigem Wasserstoff gab es bereits Anfang der sechziger Jahre solche mit 1000 Litern Fassungsvermögen, was einschließlich der zum Betrieb erforderlichen Einrichtungen Anlagen mit bis zu 1000 t Gewicht ergab.

Die währendessen erzielten Fortschritte auf dem Gebiet der Supraleitertechnik und die Möglichkeit, entsprechend große supraleitende Blasenkammer-Magneten zu verwenden, führte zu noch leistungsfähigeren Anlagen dieser Art, womit vorläufig ein gewisser Endpunkt in der Entwicklung erreicht ist [4].

7.2 Deuterium-Darstellung mittels Rektifikation von flüssigem Wasserstoff

Der steigende Bedarf an schwerem Wasserstoff insbesondere zur Verwendung als Moderator von Kernreaktoren erforderte in den Jahren zwischen 1955 und 1960 den Ausbau weiterer Anlagen zur Darstellung von Deuterium bzw. schwerem Wasser. Neben den konventionellen Anlagen, welche über sukzessive Elektrolyseschritte und entsprechende katalytische Konversion [9] eine Schwerwasseranreicherung durchführten, wurden als Folge der guten Erfahrungen, die mittlerweile mit Rektifizierverfahren an verflüssigten Gasen – Luftzerlegung usw. – gesammelt wurden, auch Anlagen gebaut, die auf diese Weise aus flüssigem Wasserstoff die wirtschaftliche Separation des Deuteriums vom normalen Wasserstoff ermöglichten. Diese Anlagen [5, 6, 7, 8] waren zur Versorgung mit Wasserstoff entweder an bestehende Elektrolyseanlagen angeschlossen oder aber benutzten in der chemischen Industrie beispielsweise zur Ammoniaksynthese anfallenden Rohwasserstoff. Das aus Refrigerator und kryogener Rektifizierkolonne bestehende System zur Isotopentrennung stellt dabei eine wirtschaftliche Ergänzung vorhandener Wasserstofferzeugungsanlagen dar.

Insbesondere die 1955 von der *Gesellschaft für Linde's Eismaschinen AG* im Auftrag der *Farbwerke Hoechst* errichtete Großanlage mit einer Jahreskapazität von 6 t schwerem Wasser und einem stündlichen Umsatz von gasförmigem/flüssigem Wasserstoff von einigen Tonnen sowie einer Füllkapazität der Trennsäulen von einigen tausend Litern flüssigem Wasserstoff, stellte mit eine maßgebliche Entwicklung auf dem Gebiete der Verfahrenstechnik des flüssigen Wasserstoffs vor Beginn der U.S.-Raumfahrtprogramme dar [10].

Literatur

1. Glaser, D. A.: Some Effects of Ionizing Radiation on the Formation of Bubbles in Liquids. Phys. Rev. *87*, 665 (1952).
2. Seitz, F.: On the Theory of the Bubble Chamber. Phys. of Fluids *1*, *2* (1958).
3. Glaser, D. A.: The Bubble Chamber. In: Handbuch der Physik, Vol. 45. Creutz, E. (co-ed.). Berlin-Göttingen-Heidelberg: Springer 1958.
4. Hernandez, H. P., Birmingham, W. B.: Liquid Hydrogen Bubble Chambers, Chapt. 8. In: Technology and Uses of Liquid Hydrogen, Scott, R. B. (ed.). New York: Pergamon Press 1964.
5. Hänny, J., Trepp, C. H.: The Sulzer Plant, Chapt. 9A. In: Technology and Uses of Liquid Hydrogen, Scott, R. B. (ed.). New York: Pergamon Press 1964.
6. Lehmer, W., Sellmaier, A., Baldus, W.: Schwerwasserstoff-Gewinnung in einer großtechnischen Rektifikations-Anlage. Linde, Berichte aus Technik und Wissenschaft *5*, 3–14 (1959), siehe auch: Lehmer, The Gesellschaft Linde Plant, Chapt. 9B. In: Technology and Uses of Liquid Hydrogen, Scott, R. B. (ed.). New York: Pergamon Press 1964.
7. Scholz, W.: Die technische Durchführung der Wasserstoffrektifikation. Z. Kältetechnik *13*, 184–188 (1961).
8. Baldus, W.: Heavy Water Production by Cryogenic Processing. Adv. Cryog. Eng., Vol. 20, pp. 450–445. New York: Plenum Press 1974.

9. Hämmerli, M., LeRoy, R. L., Butler, J. P., Denovan, A. S.: Heavy Water Recovery from Combined Electrolytic and Non-Electrolytic Hydrogen Streams. Proc. 3rd World Hydrogen Energy Conf., Vol. 4, 2323–2342. Advances in Hydrogen Energy, Vol. 2. New York: Pergamon Press 1980.
10. Kanoldt, W.: Selected Examples of European Cryogenic Design Practice. Adv. Cryog. Eng., Vol. 10, pp. 392–404. New York: Plenum Press 1965.

8. Ausblick auf zukünftige Anwendungen

Zukünftige Anwendungen von flüssigem Wasserstoff als Sekundärenergieträger hängen in starkem Maße von der Rolle ab, die Wasserstoff allgemein in zukünftigen Energiesystemen übernehmen kann. Es liegt nicht im Rahmen dieses Buches, auf die zahlreichen Veröffentlichungen und Studien über die Beteiligung von Wasserstoff an zukünftigen Energiesystemen und auf die dort gebrachten Argumente näher einzugehen, sondern vielmehr einen Überblick über den gegenwärtigen Stand der Technik des flüssigen Wasserstoffs und die daraus ableitbaren Entwicklungsmöglichkeiten zu geben.

8.1 Wasserstoff als zukünftiger Sekundärenergieträger

Die in den vorhergehenden Kapiteln beschriebenen Entwicklungen und Anwendungsmöglichkeiten in der Luft- und Raumfahrt sowie im bodengebundenen Verkehr lassen mit Ausnahme der Anwendungen in der Raumfahrt den Schluß auf die zwingende Notwendigkeit, Wasserstoff sehr rasch und in voller Allgemeinheit einzuführen, nicht zu. Wenn man von Sonderanwendungen bzw. Ländern mit entsprechender Energiestruktur absieht, ist auch nicht anzunehmen, daß die Entwicklung von Produktionsanlagen und der Infrastruktur für einen neuen Energieträger ausschließlich für die Belange des luft- und bodengebundenen Verkehrs allein erfolgen wird.

Aufgrund bestehender Konzepte in der Mineralölpolitik liegt allen Planungen für die Zukunft im wesentlichen die Aufsparung des Öls für den Verkehrsbereich bzw. die Herstellung synthetischer Kraftstoffe aus Kohle oder anderen fossilen Rückständen wie beispielsweise Ölschiefer und Teersanden zugrunde. Ferner denkt man auch daran, synthetische Kraftstoffe direkt aus Kohle und Wasserstoff bei zunehmender Verknappung der Ölreserven wirtschaftlich herstellen zu können. Kraftstoff wird dabei durch thermische Wasserzerlegung mittels Kohle unter Emission von Kohlendioxid und in Abhängigkeit von der Kohlesorte unter mehr oder weniger starker Emission von Schwefeldioxid erhalten.

Nahezu hundertjährige Vertrautheit im Umgang mit Kohlenwasserstoffen als Energieträger im Verkehr und die Tatsache, daß dieselben einen sehr günstigen Kompromiß hinsichtlich Handhabung, Speicherung und Verteilung sowie hinsichtlich massen- und volumenbezogener Energiedichte darstellen (s. Tabelle 22), lassen deren Anwendung neben ihrer „Wirtschaftlichkeit" vor allem auch als bequemste Lösung erscheinen, von der nur nach Überwindung eines entsprechend ausgebildeten Beharrungsvermögens abgegangen werden kann.

Der Begriff „Wirtschaftlichkeit" ist hier allerdings einer kritischen Betrachtung zu unterziehen, weil als Folge „wirtschaftlicher Technik" entstandene Umweltschäden bzw. Gesundheitsschäden der Bevölkerung schwer quantifizierbar sind und üblicherweise kaum Berücksichtigung finden. Es ist sehr wahrscheinlich, daß mit Hilfe umweltfreundlicher Verfahren hergestellter Wasserstoff, beispielsweise mittels Elektrolyse über Elektrizität aus umweltfreundlicher Primärenergie, d.h. Wasserkraft, aber auch Kernenergie, in diesem Sinne trotz höherer Herstellungskosten durchaus wirtschaftlicher sein könnte als seine fossilen Alternativen.

Im Zusammenhang mit den fossilen Energieträgern ist ferner auch das atmosphärische Kohlendioxidproblem nicht zu vernachlässigen, welches starke Einschränkungen in der zukünftigen Verwendung fossiler Energieträger zur Folge haben wird [1–7]. Bezüglich einer Reihe von Überlegungen, das Kohlendioxid aus den Abgasen fossiler Feuerungen und Anlagen zu entfernen [8] und z.B. in die Tiefsee einzuleiten, oder der Herstellung von Kohlenwasserstoffen aus atmosphärischem Kohlendioxid mit Hilfe von Wasserstoff ist es fraglich, ob die Kosten zur Installierung derartiger gigantischer Anlagen im Rahmen einer „planetaren Technik" nicht diejenigen zur Einführung der Wasserstoff-Energietechnik bei weitem übersteigen würden[1].

Daraus ist ersichtlich, daß die Motivation zur Verwendung des Wasserstoffs und die Fragen seiner Wirtschaftlichkeit unter obigen Voraussetzungen mehr in seiner Eigenschaft als unerreicht umweltschonender und ultimativer Energieträger und der dadurch ermöglichten „sauberen Energietechnik" liegen wird, als in dem oft als wesentliche Voraussetzung für die Einführung der Wasserstoff-Energietechnik geforderten „Durchbruch" in der Erniedrigung seiner derzeitigen Herstellungskosten.

Es ist ferner einzusehen, daß die konsequente Beibehaltung des bisher geübten Verfahrens, in zunehmendem Maße durch umweltbelastende Technik verursachte Schäden und deren Folgen erst nachträglich mit entsprechendem Aufwand zu mildern bzw. rückgängig zu machen anstatt sie von vornherein zu verhindern, auch aus volkswirtschaftlicher Sicht in Zukunft untragbar sein wird. Daraus erhebt sich die Frage, ob es nicht sinnvoller wäre, in kontinuierlicher Entwicklung eine Energie- und Verfahrenstechnik zu etablieren, welche als solche bereits ein Minimum an Umweltbelastung zur Folge hat und insgesamt gesehen – d.h. unter Einbeziehung des angerichteten Schadens – wirtschaftlicher ist als die bisherige Technik. Es ist einzusehen, daß eine derartige Entwicklung in entsprechend langen Zeiträumen zu sehen ist und Entscheidungen, welche die Allgemeinheit betreffen, hier nicht ausschließlich den Herstellern von Konsumgütern, Betreibern von Kraftwerken bzw. mit der Erschließung fossiler Energieträger befaßten Unternehmen überlassen werden können[2].

---

[1] Vgl. etwa: Bockris, J. O'M., Justi, E. W.: Wasserstoff, die Energie für alle Zeiten, S. 28. München: Udo Pfriemer Verlag 1980.

[2] Letztere wären, gemessen an den ungeheuren zur Erschließung neuer Ölvorkommen getätigten Investitionen bei nur geringfügiger Schmälerung derselben heute bereits in der Lage, Entscheidendes für die Energietechnik des Wasserstoffs zu unternehmen.

Die Technik des flüssigen Wasserstoffs, wie sie im Rahmen dieses Buches an Einzelbeispielen behandelt wird, eröffnet zufolge der Möglichkeiten der mobilen und stationären Speicherung des Wasserstoffs Anwendungen im Verkehr sowie zur Energiespeicherung allgemein. In weiterer Folge können sich daraus Entwicklungen ergeben, die wichtige Bereiche der Energietechnik betreffen[3] und eine Übergangsphase für eine in angemessenem Umfang zu etablierende Wasserstoff-Energietechnik darstellen können. Einen solchen Bereich, der heute bereits durch Sonderanwendungen erfaßt werden kann, stellt der bodengebundene Verkehr allgemein dar.

8.2 Anwendungen im Kraftfahrzeug

Hier sind erste Anwendungen bei Flottenfahrzeugen, d.h. solchen mit gleichem Einsatzbereich, geringen Infrastrukturerfordernissen, zentraler Pflege und Wartung besonders geeignet. Ähnliches könnte grundsätzlich auch für Fahrzeugparks öffentlicher Institutionen sowie für den Taxiverkehr Gültigkeit besitzen.

Beispielsweise können Linienbusse im Stadtverkehr, welche in zentralen Busdepots gewartet und betankt werden, vorteilhaft mit alternativem Kraftstoff, unter anderem auch mit flüssigem Wasserstoff, betrieben werden, wofür es bereits eine Reihe ernsthafter Projektvorschläge gibt. Hier bieten besonders Zweitakt-Dieselmotoren die Möglichkeit, mit geringem Aufwand wirtschaftlich auf umweltschonenden Wasserstoffbetrieb umgestellt werden zu können. Voraussetzung ist die Entwicklung kraftfahrzeugtauglicher Hochdruck-Einspritzpumpen für flüssigen Wasserstoff mit entsprechender Zuverlässigkeit und Lebensdauer. Allgemein anzustreben ist zunächst Zweistoffbetrieb, d.h. Betrieb mit Wasserstoff oder konventionellem Kraftstoff, wie es teilweise bereits erfolgreich demonstriert wurde, wodurch der Einsatz derartiger Fahrzeuge auch bei zunächst ungünstiger Infrastruktur für flüssigen Wasserstoff keine Beeinträchtigung erleidet. Weitere frühe Anwendungsbereiche eröffnen sich für landwirtschaftliche Nutzfahrzeuge in devisenschwachen Ländern, so z.B. in Afrika oder Südamerika, wo Wasserstoff mittels Elektrolyse unter Nutzung bestehender Überschüsse an Elektrizität aus Wasserkraft hergestellt werden könnte.

Der Betrieb von Personenkraftwagen mit Wasserstoff allgemein wird mit Ausnahme von Flottenfahrzeugen und Sonderanwendungen sicherlich nicht zu den ersten Maßnahmen im Rahmen einer Einführung der Wasserstoff-Energietechnik zu zählen sein. Eine nicht zu unterschätzende Bedeutung liegt jedoch in den hohen Anforderungen an die Technik der Antriebssysteme für Kraftfahrzeuge hinsichtlich Zuverlässigkeit, Lebensdauer, Verhalten in Unfallsituationen, leichter und platzsparender Bauweise[4], Fahreigenschaften usw. und der damit

---

3 Der Vollständigkeit halber wäre zu erwähnen, daß der Verfasser in einem Memorandum „Über das Arbeitsgebiet eines Institutes für Energieforschung" bereits im Jahre 1970 auf die Notwendigkeit entsprechender Forschungs- und Entwicklungsarbeiten hingewiesen hat und die dort geäußerten Gedanken nunmehr offenbar unter anderen Voraussetzungen von Universitäten und Großforschungsanstalten wieder aufgegriffen werden.

4 Die Kraftfahrzeugtechnik nähert sich hier durchaus der Luftfahrttechnik.

gegebenen Herausforderung, die Wasserstofftechnik auch im Hinblick auf Belange der Kraftfahrzeugtechnik entsprechend weiterzuentwickeln, was letztlich den Anwendungen des Wasserstoffs im allgemeinen dient.

Untersuchungen an Wasserstoffmotoren sind ferner von erheblicher Bedeutung für die Verbesserung der Motoreigenschaften beim Betrieb mit konventionellem Kraftstoff. Während Kohlenwasserstoffe auch hinsichtlich einzuhaltender Toleranzen bei Gemischbildung und Verbrennung als „bequeme“ Kraftstoffe angesehen werden können, erfordert Wasserstoff die exakte Einhaltung der jeweiligen optimalen Gemischzusammensetzung sowie des günstigsten Zündzeitpunktes über den gesamten Betriebsbereich. Abweichungen, welche bei konventionellem Kraftstoff lediglich erhöhten Kraftstoffverbrauch und Erhöhung der Schadstoffe im Abgas zur Folge haben, führen bei Wasserstoff zu unbefriedigendem Motorbetrieb. Die für den Betrieb von Wasserstoffmotoren unter härteren Einsatzbedingungen arbeitenden Verfahren der Gemischbildung und Regelung können bei Anwendung auf konventionelle Kraftstoffe zu besserer Kraftstoffökonomie und reduzierter Schadstoffemission beitragen.

Hinsichtlich der Schadstoffe, von welchen beim Wasserstoffmotor im wesentlichen nur Stickoxide[5] entstehen können, ist hier deren Bildungsmechanismus leichter durchschaubar als bei Kohlenwasserstoffen, wo zusätzlich Kohlenmonoxid, Rußpartikel sowie krebserregende Substanzen in Form mehrkerniger Kohlenwasserstoffe entstehen. Im Gegensatz zu Kohlenwasserstoffen kann bei Wasserstoffmotoren durch den hier realisierbaren Betrieb im mageren Mischungsbereich (weite Zündgrenzen von Wasserstoff-Luft-Gemischen, Qualitätsregelung), die Emission von Stickoxiden weit unter die durch verschiedene Vorschriften – beispielsweise *„California Test“* – gegebenen Schranken gesenkt werden. Diese Möglichkeit des Betriebes im mageren Mischungsbereich besteht infolge gesteuerter Verbrennung grundsätzlich auch beim konventionellen Diesel-Motor und hat ihm den Ruf eines umweltfreundlichen Motors verschafft, was durch die Erfahrung heute jedoch widerlegt wird, da Dieselmotoren heute im Interesse hoher Leistung und hoher Beschleunigung nicht im mageren Bereich gefahren werden. Die dadurch bedingte Umweltbelastung durch erhöhte Stickoxidemission, begleitet von Rußemission und von kanzerogenen Substanzen, beispielsweise von Benzpyren [64] ist dabei der Öffentlichkeit bis heute aus verschiedenen Gründen offensichtlich noch nicht genügend klargemacht worden[6].

Während Rußbildung und die damit zusammenhängende Emission kanzerogener mehrkerniger aromatischer Kohlenwasserstoffe wie beispielsweise Benzpyren[7] ein dem Dieselbetrieb mit Kohlenwasserstoffen inhärentes und mög-

---

[5] Bei extrem magerem Betrieb entstehendes Wasserstoffperoxid wird bereits im Auspuffsystem infolge katalytischer Reaktion an den Metallwänden zersetzt.

[6] Insbesondere in Europa wird es von Behörden und Verkehrsteilnehmern offenbar widerspruchslos hingenommen, daß sich die großkalibrigen Auspuffrohre der Lastkraftwagen und Busse in Höhe der Fenster bzw. der Einlaßöffnungen für die Belüftung von Personenkraftwagen befinden und auf diese Weise ihre schädliche Wirkung voll entfalten können.

[7] Der Name ist ebensowenig wie derjenige von Benzin (s. S. 103) von *„Benz“* abgeleitet.

licherweise nicht in befriedigender Weise zu lösendes Problem darstellt, kann die starke Stickoxidemission im Bereiche der stöchiometrischen Mischung grundsätzlich in ähnlicher Weise wie bei Wasserstoffmotoren durch Wassereinspritzung in den Motor gesenkt werden. Diese Möglichkeit ist grundsätzlich auch für konventionelle Otto-Motoren anwendbar und wird als zusätzliche innere Kühlung für Rennmotoren in Erwägung gezogen, stellt aber infolge der Notwendigkeit der Verwendung von demineralisiertem Wasser und eines Frostschutzes im Falle niedriger Außentemperaturen eine allgemein wenig praktikable Lösung dar. Dagegen eröffnet die bei Wasserstoff und Methan anwendbare Methode der kryogenen Gemischbildung (s. S. 141) sowohl bei äußerer als auch innerer Gemischbildung eine drastische Verringerung der Stickoxidemission auch bei Betrieb im stöchiometrischen Bereich und kann somit die Wassereinspritzung ersetzen, welche im wesentlichen lediglich eine Übergangslösung für Versuchs- und Demonstrationsfahrzeuge darstellt.

Nach dem heutigen Stand der Forschung stellt ferner die konsequente Anwendung digitaler Elektronik für die Regelung und Steuerung von Gemischbildung und Verbrennungsablauf den technisch richtigen Weg zur Reduktion der Schadstoffemission von Verbrennungsmotoren dar. Während hier bereits die Bildung von Schadstoffen im Motor reduziert wird[8], ist der neuerdings wiederrum in die Diskussion gebrachte Abgaskatalysator lediglich in der Lage, im Abgas enthaltenes Kohlenmonoxid mit den Stickoxiden unter bestimmten Betriebsbedingungen mehr oder weniger in Kohlendioxid und Stickstoff zu konvertieren. Die hierzu erforderlichen Bedingungen sind beim Otto-Motor am besten im mittleren bis oberen Teillastbereich[9], beim Diesel-Motor überhaupt nicht zu realisieren[10].

Abschließend bleibt also festzustellen, daß Forschung und Entwicklung auf dem Gebiete von Wasserstoffmotoren nicht nur in Zukunft unerreicht umweltfreundliche Antriebsverfahren für den Verkehr ermöglichen werden, sondern auch wesentliche Beiträge zur Verminderung der Schadstoffemission bei konventionellen Kraftstoffen leisten können.

8.3 Schienengebundene Fahrzeuge

Bei schienengebundenen Fahrzeugen werden heute zur Traktion im wesentlichen dieselelektrische Antriebsverfahren bzw. rein elektrische Antriebsverfahren eingesetzt. Letztere erfordern zur Elektrifizierung ein entsprechendes

[8] Es ist technisch wesentlich sinnvoller, die Entstehung von Schadstoffen direkt zu vermeiden, anstatt dieselben entstehen zu lassen, um sie dann durch entsprechende zusätzliche Maßnahmen auf Kosten des Anwenders wiederum zu entfernen.

[9] Dem entspricht in der Ebene ein Geschwindigkeitsbereich von etwa 80–100 km/h, was nicht ohne tieferen Grund der in den U.S.A., Kanada bzw. Japan vorgeschriebenen Höchstgeschwindigkeit entspricht.

[10] Es bleibt eine Tatsache, daß sowohl die Kraftstoffkosten wie auch die Fragen der Umweltbelastung von seiten des „Diesel-Gewerbes“ über potente Interessengruppen ausschließlich politisch motiviert und einer sachlichen Beurteilung kaum zugänglich sind.

Netz an elektrischer Energieversorgung, was nur in dicht besiedelten Gebieten wirtschaftlich sinnvoll ist. Dieselelektrische Antriebsverfahren sind infolge ihrer autonomen Energieversorgung vor allem für sehr schwach besiedelte Regionen und großer Streckenlänge geeignet, beispielsweise in Kanada oder in den U.S.A. Die Verwendung von flüssigem Wasserstoff als Kraftstoff, hergestellt über Elektrolyse und Elektrizität aus Wasserkraft bzw. Kernenergie, entspräche einer *„indirekten Elektrifizierung"* und findet derzeit insbesondere in Kanada entsprechendes Interesse. Als Antrieb kommt neben Dieselmotoren und Gasturbinen insbesondere auch der elektrische Antrieb über Wasserstoff-Luft-Brennstoffzellen in Betracht (vgl. [9–13, 65]). Ähnliche Überlegungen gibt es auch hinsichtlich künftiger Anwendungen in Hochgeschwindigkeits-Schnellbahnsystemen [14].

8.4 Anwendungen in der Seefahrt

Als Ergebnis einer Reihe von Studien erscheint der Schiffsbetrieb mit Wasserstoff grundsätzlich realisierbar, wobei allerdings eine Anzahl technischer Fragen noch eingehende Untersuchungen erfordert [15–19]. Der Speicherung des Wasserstoffs in flüssiger Form ist dabei der Vorzug gegenüber anderen Speicherungsverfahren zu geben, obwohl sich eine Reihe von Problemen im Zusammenhang mit der geringen Dichte dieses Kraftstoffs und dem sich daraus ergebenden größeren Speichervolumen [20–22] ergeben können. Handelsschiffe, beladen mit Fracht von hoher mittlerer Dichte – beispielsweise Erz oder Stahl – erscheinen für Wasserstoff recht gut geeignet, weil überschüssiges Volumen im Rumpf zur Aufnahme der im Vergleich zu konventionellem Kraftstoff größeren Tanks vorhanden ist. Bei Schiffen, welche Fracht geringer mittlerer Dichte befördern und demzufolge nur begrenztes verfügbares Volumen aufweisen – z.B. Containerschiffe – ergeben sich hier Probleme, die nur durch Vergrößerung des Schiffsrumpfes lösbar sind. Ferner bestehen bei derartigen, im verfügbaren Volumen begrenzten Schiffen Probleme hinsichtlich der Stabilität, da hier die Fracht oft an Deck gestapelt werden muß und demzufolge der Schwerpunkt relativ hoch liegt. Eine Kompensation durch die heute übliche Unterbringung der Kraftstofftanks in möglichst tiefer Lage führt bei Wasserstoff infolge der geringeren Masse des Kraftstoffes (nur etwa ein Drittel gegenüber Kohlenwasserstoffen) zu keiner wesentlichen Verbesserung [22].

Wichtige Anwendungen können sich für Tanker zum Transport von flüssigem Wasserstoff ergeben, die grundsätzlich aus den heute im Einsatz befindlichen Tankern für flüssiges Erdgas entwickelt werden könnten [23, 24, 25]. In Anbetracht der großen, nicht sinnvoll genutzten Wasserkraftreserven[11],

---

[11] Das globale Wasserkraftpotential beträgt nach [28] etwa $4{,}4 \cdot 10^4$ TWh/a, davon in Asien 37%, Afrika 23%, Nord- und Südamerika je etwa 13%. Davon sind heute maximal etwa 20% wirtschaftlich nutzbar. Eine weitere Nutzung von 20% über „indirekte Elektrifizierung" ergäbe ein jährliches Äquivalent von etwa 100 Mio t an flüssigem Wasserstoff!

z.B. in Südamerika, Afrika, aber auch in Grönland[12], wäre es denkbar, an Ort und Stelle erzeugten Elektrolyse-Wasserstoff nach Verflüssigung in entsprechenden Seehäfen in ähnlicher Weise mit Tankern in bedarfsintensive Gebiete zu transportieren, wie dies heute mit flüssigem Erdgas geschieht. In Weiterführung von Überlegungen, wie sie für flüssiges Erdgas durchgeführt wurden, könnte dies auch mit Unterwassertankern erfolgen.

Bei den Schiffsantrieben ermöglicht die Verwendung von Wasserstoff Verbesserungen hinsichtlich Wirkungsgrad, Leistung, Gewichtsaufwand und Bauvolumen. Während Schiffsdieselmotoren, insbesondere Zweitaktmotoren, grundsätzlich mit nicht allzugroßem Aufwand auf Wasserstoffbetrieb mit den daraus erwachsenden Vorteilen hinsichtlich Kraftstoffökonomie und Schadstoffemission umgestellt werden können und gegebenenfalls auch Zweistoffbetrieb zulassen, ermöglichen Gasturbinen bei Wasserstoffbetrieb in ähnlicher Weise wie bei den Strahltriebwerken (s. Kap. 6) Verbesserungen hinsichtlich Wirkungsgrad und Bauvolumen. Sehr aussichtsreich erscheint der elektrische Antrieb mittels Wasserstoff-Luft-Brennstoffzellen, weil hier wegen des hohen Gesamtwirkungsgrades eine erhebliche Reduzierung des Kraftstoffverbrauchs oder aber höhere Geschwindigkeit erreicht werden kann. Vielversprechende Möglichkeiten eröffnen sich durch die Verwendung supraleitender Elektromotoren, welche infolge ihrer starken Magnetfelder bei den für viele Schiffspropeller üblichen niedrigen Drehzahlen von etwa 100–200 U/min auch für große Leistungen klein und leicht gebaut werden können, was die Anordnung der Antriebsmotoren in der Heckpartie unter Verzicht auf die sonst erforderlichen langen Antriebswellen zuläßt [29, 30].

Obwohl die heute technisch verfügbaren Supraleiter unterhalb des mit flüssigem Wasserstoff erreichbaren Temperaturbereichs gekühlt werden müssen, erlaubt die Verwendung von Wasserstoff als Wärmesenke eine wesentlich effektivere Kühlung, gegebenenfalls mit magnetokalorischen Refrigeratoren (s. Kap. 4)[13].

Ein gewisser Abschluß dieser Entwicklungen wäre mit Unterwasserfahrzeugen, beispielsweise Unterwassertankern für flüssigen Wasserstoff erreicht, welche zweckmäßig einen Wasserstoff-Sauerstoff-Antrieb über Gasturbinen oder aber Elektroantrieb über Brennstoffzellen benutzen.

8.5 Anwendungen in Luft- und Raumfahrt

Hinsichtlich zukünftiger Anwendungen von flüssigem Wasserstoff in der Luftfahrt wurde das Wesentliche bereits in Kapitel 6 gesagt. Neben Sonder-

---

[12] Das nutzbare Potential der Gletscherschmelzwässer in Südgrönland (südlich des Polarkreises) [26] entspricht nach [27] etwa $1{,}1 \cdot 10^5$ GWh/a oder einem jährlichen Äquivalent von mindestens $2 \cdot 10^6$ t flüssigem Wasserstoff.

[13] Es braucht nicht besonders betont zu werden, daß flüssiger Wasserstoff als Wärmesenke weitere Möglichkeiten der Anwendung eröffnet, beispielsweise zur Kühlung von Frachtgut oder zur Gewinnung von Stickstoff aus der Luft, welcher als Schutzgas für Sicherheitsmaßnahmen (Inertisierung) an Bord benötigt wird.

anwendungen einschließlich des militärischen Bereichs ist ein umfassender Einsatz in der Zivilluftfahrt frühestens bei der übernächsten Flugzeuggeneration zu erwarten. Während noch zu lösende technische Probleme, insbesondere beim fliegenden Gerät keine unüberwindlichen Hindernisse darstellen, sind es vor allem die erforderlichen hohen Kapitalinvestitionen für die Bodenanlagen an den Flughäfen, welche hier zu treffende wirtschaftspolitische Entscheidungen erschweren werden. Im militärischen Bereich sind, abgesehen von Überschallflugzeugen, frühe Anwendungsbereiche für Sonderflugzeuge extremer Reichweite sowie für Hubschrauber absehbar.

In der Raumfahrt stellt flüssiger Wasserstoff auch in Zukunft die wichtigste Treibstoffkomponente für chemische Raketenantriebe dar und wird aufgrund absehbarer Entwicklungen auf dem Gebiete luftatmender Kombinationstriebwerke eine Erweiterung des derzeitigen Anwendungsbereichs von den Oberstufen der Trägersysteme auf deren Unterstufen erfahren und damit einen universellen Treibstoff darstellen [31][14].

Darüber hinaus sind bei zukünftigen Raumfahrtmissionen Anwendungen im Zusammenhang mit der Energieversorgung von Stützpunkten oder industriellen Produktionsanlagen denkbar. Beispielsweise besteht die Möglichkeit, den Energie- und Wasserbedarf zukünftiger Mondbasen zunächst durch Lieferung von Wasserstoff zu decken, während der zur Energieerzeugung bzw. Wasserherstellung erforderliche Sauerstoffbedarf aus Mondmineralien gedeckt werden kann.

Die Verwendung von Wasserstoff als Strahlmasse in nuklear-thermischen Triebwerken wird trotz der gegenwärtigen Situation in Zukunft Bedeutung zukommen, weil auf diese Weise „schnelle Reisen" im inneren und äußeren Planetengürtel realisierbar sind, was eine wesentliche Voraussetzung für bemannte Missionen darstellt.

Elektrische Antriebssysteme sind hinsichtlich der Transferzeiten insbesondere im äußeren Planetengürtel noch erheblich günstiger, benötigen dort jedoch eine nuklear-elektrische Energieversorgung mit einem aufwendigen Wärmestrahler zur Abgabe nicht umgewandelter Wärmeenergie. Im inneren Planetengürtel hingegen können elektrische Triebwerke mit Solargeneratoren versorgt werden und ermöglichen insbesondere Frachtverkehr zwischen Orbitalstationen.

Die Bedeutung von Wasserstoff als Strahlmasse bleibt ferner auch bei der Weiterentwicklung nuklear-thermischer Antriebe gegeben, die ausgehend von derzeitigen Feststoffreaktoren über solche mit gasförmigem Kernbrennstoff hin bis zu Reaktortemperaturen führen wird, wo sich das spaltbare Material im Plasmazustand befindet.

Diesen Antriebsverfahren gemeinsam ist das Problem der Übertragung der bei der Kernspaltung freiwerdenden Energie auf die Strahlmasse Wasserstoff, was bei Feststoffreaktoren mittels konvektivem Wärmeübergang, bei Gas- bzw. Plasmareaktoren über direkte thermische Stoßprozesse bzw. durch optische Strahlung möglich ist. Während diesen Antriebsverfahren keine energetische

---

[14] Vgl. ferner: ISTRA: Ein luftatmender ballistischer Raumtransporter für Europa. Kramer, P. A., Bühler, R. D. Z. f. Flugwissenschaften und Weltraumforschung 7, 237–241 (1983).

Anwendung von flüssigem Wasserstoff entspricht, ist dies bei zukünftigen Antriebsverfahren der Fall, welche auf gesteuerten thermonukelaren Reaktionen – dem Fusionsantrieb – beruhen, wo Wasserstoff gleichzeitig als Energieträger dient. Obwohl der Fusionsantrieb das effizienteste Triebwerk für Missionen innerhalb unseres Planetensystems darstellen würde, sind heute noch keine Konzepte mit realisierbaren Anwendungschancen erkennbar. Mit Sicherheit kann gesagt werden, daß die heute zur Energieerzeugung untersuchten Verfahren des magnetischen Plasmaeinschlusses (vgl. [32]) zufolge ihres enormen Aufwandes an Masse auch im Falle ihrer Realisierung zur stationären Energieeerzeugung, für den Raumfahrtantrieb kaum in Betracht kommen. Mehr Aussichten eröffnen hier die Verfahren des „Trägheitseinschlusses", wo ein aus festem Wasserstoff bestehendes Target durch geeignete Energiezufuhr innerhalb von Bruchteilen einer Nanosekunde auf eine Temperatur von etwa 10^8 K aufgeheizt wird und anschließend für etwa 10 bis 100 Nanosekunden durch Kernverschmelzung Energie freisetzt. Dieses Fusionsplasma kann nach entsprechender Ausrichtung durch ein Magnetfeld als gepulster Strahl zur Schuberzeugung benutzt werden, wobei eine Pulsfolgefrequenz im Bereich von etwa 10 bis 100 Hz anzustreben ist. Noch zu lösende Schlüsselprobleme stellen die Aufheizung sowie die Gewinnung der zur Aufheizung erforderlichen Energie aus dem Fusionsplasma dar. Obwohl im Experiment mit Erfolg demonstriert [33], dürfte die Anwendung von Nanosekunden-Impulslasern infolge der geringen Wirkungsgrade, der Komplexität und der erheblichen Dimensionen derartiger Anlagen ebenfalls kaum zur Anwendung in der Raumfahrt geeignet sein.

Vom Konzept her wesentlich bessere Entwicklungschancen bietet die bisher wenig untersuchte Verdichtung und Aufheizung des Targets durch gepulste Teilchenstrahlen, beispielsweise durch Protonen [34]. Im Gegensatz zur Erzeugung gepulster Laserstrahlung sind hier die mit der Erzeugung des Teilchenstrahles verbundenen Energieverluste um ein bis zwei Größenordnungen geringer. Die Probleme liegen in der Entwicklung von im Nanosekundenbereich gepulsten Teilchenbeschleunigern, die für leichte Ionen eine Teilchenenergie im Bereich von 10 MeV bei Stromstärken von etwa 10^6 A liefern müssen (vgl. [35–43]).

Ein weiteres Problem stellt, wie bereits erwähnt, die Auskopplung der zur Funktion des Antriebes erforderlichen Energie aus dem expandierenden und Schub liefernden Fusionsplasma dar. Hierzu bietet sich insbesondere magnetoplasmadynamische Energiewandlung an, wo durch Wechselwirkung mit Magnetfeldern zur Aufrechterhaltung der Funktion des Antriebssystems benötigte elektrische Energie aus dem Antriebsstrahl ausgekoppelt wird. Die Auskopplung der bei gesteuerter Kernverschmelzung freiwerdenden Energie über magnetoplasmadynamische Wandler – eine Analogie zum induktiven Asynchrongenerator in der Elektrotechnik – wird ganz allgemein bei zukünftigen Konzepten zur technischen Realisierung der Energieerzeugung mittels gesteuerter thermonuklearer Reaktionen in erhöhtem Maße Beachtung finden müssen, wenn die Kernfusion als „saubere Energiequelle" realisiert werden soll [44, 45, 46]. Voraussetzung ist hierzu die Verwendung thermonuklearer Reaktionen, bei welchen die freiwerdende Energie überwiegend in Form kinetischer Energie geladener Teilchen zur Verfügung steht, weil nur auf diese Weise Energieauskopplung über elektromagnetische Felder unter Vermeidung schädlicher radioaktiver Nebenwirkungen möglich ist. Dies sei anhand von Tabelle 29, näher ausgeführt, welche die Energiebilanzen verschiedener Kernverschmelzungsreaktionen zeigt.

Von den hier angeführten Reaktionen widmet die Forschung heute allgemein der Reaktion 3 erhöhte Aufmerksamkeit, weil diese bereits bei niedrigerer Temperatur als alle anderen thermonuklearen Reaktionen mit entsprechend hoher Energieausbeute ablaufen kann. Der hohe Energiebetrag von 14,1 MeV ist allerdings als Neutronenenergie, also als Energie ungeladener Teilchen enthalten, was neben der mit den Neutronen zusammenhängenden Problematik direkte Wechselwirkung mit elektromagnetischen Feldern und damit zusammenhängende un-

Tabelle 29. *Energiebilanzen von Kernverschmelzungsreaktionen*

1. $D + D \rightarrow {}^3He \quad + n$
   (0,82 MeV) (2,45 MeV)
2. $D + D \rightarrow T \quad + H$
   (1,01 MeV) (3,02 MeV)
3. $D + T \rightarrow {}^4He \quad + n$
   (3,5 MeV) (14,1 MeV)
4. $D + {}^3He \rightarrow {}^4He \quad + H$
   (3,6 MeV) (14,7 MeV)
5. $H + {}^6Li \rightarrow {}^3He + {}^4He + 4{,}0$ MeV
6. $H + {}^{11}B \rightarrow 3\,{}^4He + 8{,}9$ MeV

mittelbare Energieumwandlung ausschließt. Die bei dieser thermonuklearen Reaktion freiwerdende Energie entweicht in Form kinetischer Energie der Neutronen aus dem Reaktor, welche in einem entsprechenden Abschirmmantel durch Neutronenabsorption in Wärme umgewandelt werden muß. Bei den darauf basierenden Konzepten zur stationären Energieerzeugung mittels Kernfusion ist hierfür ein Mantel aus flüssigem Lithium vorgesehen, welches die Neutronenenergie aufnimmt und über Wärmetauscher an ein konventionelles Dampfkraftwerk abgibt. Die Probleme der Strahlungsbelastung und die Handhabung von Unfallsituationen ist dabei wesentlich mit dem Auftreten der hochenergetischen Neutronen gekoppelt. In dieser Hinsicht ist ein Vergleich mit der Kernspaltung aufschlußreich, wo nur etwa 6% der freiwerdenden Energie in den ungeladenen Teilchen (Neutronen, Gammas) enthalten ist, während dieser Prozentsatz bei Reaktion 3 etwa 80% und auch bei der Kombination der Reaktionen 1 und 3 immer noch zwischen 40 und 60% liegt. Man könnte daraus schließen, daß abgesehen von den radioaktiven Spaltprodukten bei den Kernspaltungsreaktoren die Probleme der Strahlungsbelastung aus dieser Sicht dort klein sind im Vergleich zu denjenigen, eine Kombination der Reaktionen 2 und 3 (Tabelle 29) benützenden zukünftigen Kernverschmelzungsreaktoren der ersten Generation.

Erst die Realisierung der Reaktionen 4, 5 bzw. 6, welche kaum über quasistationären Plasmaeinschluß im Magnetfeld, sondern wahrscheinlich nur mittels Trägheitseinfluß und pulsförmiger Aufheizung über geladene Teilchenstrahlung durchführbar sein dürften, wird die Berechtigung geben, von der Kernverschmelzung als sauberer Energiequelle zu sprechen, sowie Anwendungen zur stationären Energieerzeugung und in der Raumfahrt zulassen.

Abschließend sei festgestellt, daß ganz allgemein die Bedeutung der gesteuerten Kernverschmelzung als Energiequelle nicht nur im Hinblick auf die Erzeugung elektrischer Energie gesehen werden darf. Hier ist in geradezu idealer Weise die Herstellung von Wasserstoff aus Wasser über direkte Hochtemperaturprozesse gegeben, wobei *„indirekte Elektrifizierung"* der kontrollierten Kernverschmelzung über Wasserstoff ermöglicht wird, der hier sowohl als primärer als auch als sekundärer Energieträger auftritt.

8.6 Flüssiger Wasserstoff in der stationären Energietechnik

Eine Reihe von Untersuchungen hat ergeben, daß im Rahmen einer zukünftigen Wasserstoff-Energietechnik der Speicherung von Energie in Form von Wasserstoff eine wichtige Rolle zukommen wird [50–58]. Dabei besteht die Möglichkeit der *Jahresspeicherung*[15] von Energie in Form von flüssigem Wasserstoff, welche hier im Vergleich zu den alternativen Verfahren der Speicherung mittels Druckbehältern oder Metallhydriden besonders wirtschaftlich wird [48, 49].

Zu erwähnen wäre hier ferner die Erzeugung von Dampf über einen sogenannten Wasserstoff/Sauerstoff-Dampferzeuger. Derselbe stellt im wesentlichen die modifizierte Brennkammer eines Wasserstoff/Sauerstoff-Raketentriebwerks dar und liefert Hochdruckdampf hoher Temperatur, welcher als Momentanreserve zur Einspeisung in Dampfkraftwerke zwecks Spitzenlastdeckung bzw. zum Ausgleich von Regelvorgängen dienen kann (vgl. [59–62]).

Die Vorteile liegen im hohen volumenbezogenen Leistungsumsatz, wodurch sehr kompakte und wirtschaftliche Anlagen ermöglicht werden, in der ständigen Betriebsbereitschaft sowie in der äußerst kurzen erforderlichen Anfahrzeit mit typischen Werten im Bereich von etwa 1 Sekunde.

Probleme bereiten die wirtschaftliche Herstellung und Speicherung des benötigten Wasserstoffs und Sauerstoffs, sowie die Erzeugung des erforderlichen Brennkammerdrucks im Bereich von 200 bar bei Dampfeinspeisung in der Hochdruckstufe bzw. 80 bar in der Mitteldruckstufe des Kraftwerks. Im Interesse der Erzeugung des hohen Brennkammerdruckes wäre die Speicherung von Wasserstoff in flüssiger Form vorzuziehen. Einerseits könnte hier zwar unter

---

[15] Dies bezieht sich auch auf Untertagespeicher, deren Wirtschaftlichkeit gegeben ist, sofern entsprechende Standorte wie Kavernen, erschöpfte Öl- bzw. Erdgasfelder usw. mit entsprechend geringen Leckverlusten für zu speichernden gasförmigen Wasserstoff zur Verfügung stehen.

Berücksichtigung der Erfahrungen mit Raketentriebswerken der Aufwand auf seiten der Pumpen zur Brennkammerversorgung in Grenzen gehalten werden, andererseits ergeben sich jedoch Fragen hinsichtlich der Wirtschaftlichkeit des Verfahrens.

Einen Nachteil stellt ferner die erforderliche Kühlung des vom Hochdruckbrenner gelieferten Dampfes mittels Wassereinspritzung auf die im Kraftwerk zulässige maximale Dampftemperatur von etwa 560 °C dar, weil auf diese Weise die durch die Wasserstoff/Sauerstoff-Verbrennung ermöglichte hohe Temperatur (3000–4000 °C) thermodynamisch entwertet wird. Damit kann gerade der Bereich der hohen Temperaturen, wo die relativ teure Wasserstoff/Sauerstoff-Technik wirtschaftliche Vorteile bieten würde, nicht ausgenutzt werden. Diese Problematik könnte durch die Entwicklung von Hochtemperaturwerkstoffen und Kühlverfahren (vgl. [63]) für Dampf- bzw. Gasturbinen gemildert, jedoch nicht aufgehoben werden. Hier wäre der Einsatz eines echten Hochtemperaturverfahrens zur elektrischen Energieerzeugung, beispielsweise die Verwendung eines Wasserstoff/Sauerstoff-MPD[16]-Generators als Vorschaltstufe für ein kombiniertes Gas-Dampfturbinenkraftwerk, eine näher zu untersuchende Alternative [66].

Geht man abschließend davon aus, daß Kraftwerke in Zukunft nicht nur elektrische Energie und gegebenenfalls Fernwärme, sondern auch Wasserstoff bzw. Sauerstoff in ihr Angebot an Sekundärenergie aufnehmen können, dann werden sich daraus notwendigerweise auch Möglichkeiten für die hier erwähnten energietechnischen Anwendungen von flüssigem Wasserstoff unter Berücksichtigung der wirtschaftlichen Fragen ergeben.

Literatur

1. Flohn, H.: Klimaänderung als Folge der CO_2-Zunahme? Phys. Bl. *37*, 184–190 (1981).
2. Bach, W. (ed.): The Carbon Dioxide Problem. Experentia *36*, 767–812, 1017–1025 (1980b).
3. Williams, J. (ed.): Carbon Dioxide. Climate and Society. New York: Pergamon Press 1978.
4. Woodwell, G. M., Pecan, E. V.: Carbon and the Biosphere. Brookhaven Symp. in Biology No. 24, U.S. Atomic Energy Comm. (ed.). Div. of Technical Inf., Oak Ridge, Tenn., 1973.
5. Olson, J. S., Pfuderer, H. A., Chan, Y. H.: Changes in the Global Carbon Cycle and the Biosphere. ORNL-IEIS-109. Oak Ridge, Tenn., 1978.
6. Laurmann, J. A.: Impacts of CO_2-Induced Climate Change, Strategic Issues and their Treatment. Proc. 4th World Hydrogen Energy Conf., Vol. 4, 1785–1787. Adv. in Hydrogen Energy. New York: Pergamon Press 1982.
7. Zweig, R. M.: Hydrogen – Prime Candidate for Solving Air Pollution Problems. Proc. 4th World Hydrogen Energy Conf., Vol. 4, 1789–1805. Adv. in Hydrogen Energy 3. New York: Pergamon Press 1982.

[16] Magnetoplasmadynamischer Generator, auch magnetohydrodynamischer (MHD)-Generator bezeichnet.

8. Häfele, W., Barnert, H., Sassin, W.: Künftige fossile Brennstoffe – Ihre Nutzung und Einbettung in moderne Energiesysteme. DFVLR-Nachrichten *35*, 8–19 (1982).
9. Loeken, H.: Hydrogen as Motor Fuel for Locomotives, Cars and Ships. Teknisk Ukeblad *82*, 555–558, 563–565 (1935).
10. Foster, R. W., Escher, E. J. D.: Hydrogen Fueled Railroad Motive Power Systems, A Feasibility Study. Escher-Foster Techn. Ass., St. Johns, Mich., 1976.
11. Alpaugh, R. T., Escher, W. J. D., Foster, R. W., Novil, M.: Hydrogen-Fueled Railroad Motive Power Systems, A North American View. Proc. 2nd World Hydrogen Energy Conf., Vol. 4, 1793–1827. Adv. in Hydrogen Energy 1. New York: Pergamon Press 1978.
12. Steinberg, B. A., Scott, D. S.: A Systems Analysis Comparing Conventional and Hydrogen Powered Rail Locomotives. Proc. 17th IECEC, Paper 829372, 1178–1183, Los Angeles, 1982.
13. Van Vorst, W. D., Wolley, R. L.: Hydrogen Fueled Surface Transportation, Vol. IV: Hydrogen: Its Technology and Implications, Cox, K. E., Williamson, K. D. (eds.). Boca Raton, Florida: CRC-Press Inc. 1979.
14. Ishigohka, T.: A Conceptual Design of a Hydrogen Fueled Magnetically Levitated Superconducting High-Speed Train. Proc. 4th World Hydrogen Energy Conf., Vol. 3, 1095–1104. Adv. in Hydrogen Energy 3, 4 Vol. New York: Pergamon Press 1982.
15. Carhart, H. W., Affens, W. A., Boss, B. D., et al.: Hydrogen as a Navy Fuel, Special Study Study. Naval Res. Lab., Washington, D. C., NRL-7754, NTIS, 1974.
16. Sindt, C. F.: Transmission of Hydrogen. In: Selected Topics of Hydrogen Fuel, Hard, J. (ed.) NBS-Spec. Publ. 419, 1975.
17. Quandt, E.: Investigation of Hydrogen Fueled Naval Vehicles. Hydrogen Energy, Part B, Veziroglu, T. M. (ed.). New York: Plenum Press 1974.
18. Ford, A. E.: Hydrogen Fueled Turbine Boat Demonstration. SAE-paper 770797, September 1977.
19. Cart, E. N., Jr., et al.: Alternate Energy Sources for Nonhighway Transportation. U.S. Dept. of Energy (DOE), Transportation Energy Conservation Div., Washington, D.C., 1977.
20. Silla, H.: Possible Future Maritime Fuels. Webb Inst. of Naval Architecture, Glen Glove, N.A., 1977.
21. Anon.: Alternate Fuels for Maritime Use. National Academy of Sci., Maritime Res. Board, Washington, D.C., 1980.
22. Archibald, J. P.: Hydrogen Fueled Ships. Proc. Int. Conf. on Alternate Energy Sources, Miami Beach, 1980; vgl. Alternative Energy Sources III, Vol. 5, Veziroglu, T. N. (ed.). Berlin-Heidelberg-New York: Springer 1983.
23. Fooks, R. C.: Some Important Factors in LNG-Tanker Design Selection. Adv. Cryog. Eng., Vol. 19, pp. 269–275. New York: Plenum Press 1973.
24. Pastuhov, A.: Status Report on LNG Tanker Design. Adv. Cryog. Eng., Vol. 19, pp. 282–291. New York: Plenum Press 1973.
25. Howard, J. L.: Near-Term Trends in LNG-Tankships Design. Adv. Cryog. Eng., Vol. 19, pp. 276–281. New York: Plenum Press 1973.
26. Kollbrunner, C. F., Stauber, H.: Unerschöfliche saubere Wasser- und Energiequellen in Grönland. Inst. für bauwissenschaftliche Forschung, Heft 25. Zürich: Leemann Verlag 1973.
27. Bundschuh, V.: Nutzung der Gletschereisenergie. In: Energiequellen für morgen? Teil VI: Nutzung der Wasserenergie. Programmstudie im Auftrag des BMFT, Arbeitsgemeinschaft der Großforschungseinrichtungen (AGF/ASA), Nr. ASA-ZE/03/75, 1975.

28. World Energy Conference 1980: Proc. World Energy Conference 1980 Munich; 11th WEC; Vol. 1–4; The World Energy Conference 34st St. James Street, London SW1A1HD, 1980.
29. Stewart, A. J., Springer, J. H., Doyle, T. J.: Effectiveness of Superconducting Electric Drives. Naval Eng. J. *91*, No. 2 (April 1979).
30. Gamble, B., Keim, T. A.: Superconducting Generator Design for Airborne Application. Adv. Cryog. Eng., Vol. 25, pp. 127–136. New York: Plenum Press 1979.
31. Künkler, H.: Air Precooling Before Compression Effect on the Air Breathing Engine of a Space-Craft Launch Vehicle. 5th Annual DGLR Meeting, DGLR, Köln, NTIS, 1972.
32. Hancox, R.: Fusion Reactors: 1969–80. Nucl. Fusion *20*, 1064–1068 (1980).
33. Kidder, R. E.: Laser Driven Isentropic Hollow-Shell Implosion: The Problem of Ignition. Nucl. Fusion *19*, 223–234 (1979).
34. Winterberg, F.: The Possibility of Processing a Dense Thermonuclear Plasma by an Intense Field Emission Discharge. Phys. Rev. *174*, 212–220 (1968).
35. Yonas, G., Poukey, J. W., Prestwick, K. R., et al.: Electron Beam Focussing and Application to Pulsed Fusion. Nucl. Fusion *14*, 731–740 (1974).
36. Goldstein, Sh. A., Lee, R.: Focussed Intense Ion Beams Using Self-Pinched Relativistic Electron Beams. Phys. Lev. Letts. *35*, 1079–1082 (1973).
37. Miller, P. A., Butler, R. I., Conan, M., et al.: Propagation of Pinched Electron Beams for Pellet Fusion. Phys. Rev. Letts. *39*, 92–98 (1977).
38. Nation, J. A., Sudan, R. N. (eds.): Proc. 2nd Int. Conf. High Power Electron and Ion Beam Research and Technology, Cornell Univ., Ithaka, N.Y., Lab. of Plasma Studies, 1977.
39. Johnson, J. D., Sudan, R. N.: High Power Ion Diodes for Inertial Confinement Fusion Experiments. Sandia Labs., Albuquerque, N.M., Rep. RS-5244/1003, 1978.
40. Moses, G. A., Spencer, R.: Compact Electron Beam or Light-Ion Beam Fusion Reactor Cavity Design Using Non-Spherical Blast Waves. Nucl. Fusion *19*, 1386–1389 (1979).
41. Yonas, G.: Developments in Sandia Laboratories Particle Beam Fusion Programme, Plasma Physics and Contr. Nucl. Fusion Res. Proc. 7th Int. Conf., Innsbruck, 1978, Vol. 3, IAEA, Vienna 1979.
42. Humphries, J. S., Jr.: Intense Pulses Ions Beams for Fusion Applications. Nucl. Fusion *20*, 154 (1980), see also: Physics Today, 21, December 1980.
43. Anon.: Untersuchungen zur Eignung von Schwerionenstrahlen für den Trägheitseinschluß. Ges. für Schwerionenforschung, GSI-Bericht, Darmstadt, Juni 1980.
44. Post, R. F.: Direct Conversion of Fusion Energy to Electricity, Paper 709004, Proc. 5th Intersoc. Energy Conv. Eng. Conf. (IECEC), Las Vegas, Nev., 1970.
45. Peschka, W.: Hochtemperatur-Energiesysteme unter Verwendung von Plasmareaktoren und induktiven magnetoplasmadynamischen Wandlern. DLR-FB-67-59, DFVLR-Ber., 1967, vgl. auch: Peschka, W., Some Notes on Future Inductive MPD-Converters with Controlled Nuclear Fusion, Proc. 5th IECEC, 1970.
46. Peschka, W.: Neue Energiesysteme für die Raufahrt. München: Goldmann 1972.
47. Carpetis, C., Peschka, W.: Untersuchung der Wasserstoffspeicherung mit Kryoadsorbern. Abschlußbericht Projekt FA-057-76 EHC. EG-Kommission, Brüssel 1978.
48. Carpetis, C.: A System Consideration of Alternative Hydrogen Storage Facilities for Estimation of Storage Costs. Int. J. Hydrogen Energy *5*, 423–439 (1980).
49. Carpetis, C.: Estimation of Storage Costs for Large Hydrogen Storage Facilities. Int. J. Hydrogen Energy 7, 191–205 (1982).
50. Lawaczeck, F.: Storage of Surplus Electrical Energy as Hydrogen. Tek. Tidskr. *31–32*, 395–401, 407–412 (1929).

51. Hord, J. (ed.): Selected Topics on Hydrogen Fuel. NBS Spec. Publ. *419*, 208 (1975).
52. Booth, L. A., Balcomb, J. D., Edeskuty, F. J.: Combined Nuclear and Hydrogen Economy: A Long-Term Solution to the World's Energy Problems. Proc. 8th IECEC-Conf., Smith, A. H. (ed.), 396–403, Amer. Inst. of Aeron. and Astron., New York 1973.
53. Jayadevaiah, T. S., Chin, S. C.: Economics of a Hydrogen Storage Peaking Power Plant. ASME Paper No. 74-WA/PW R-6, 1974.
54. Salzano, F. J., Cherniavski, E. A., et al.: Role of Hydrogen in Electric Energy Storage. Hydrogen Energy, Part B, Veziroglu, T. N. (ed.). New York: Plenum Press 1975.
55. Kippenhan, C. J., Corlett, R. C.: Hydrogen-Energy Storage for Electrical Utility Systems, Hydrogen Energy, Part B, Veziroglu, T. N. (ed.). New York: Plenum Press 1975.
56. Ackerman, J. P., Barghusen, J. J., Link, L. E.: Assessment Study of Devices for the Generation of Electricity from Stored Hydrogen. Argonne Nat. Lab. Rep., ANL-75-71, December 1975.
57. Parrish, W. R.: Economic Study of Electrical Peaking Alternatives. Hydrogen Energy, Part V, Veziroglu, T. N. (ed.). New York: Plenum Press 1975.
58. Parrish, W. R.: Hydrogen in the Electrical Utility Industry. In: Selected Topics on Hydrogen Fuel, NBS Spec. Publ. 419, 1975.
59. Escher, W. J. D., et al.: A Non-Polluting Noiseless Engine for Powerplant Applications with Specific Orientation to a High Speed Ground Transportation Systems. Rocketdyne, RIP-13, Canoga Park, Calif., 1970.
60. Reese, R. M., Carmichael, A. D.: Cycle for the Propulsion of Deep Submersibles. 6th IECEC, 563–576, SAE, New York, 1971.
61. Wojkowski, H., Schnurnberger, W., Sternfeld, H. J.: Abschätzung erzielbarer Wirkungsgrade und Kosten bei der Verstromung von Wasserstoff. EG-Abschlußbericht zu FA 404-78-7, EHD, Brüssel, 1981.
62. Wright, D. E., Lucci, A. D., Campbell, J., Lee, J. C.: Hydrogen Turbine Power Conversion System Assessment. NASA-CR-135298, RI/RD 77-252, April 1978.
63. Colladay, R. S.: Thermal Feasibility of Using Methane or Hydrogen Fuel for Direct Cooling of a First Stage Turbine Stator. NASA-TN-D-6042, NTIS, 1970.
64. Stärk, G., Beßlein, W., et al.: Untersuchungen der Partikelemission von Dieselmotoren auf direkt wirkende Mutagenität. MTZ *44*, 263–267 (1983).
65. Foster, R. W., Escher, W. J. D.: A Project Plan for Implementing a Hydrogen Fueled-Hydrogen Transport Rail System. E:F Technology Inc. St. Johns, MI 48879, Contract No. NAS 10-10626, 1983.
66. Smith, J. M., Nichols, L. D., Seikel, G. R.: NASA-Lewis H_2-O_2 MHD-Program, Proc. 14th Symp. on Engineering Aspects of Magnetohydrodynamics, Paper III, 7, 1974.

9. Handhabung von flüssigem Wasserstoff

Die sichere Handhabung von Wasserstoff ist heute im industriellen sowie kommerziellen Bereich allgemeiner Stand der Technik [1–6]. Ferner wird im Rahmen der U.S.-Raumfahrtprogramme flüssiger Wasserstoff in großen Mengen produziert, transportiert, gespeichert und verwendet [7–10]. Aufgrund der dabei gesammelten positiven Erfahrungen kann flüssiger Wasserstoff hinsichtlich seines Verhaltens bezüglich Handhabung und bei Störfällen mit den alternativen flüssigen Sekundärenergieträgern Methan (LNG) und anderen niedrig siedenden Kohlenwasserstoffen wie beispielsweise Benzin verglichen werden [11]. Nach den heutigen Erfahrungen haben alle drei der hier aufgeführten Energieträger spezifische sicherheitstechnische Eigenschaften, die in dieser Hinsicht keine spezielle Bevorzugung eines von ihnen erkennen lassen (Abb. 86). Energieträger haben für verschiedene Anwendungsbereiche verschiedene Risken und erfordern detaillierte Sicherheitsuntersuchungen für den Einzelfall. Dabei ist zu berücksichtigen, daß neue Anwendungsbereiche auch neue sicherheitstechnische Probleme schaffen können. Im Gegensatz zu den Anwendungen von Wasserstoff im industriellen und kommerziellen Bereich ist in den Bereichen Transport, Verteilung und Verkehr in ähnlicher Weise wie bei den anderen Energieträgern die weitere Durchführung sicherheitstechnischer Untersuchungen erforderlich. Die guten Erfahrungen mit dem stark wasserstoffhaltigen Stadtgas sowie mit flüssigem Wasserstoff im Rahmen der Raumfahrtprogramme, aber auch mit Kraftfahrzeugen zur Demonstration der Anwendbarkeit von flüssigem Wasserstoff im Verkehr lassen dabei keine unüberwindbaren sicherheitstechnischen Probleme erkennen.

Über sicherheitstechnische Fragen im Umgang mit gasförmigem Wasserstoff allgemein existiert eine umfangreiche Literatur, auf welche hier im Detail nicht eingegangen werden kann. Es sei nur aufgeführt, daß gasförmigem Wasserstoff zusammen mit den oben erwähnten Energieträgern verschiedene Eigenschaften gemeinsam sind, z.B. deren leichte Entzündbarkeit, etwa durch den schwachen Funken infolge elektrostatischer Aufladung des menschlichen Körpers. Wasserstoff hat dabei die geringste Zündenergie. Wasserstoff-Luft-Explosionen erfolgen im Freien in ähnlicher Weise wie bei den anderen Sekundärenergieträgern, d.h. im allgemeinen mit verhältnismäßig geringem Grad von Zerstörung, während in von Wänden eingegrenzten Bereichen stets mit hohem Grad an Zerstörung zu rechnen ist. Charakteristisch für Wasserstoff sind dabei die hohe Brenngeschwindigkeit in Luft, die weiten Zünd- und Detonationsgrenzen sowie das Auftreten hoher Drücke bei der Detonation von Luft-Wasserstoff-Gemischen. Im Gegensatz zu Benzin und Methan verteilt sich gasförmiger Wasserstoff zufolge

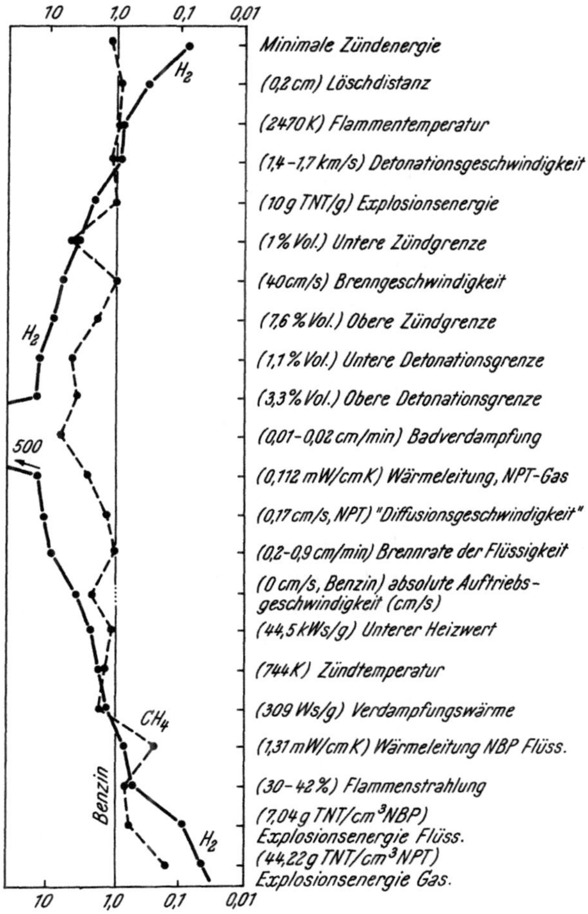

Abb. 86. Gegenüberstellung sicherheitstechnisch charakteristischer physikalischer Eigenschaften von Wasserstoff und Methan, bezogen auf Benzin (Zahlenwerte in Klammern gelten für Benzin)[1]

seines starken Auftriebes in Luft sehr rasch durch turbulente Konvektion, weist nur einen Bruchteil der Flammenstrahlung von Kohlenwasserstoff-Flammen auf, welche übrigens in feuchter Luft sehr rasch absorbiert wird und besitzt bei stöchiometrischer Mischung mit Luft den kleinsten volumenbezogenen Gemischheitswert.

Bei Handhabung von flüssigem Wasserstoff und flüssigem Methan treten die mit den erforderlichen tiefen Temperaturen zusammenhängenden kryogenen Eigenschaften hinzu. Bei der Handhabung dieser kryogenen Flüssigkeiten entstehen im Störfall oder in Unfallsituationen zufolge Verdampfung stets große Mengen an gasförmigem Wasserstoff bzw. Methan, so daß flüssiger und gasförmiger Bereich an sich nicht völlig getrennt voneinander betrachtet werden können.

---

[1] Explosionsenergie Gas: $44{,}22 \cdot 10^{-3}$ g TNT/cm³ NPT.

Im folgenden wird jedoch vornehmlich auf Sicherheitsfragen eingegangen, die im wesentlichen durch die Eigenschaften der betreffenden kryogenen Flüssigkeiten gegeben sind.

9.1 Werkstoffe zur Handhabung von flüssigem Wasserstoff

Während die Handhabung von reinem Wasserstoff bei Umgebungstemperatur und darüber sowie bei hohen Drücken, insbesondere bei zyklischer Belastung erhebliche Werkstoffprobleme zur Folge hat (vgl. [12–15]), sind für kryogenen Wasserstoff eine Reihe von zuverlässigen Materialien bekannt, beispielsweise austenitische Chrom-Nickel-Stähle mit hohem Nickelgehalt, sowie Aluminiumlegierungen mit besonders guter Schweißbarkeit. Obwohl kaltzähe Werkstoffe bei tiefen Temperaturen im allgemeinen eine Festigkeitszunahme erfahren, muß berücksichtigt werden, daß sichere Funktion auch bei Umgebungstemperatur und während der Abkühlungs- und Aufwärmphasen gegeben sein muß, welche durch starke Materialbeanspruchung zufolge thermischer Spannungen gekennzeichnet sind. Eine erhebliche Kaltverformung der Werkstoffe ist ferner möglichst zu vermeiden, weil dieselbe auch bei austenitischen Stählen zu einer partiellen Umwandlung in die sprödere Martensit-Struktur führen kann. Infolge der Notwendigkeit kaltzähe Werkstoffe mit im wesentlichen kubisch flächenzentrierter Gitterstruktur zu benutzen, wird gleichzeitig erreicht, daß bei Unfallsituationen infolge Werkstoffversagen Splitter- und Schrapnellschäden vermieden werden können, wie sie bei Verwendung spröder Materialien wie Glas oder kaltversprödeten Kunststoffen stets auftreten.

Bei den nichtmetallischen Werkstoffen haben sich insbesondere glasfaser- bzw. kohlefaserverstärkte Kunststoffe als Aufhängungen oder Abstandshalterungen bewährt und finden als ultraleichter Behälterwerkstoff auch für Kryobehälter steigendes Interesse (vgl. [16–28]).

Besonderes Augenmerk ist der Instrumentierung, insbesondere Armaturen, Ventilen und Manometern zu widmen, welche bei unsachgemäßer Werkstoffauswahl zufolge Wasserstoffversprödung versagen und zum unkontrollierten Austritt von Wasserstoff führen können [29].

Isoliermaterialien, Pulver- bzw. Strahlungsisolation – Superisolation –, sind unter Umständen aus unbrennbaren Materialien zu fertigen, weil bei Lecks am Außenbehälter Explosionsgefahr zufolge Kondensation von Luft in den Vakuumzwischenraum besteht. Eine gewisse Ausnahme bildet dabei die Superisolation, welche nach mancherorts geltenden Vorschriften, wie z.B. in der Bundesrepublik Deutschland, aus unbrennbarem Material bestehen muß, während beispielsweise die Verwendung aluminisierter Mylar-Folie aufgrund der in den U.S.A. gesammelten Erfahrungen dort auch für die Isolation von Behältern für flüssigen Wasserstoff Anwendung finden kann.

9.2 Handhabung von Wasserstoff als kryogene Flüssigkeit

Die Handhabung von flüssigem Wasserstoff unterscheidet sich aus physikalischer Sicht zwar grundsätzlich nicht von derjenigen anderer kryogener Flüssigkeiten, zufolge der Brennbarkeit sind jedoch eine Reihe zusätzlicher Fakten zu beachten.

Bei allen kryogenen Flüssigkeiten besteht die Möglichkeit, daß in der Luft enthaltene Gase – vor allem Wasserdampf – in die Flüssigkeit hineinkondensieren und sich sammeln, was zur Verstopfung von Leitungen und zum Blockieren von Ventilen führen kann. In flüssigem Wasserstoff kann ebenso wie in flüssigem Helium, flüssigem Neon und flüssigem Stickstoff auch Luft auskondensieren, wobei dieses Kondensat im Gleichgewicht bei Umgebungsdruck etwa 52% Sauerstoff enthält [30, 31, 32]. In gleicher Weise kann bei flüssigen Wasserstoff führenden Leitungen, welche thermisch nicht isoliert sind bzw. bei Versagen des Vakuums vakuumisolierter Leitungen Luft auskondensieren und flüssig abtropfen, was infolge der höheren Sauerstoffkonzentration in Gegenwart brennbarer Materialien zu Feuer und Explosionen führen kann [34–39].

Die Verstopfung der Abgasleitungen von Speicherbehältern durch Eispfropfen wird bei Großbehältern durch ein entsprechend aufwendiges Ventilationssystem vermieden [33], welches gleichzeitig zur Unterdrückung der Rückdiffusion von Luft Diffusionssperren in Form von Zeolithmaterialien enthält, die als „Molekularsieb“ bevorzugt die in der Luft enthaltenen Gase adsorbieren. Bei kleineren Behältern, insbesondere bei mobiler Anwendung, wo die Anbringung aufwendiger Ventilationssysteme nicht möglich ist, empfiehlt es sich vor allem, die Querschnitte der Abgasleitungen so klein wie möglich zu halten, um durch entsprechend hohe Strömungsgeschwindigkeit die Rückdiffusion des Wasserstoffs in der Abgasleitung möglichst zu unterbinden. Den Abgas- und Ventilquerschnitten ist demzufolge besondere Bedeutung zu widmen, weil hier für die verschiedenen kryogenen Flüssigkeiten auch verschiedene Anforderungen bestehen, um die in Unfallsituationen zufolge Verdampfung der Flüssigkeit auftretenden Gasmengen sicher abführen zu können. Ein charakteristischer Parameter für das anfallende Gasvolumen ist dabei das Verhältnis der Temperaturspanne ΔT von Umgebungstemperatur zum Siedepunkt der Flüssigkeit zur volumenbezogenen Verdampfungsenthalpie h_v (s. Tabelle 30) (vgl. [30]).

Tabelle 30. *Daten kryogener Flüssigkeiten im Vergleich mit flüssigem Wasserstoff*

	Kritischer Druck (bar)	Kritische Temperatur (K)	Siedepunkt (K)	Verdampfungsenthalpie h_v (Ws/g)	(Ws/cm³)	$\Delta T/h_v$ (K·cm³/Ws)
Helium	2,3	5,2	4,2	20,2	2,5	118
Wasserstoff	12,8	33,2	20,4	447	31,8	8,8
Stickstoff	33,5	126,1	77,3	199	160	1,39
Methan	45,8	190,7	111,7	508	215	0,88

Demzufolge ist Helium hinsichtlich der Abgasquerschnitte besonders kritisch, während sich Wasserstoff mehr dem Verhalten von Stickstoff und Methan annähert. Da kleinere Wasserstoffspeicherbehälter sehr oft von Heliumbehältern konstruktiv abgeleitet bzw. Heliumbehälter zur Wasserstoffspeicherung benutzt werden, sind Wasserstoffbehälter hinsichtlich der Abgasquerschnitte im allgemeinen sehr stark überdimensioniert. Während demzufolge Heliumbehälter im allgemeinen stets zur Speicherung von Wasserstoff verwendet werden können, trifft dies in umgekehrter Weise nur bedingt zu (s. Kap. 7).

Zur Vermeidung unzulässiger Beanspruchung der Behälter zufolge Wärmedehnung der Flüssigkeit muß bei Erreichen des maximalen Betriebsdrucks, gekennzeichnet durch das Ansprechen der Sicherheitsventile, noch ein Gasraum von etwa 5% vorhanden sein. Daraus ergibt sich für flüssigen Wasserstoff nach Tabelle 31 in Abhängigkeit vom Tankdruck folgender Füllungsgrad:

Tabelle 31. *Füllungsgrad von LH_2-Behältern in Abhängigkeit vom Druck*

Druck p (bar)	Temp. T (K)	$\frac{\Delta p}{\Delta T}$	Dichte der Fl. g/l	Füll-faktor g/l	Füllungs-grad %
1,0	20,4	0,30	71.2	67,6	95,0
1,5	21,8	0,36	69,4	65,9	92,5
2,0	22,9	0,45	67,9	64,5	90,6
2,5	23,9	0,5	66,5	63,2	88,8
3	24,7	0,62	65,3	62,0	87,0
4	26,1	0,71	63,0	59,8	84,0
5	27,3	0,83	61,0	57,9	81,3
6	28,2	1,11	59,0	56,0	78,7
8	29,9	1,25	55,0	52,2	73,3
10	31,4	1,42	50,4	47,9	67,2
12	33,0	1,66	38,2	36,2	50,8
13,2	33,2	5,0	29,9	28,4	39,9

Daraus ist zu entnehmen, daß der maximale Betriebsdruck im Interesse eines guten Füllungsgrades nicht zu hoch gewählt werden soll. Da ferner bei Temperaturen nahe am kritischen Punkt der auf die Temperaturerhöhung der Flüssigkeit bezogene Druckanstieg erheblich zunimmt, sind aus dieser Sicht heraus Betriebsdrücke oberhalb von etwa 6–8 bar tunlichst zu vermeiden. Darüber hinaus stellt bei mobilen Speichern ein hoher Betriebsdruck ein erhöhtes Risiko in Unfallsituationen dar.

Während stationäre und mobile Behälter für flüssigen Wasserstoff heute aufgrund der gesammelten Erfahrungen für die Bewältigung von Unfallsituationen entsprechend widerstandsfähig gebaut werden können, ergeben sich für die Außenverrohrung einschließlich der Armaturen gewisse Probleme. Hier ist nämlich ein Kompromiß hinsichtlich robuster Ausführung und guter Verformbarkeit in Unfallsituationen ohne dadurch bedingte Leckbildung zu finden, wozu aufgrund fehlender Erfahrungen insbesondere bei kleineren Behältern weitere experimentelle Untersuchungen unter Einsatzbedingungen erforderlich sind.

Kryogene Verletzungen

Alle kryogenen Flüssigkeiten können bei direktem oder indirektem Kontakt mit der Haut bzw. Körperpartien verbrennungsähnliche Verletzungen verursachen. Dies gilt auch für Bauelemente kryogener Anlagen, welche sich auf tiefer Temperatur befinden sowie für das bei Verdampfung kryogener Flüssigkeiten entweichende kalte Gas. Zufolge der Wärmekapazität des durchbluteten Gewebes und der Ausbildung einer schlecht wärmeleitenden Dampfschicht zwischen der kryogenen Flüssigkeit und dem zunächst auf Körpertemperatur befindlichen Gewebe – *Leidenfrost*sches Phänomen – setzt die Abkühlung von Haut- bzw. Körperpartien nicht unmittelbar bei Kontakt mit kryogenen Flüssigkeiten ein. Dadurch können in vielen Fällen schwere Verletzungen vermieden werden, weil die verbleibende Zeitspanne oft ausreichend ist, um sich aus der Gefahrenzone zu bringen bzw. die auslösende Ursache auszuschalten. Beim Umgang mit kryogenen Flüssigkeiten in offenen Gefäßen und bei entsprechenden Unfallsituationen besteht ferner Gefahr des Vollsaugens der Kleidung mit kryogener Flüssigkeit, welches im Labor- und Industriebereich durch Tragen entsprechender abweisender Schutzkleidung vermieden werden kann. Eine weitere Verletzungsgefahr beim Umgang mit offenen kryogenen Flüssigkeiten ergibt sich aus der Gefährdung der Augen durch Flüssigkeitsspritzer, welche beim Umgang mit den siedenden bzw. zu Siedeverzug neigenden kryogenen Flüssigkeiten nicht ausgeschlossen werden können. Demzufolge sollen bei der Handhabung offener kryogener Flüssigkeiten stets Schutzbrillen oder ein Gesichtsschutz getragen werden [30, 34, 35, 36].

Als einzige unmittelbare Maßnahme bei Auftreten kryogener Verletzungen ist die sofortige Aufwärmung der geschädigten Körperpartien mit Wasser zu erwähnen. Anwendung von warmem Wasser, dessen Temperatur jedoch keinesfalls ca. 40 °C übersteigen soll, ist dabei durchaus zweckmäßig [30, 40].

Nach den bisherigen Erfahrungen sind kryogene Flüssigkeiten mit großer volumenbezogener Kühlkapazität, d.h. im wesentlichen mit großer Dichte und großer Verdampfungswärme wie beispielsweise flüssiger Stickstoff, flüssiger Sauerstoff, flüssiges Methan im Hinblick auf kryogene Verbrennungen aus dieser Sicht zunächst gefährlicher einzustufen als etwa flüssiger Wasserstoff oder flüssiges Helium. Allerdings ist hier die erhöhte Kühlwirkung des Kaltgases zufolge der größeren Wärmeleitfähigkeit und zufolge des erhöhten Wärmeüberganges an Oberfläche nicht zu unterschätzen. Der erhöhte Wärmeübergang kommt dadurch zustande, daß zufolge der geringen Dichte der Gase Helium und Wasserstoff bei Austreten aus Lecks oder anderen Öffnungen bereits bei geringem Überdruck eine relativ große Strömungsgeschwindigkeit erreicht wird, was erhöhten Wärmeübergang an Hautpartien zur Folge hat, welche mit der kalten Gasströmung in Kontakt kommen. Während über Verletzungen im Umgang mit den kryogenen Flüssigkeiten größerer Dichte wie flüssigem Stickstoff und insbesondere flüssigem Sauerstoff entsprechendes Erfahrungsmaterial aus dem industriellen Bereich vorliegt, ist dies für flüssiges Helium und flüssigen Wasserstoff nicht der Fall. Die Ursachen hierfür können einerseits rein statistisch durch die im Vergleich zu flüssigem Wasserstoff erheblich größeren handzuhabenden Mengen von flüssigem Stickstoff und flüssigem Sauerstoff bedingt sein und andererseits auf verschärften Sicherheitsvorschriften für die Handhabung von flüssigem Wasserstoff beruhen. Flüssiges Helium stellt in dieser Hinsicht eine Ausnahme dar, da es im Vergleich zu flüssigem Wasserstoff industriell nur in relativ geringen Mengen und darüber hinaus im wesentlichen labortechnisch gehandhabt wird.

Erstickungsgefahr infolge Sauerstoffmangel in geschlossenen Räumen

Während für verflüssigte Gase wie beispielsweise Fluor oder Kohlenmonoxid und in gewisser Hinsicht auch bei Kohlendioxid deren Toxizität zu berücksichtigen ist, besteht auch beim Austritt ungiftiger kryogener Flüssigkeiten wie z.B. flüssigem Stickstoff, flüssigem Helium, flüssigem Wasserstoff bei deren Verdampfung in geschlossenen bzw. schlecht belüfteten Räumen Erstickungsgefahr zufolge Sauerstoffmangel. Dabei tritt beim Verweilen in Räumen mit einem Sauerstoffgehalt von etwa 8 Vol.%[2] nach etwa 8 Minuten, bei 4 Vol.% nach ca. 40 Sekunden der Tod ein [9, 30, 31]. Dies gilt grundsätzlich auch für Wasserstoff-Luft-Gemische, wobei jedoch zu berücksichtigen ist, daß Wasserstoff im Gegensatz etwa zu Stickstoff auch als kaltes Gas in Luft bereits Auftrieb erfährt und die Ausbildung einer homogenen Mischung mit Luft sehr erschwert ist. In geschlossenen Räumen ist ferner wegen der Brennbarkeit des Wasserstoffs und der niedrigen unteren Zündgrenze von 4 Vol.% in Luft aus sicherheitstechnischen Gründen stets gute Durchlüftung erforderlich, welche gleichzeitig entsprechende Qualität der Atemluft garantiert, oder aber es wird Inertisierung durchgeführt, wobei das Betreten der Räume durch entsprechende sicherheitstechnische Maßnahmen ausgeschlossen ist.

9.3 Wasserstoff als brennbare Flüssigkeit

Flüssiger Wasserstoff ist zufolge des thermodynamischen Gleichgewichts mit der Gasphase stets eine Quelle für erhebliche Mengen von gasförmigem Wasserstoff. Aus dieser Sicht sind sicherheitstechnische Fragen der Handhabung von flüssigem Wasserstoff wesentlich durch die Eigenschaften des gasförmigen Wasserstoffs bestimmt, wofür seit langem umfangreiche Erfahrungen vorliegen. Sicherheitstechnisch ist – wie bei allen brennbaren Substanzen – auch bei der Handhabung von flüssigem Wasserstoff das Zusammentreffen der drei Bedingungen – brennbarer Stoff, Luft bzw. Sauerstoff, Zündquelle – zu vermeiden. Dabei werden bei der Handhabung im allgemeinen zwei dieser drei Bedingungen durch entsprechende Maßnahmen – beispielsweise Ausschaltung von Zündquellen und Überwachung der Ansammlung von Wasserstoffgas in der Luft – eliminiert. Ein Unglücksfall ist letztlich durch unkontrolliertes Zusammentreffen dieser drei Bedingungen definiert. Im folgenden wird auf zwei für flüssigen Wasserstoff charakteristische Unfallsituationen, nämlich die Freisetzung großer Mengen von flüssigem Wasserstoff sowie die Ansammlung von verfestigter Luft bzw. Sauerstoff in flüssigem Wasserstoff näher eingegangen.

---

[2] Normale Atemluft enthält etwa 21 Vol.% an Sauerstoff.

Unkontrollierte Freisetzung großer Mengen von flüssigem Wasserstoff

Derartige Situationen können beim Leckwerden bzw. Bersten von Behältern, beispielsweise bei Tankfahrzeugen oder bei Flugzeugtanks (s. Kap. 4 bzw. 6) und bei Lecks an Leitungen für flüssigen Wasserstoff auftreten. Die relativ geringe Verdampfungswärme und der sehr niedrige Siedpunkt des flüssigen Wasserstoffs bedingen im Vergleich zu Benzin, flüssigem Methan (LNG) und Flüssiggas ein gänzlich abweichendes Verhalten. Beim Austreten von flüssigem Wasserstoff aus Behältern bzw. Leitungen in die Umgebung verdampft Wasserstoff sehr rasch und erfährt nach Aufwärmung auf etwa 30 K bereits Auftrieb in Luft. Wasserstoff steigt daher sehr rasch auf, vermischt sich zufolge starker turbulenter Konvektion intensiv mit Luft und verteilt sich innerhalb kürzester Zeit.

Freisetzungsexperimente[3] mit Mengen bis zu ca. 20 m^3 an flüssigem Wasserstoff [41, 42, 43] zeigen ferner, daß dabei im Freien und unbegrenztem Volumen (weniger als zwei Wände plus Boden) stets Verbrennung durch Deflagration auftritt und kein Umschlag in Detonation erfolgt, solange die Zündung nicht mittels Explosivzünder eingeleitet wurde. Der Druckanstieg bei der Entzündung des Wasserstoff-Luft-Gemisches oberhalb von siedendem flüssigem Wasserstoff erwies sich im Freien als relativ gering, zeigte aber bei teilweiser Begrenzung eine erhebliche Zunahme. Beispielsweise entsprach der Druckanstieg eines 5 l-Spills nach der Entzündung unter U-förmiger Begrenzung ($60 \times 60 \times 60$ cm) einem 600 l-Spill ohne Begrenzung. Ferner konnte bei derartiger durch vier Flächen (drei Seiten plus Boden) gebildeten Begrenzung reproduzierbar Detonation nachgewiesen werden.

Besonderes Augenmerk erfordern Spills in geschlossenen Räumen. Nach [44] ergab sich nach Ausgießen von 65 l LH_2 in einem geschlossenen Raum von ca. 100 m^3 Volumen (Blockhaus) nach maximal 2 Sekunden ein detonationsfähiges H_2-Luft-Gemisch, bei Mengen unterhalb von 30 l hingegen Deflagration mit einen Überdruck von weniger als 0,5 bar. Demzufolge muß Detonation im Falle einschließender Wände nicht zwangsläufig auftreten, solange das eingeschlossene Volumen groß genug gegenüber dem Volumen der freigesetzten Flüssigkeit ist.

Darüber hinaus erfordert die Entwicklung einer Detonation aus einer Deflagration heraus eine gewisse Wegstrecke, die sogenannte Detonationseinleitungs-Distanz. Sie ist in komplizierter Weise abhängig von Gemischzusammensetzung, Druck, Temperatur, Einschlußgeometrie und Art der Zündquelle [45, 46]. Wichtig im Freien ist der Einfluß der Größe des „Feuerballs"[4], der bei un-

---

[3] Im folgenden in Anlehnung an die Fachbezeichnung in der englischen Literatur als „Spills" bezeichnet.

[4] Der Feuerball ist definiert durch den unmittelbar nach der Entzündung von den Flammen erfaßten Bereich. Als Erfahrungswert gilt nach [11, 32] für den Durchmesser $D \sim 7{,}93 \cdot M_f^{1/3}$ und für die Feuerballdauer $t \sim 0{,}47 \cdot M_f^{1/3}$ (D in Metern, t in Sekunden, M_f Menge des Energieträgers in kg).

mittelbarer Entzündung des brennbaren Wasserstoff-Luft-Gemisches kleiner ist als bei verzögerter Entzündung. Danach sind die Flammen auf den Bereich oberhalb des Versuchsbereiches begrenzt. Während die Flamme bei Windstille vertikal brennt, erfolgt bei Wind eine Verlagerung windabwärts in starker Abhängigkeit von der Windgeschwindigkeit. Die Brenndauer des Spills beträgt dabei nur etwa 2–5% der Zeit für eine energetisch äquivalente Menge von Kohlenwasserstoffen wie z.B. Benzin. Wie die Versuche ferner zeigten, kann aus der Verteilung der sich bei der Mischung des kalten Wasserstoffgases mit der Luft durch kondensierte Wassertröpfchen gebildeten Wolke nicht zuverlässig auf den Bereich des zündfähigen Wasserstoff-Luft-Gemisches geschlossen werden, welches sich im übrigen zu einem erheblichen Teil oberhalb der Wolke befindet.

Ein weiteres Ergebnis der Versuche war die Erkenntnis, daß im Falle eines Leitungsbruches und kontinuierlichem Ausfließen von flüssigem Wasserstoff der Bereich des zündfähigen Wasserstoff-Luft-Gemisches in Bodennähe erheblich vergrößert wird und sich bei einer Ausflußrate von etwa 1000 l/min über eine Distanz von etwa 100 m windabwärts erstreckt [41, 42, 43].

Während diese Versuche sehr wesentliche Ergebnisse über das Verhalten von flüssigem Wasserstoff bei Freisetzung und nachfolgender Entzündung brachten und viel zu einer realistischeren und positiven Einschätzung des Verhaltens von flüssigem Wasserstoff als Raketentreibstoff sowie als Kraftstoff beitrugen, ergab sich daraus die Notwendigkeit, mehr Information über die Verteilung der Wasserstoffwolken in Luft bezüglich ihrer räumlichen Verteilung in Abhängigkeit von der Zeit zu erhalten, um bestehende physikalische Modelle wie Bildung und Verteilung des brennbaren Wasserstoff-Luft-Gemisches bei Spills von flüssigem Wasserstoff auf ihre Zuverlässigkeit überprüfen zu können. Aus diesem Grunde wurde von der NASA in den Jahren 1979 bis 1980 das im folgenden kurz beschriebene Versuchsprogramm in *White Sands* in New Mexico durchgeführt, wobei der Instrumentierung zur Erfassung der Meßdaten besonderes Interesse galt [47][5].

Bei der in Abb. 87 gezeigten Versuchsanordnung wurde flüssiger Wasserstoff mit Hilfe von gasförmigem Helium (6,9 bar Druck) aus einem „Spill"-Dewar von 5,7 m^3 (ca. 400 kg LH_2) Inhalt über eine Leitung von 30 m Länge und 152 mm Innendurchmesser mit Hilfe eines Enddiffusors (s. Abb. 88) freigesetzt und die Zusammensetzung der Wasserstoffwolke sowie deren Temperatur und Ausbreitungsverhalten als Funktion der herrschenden Windgeschwindigkeit untersucht.

Zur Registrierung wurden auf neun entsprechend angeordneten Masten (s. Abb. 89) von 19,5 m Höhe in verschiedenen Höhenniveaus Sensoren zur Messung von Temperatur, Turbulenzgrad und Wasserstoffgehalt der Luft mon-

[5] Diese Arbeiten wurden von der U.S.-Regierung aus öffentlichen Mitteln finanziert und unterliegen nicht Beschränkungen durch das Copyright. Der Verfasser ist für die Beschaffung dieser Unterlagen und insbesondere der Abb. 87 bis 93 dem NASA-Langley Research Center und insbesondere Herrn Dr. R. D. Witcofski zu besonderem Dank verpflichtet.

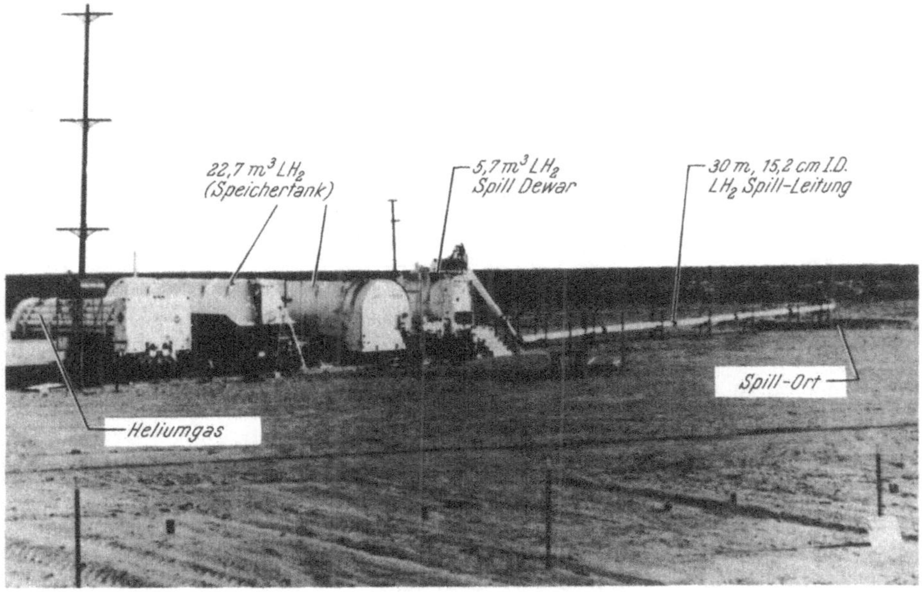

Abb. 87. Ansicht der Versuchsanlage zur Durchführung der NASA-Spilltests mit flüssigem Wasserstoff (Quelle: NASA-Langley Research Center)

Abb. 88. Endstück der LH_2-Leitung vom Spilldewar mit Abschlußventil und Enddiffusor (Quelle: NASA-Langley Research Center)

Test No. und Datum (1980)	Spilldauer (sec)	Windgeschwindigkeit (m/s)	Lufttemperatur °C	relative Luftfeuchte %	Meßdaten mittels: Film	Probenfläschchen	Thermoelemente	Turbulenzmessungen	H_2 Sensoren	Stillphotos
(1) Aug. 1	60	2.7 3.1	30	18	x					x
(2) Sept. 25	40	1.3 1.8	24	49	x	x	x	x	x	x
(3) Okt. 10	85	4.5	26	27	x					
(4) Okt. 22	33	3.1 3.6	15	43	x	x	x	x	x	x
(5) Nov. 24	24	6.3	12	43	x	x	x	x	x	x
(6) Dez. 18	35	2.2	15	29	x	x	x	x	x	x
*(7) Dez. 18	240	3.1	17	29	x		x	x	x	x

*2.8 m³

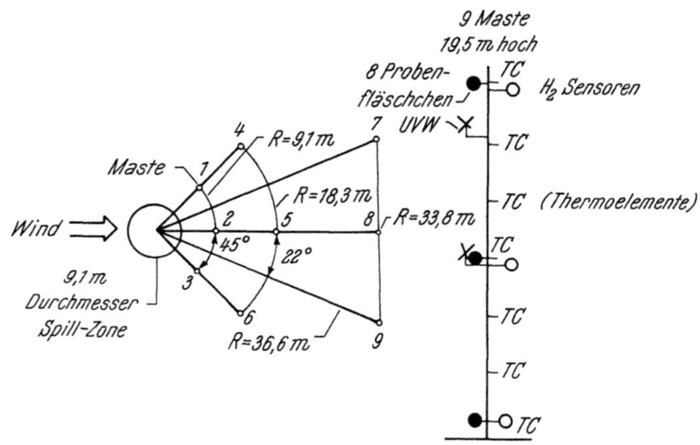

Abb. 89. Anordnung der Masten für die Meß-Sonden. *TC:* Thermoelemente, *UVW:* Turbulenzsonden (Quelle: NASA-Langley Research Center)

tiert. Ferner wurden evakuierte, bündelweise angeordnete kugelförmige Probenfläschchen (s. Abb. 90) verwendet, um Gasproben zu entnehmen, welche anschließend mit einem Gaschromatographen auf ihre Zusammensetzung untersucht wurden. Es wurden insgesamt sieben Versuchsläufe durchgeführt, die unter den in Tabelle 32 angeführten Bedingungen abliefen. Der Versuchsablauf wurde mittels Fotos und Filmaufnahmen dokumentiert. Die Versuche bestätigten die starke Abhängigkeit der Ausbreitung der Wasserstoffwolke in Bodennähe von der Windgeschwindigkeit (Abb. 91) und zeigten, daß bei rascher Freisetzung (Versuche 1–6) für relativ kurze Zeit (typisch: 20 Sekunden) in Bodennähe eine zündfähige Wasserstoff-Luft-Wolke entsteht, die sich jedoch infolge rascher Verdampfung des flüssigen Wasserstoffs und starkem Auftrieb des Gases und dadurch bedingter turbulenter Konvektion sehr rasch auf Werte unterhalb der unteren Zündgrenze (4 Vol.%) verdünnt (s. Abb. 92 und 93). Die Ausbreitung der Wolke am Boden erstreckte sich unter den herrschenden Versuchsbedingungen auf 50 bis 100 m windabwärts, und die Auftriebsgeschwindigkeit der Wolke betrug ca. 0,5 bis 1,0 m/s.

Abb. 90. Anordnung der evakuierten Probenfläschchen zur Entnahme von Gasproben aus der H_2-Wolke (Quelle: NASA-Langley Research Center)

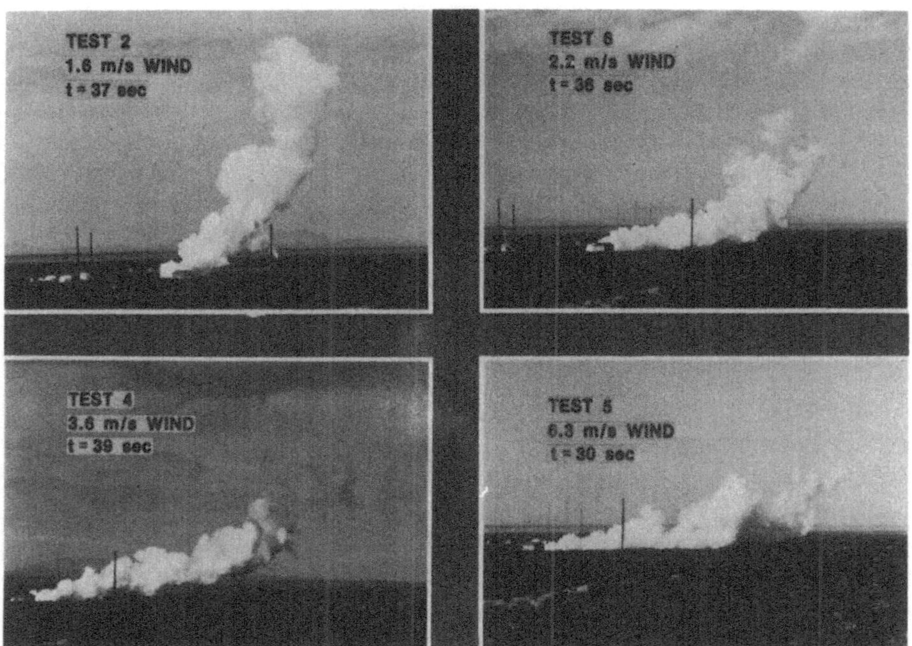

Abb. 91. Ausbreitung der H_2-Wolken als Funktion der Windgeschwindigkeit (Quelle: NASA-Langley Research Center)

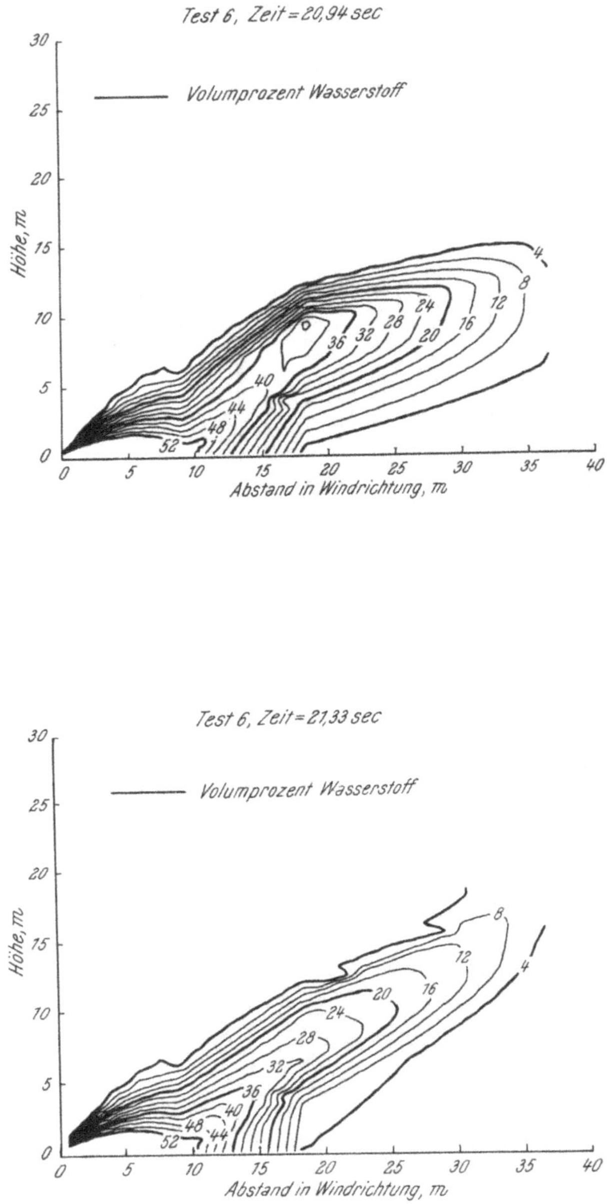

Abb. 92. Zusammensetzung der „Wasserstoffwolke" bei Versuch Nr. 6 (s. Tabelle 32) an zwei aufeinanderfolgenden Zeitpunkten (Quelle: NASA-Langley Research Center)

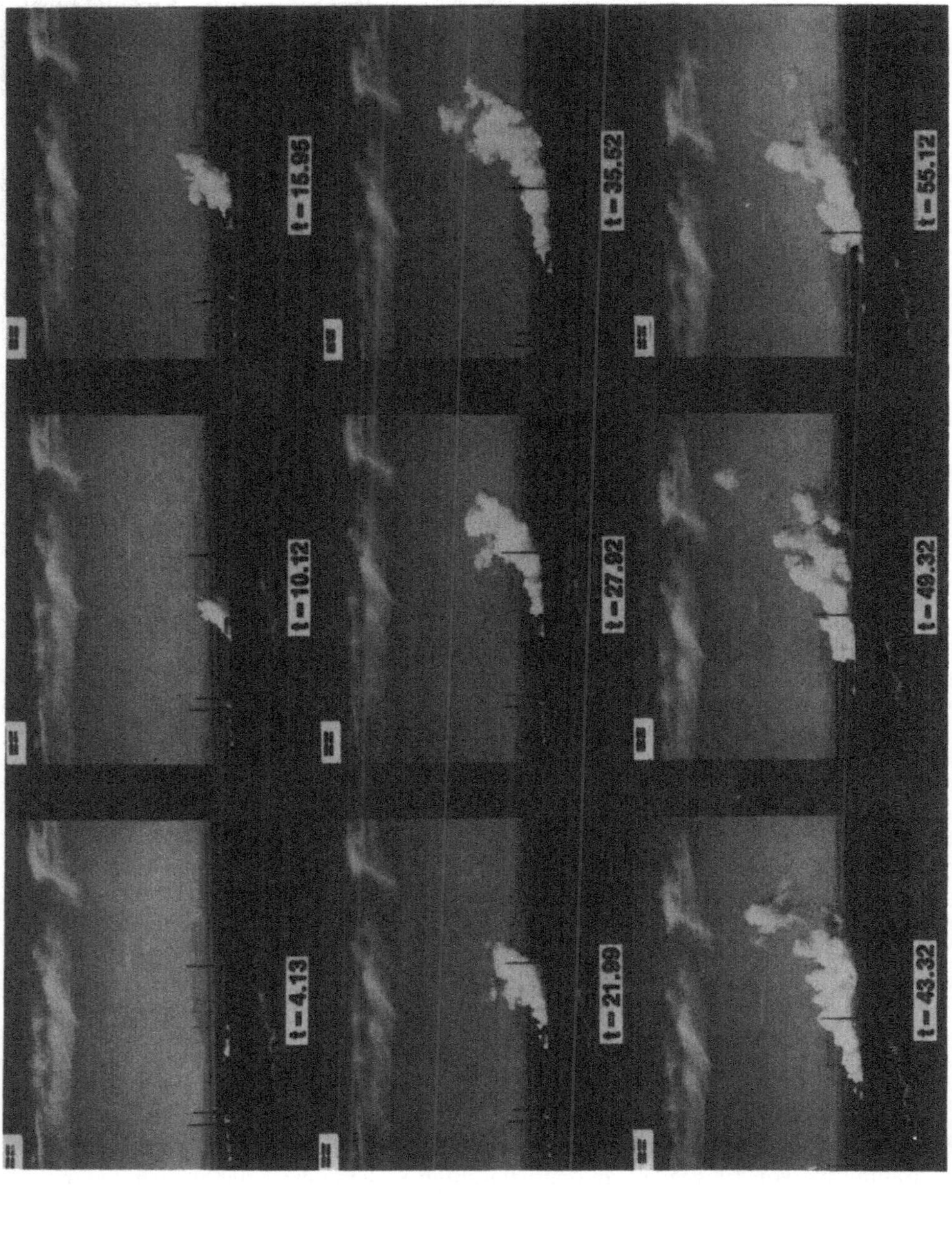

Abb. 93. Ablauf von Versuch Nr. 6 lt. Tabelle 32 (Quelle: NASA-Langley Research Center)

Tabelle 32. *Versuchsbedingungen der 5,7 m^3 LH_2-Spill-Experimente.* Nach [47]

Test-Nr.	Datum (1980)	Spilldauer (sec)	Windgeschwindigkeit (m/s)	Lufttemperatur (°C)	Rel. Luftfeuchte (%)
1[1]	1.8.	60	2,7–3,1	30	18
2	25.9.	40	1,3–1,8	24	49
3[2]	10.10.	85	4,5	26	27
4	22.10.	33	3,1–3,6	15	43
5	24.11.	24	6,3	12	43
6	18.12.	35	2,2	15	29
7[3]	18.12.	240	3,1	17	29

[1,2] wurden nicht zur Auswertung herangezogen; [3] 2,8 m^3.

Aus der Korrelation der Meßdaten der Wasserstoffsensoren und der Probenfläschchen konnte ein Verfahren zur Berechnung des Wasserstoffgehaltes der Luft als Funktion der gemessenen lokalen Temperatur in der Wasserstoffwolke abgeleitet werden. Dieses sogenannte adiabatische Mischungsmodell erwies sich als besonders leistungsfähig zur Ermittlung der Wasserstoffkonzentration innerhalb der Wolke und ist auch für zukünftige Anwendungen von Bedeutung.

Während Spills von kurzer Dauer (Test 1 bis 6) im wesentlichen einer Leckbildung bei Flüssigwasserstoffspeichern entsprechen, zeigen Freisetzungen längerer Dauer (Test 7), etwa bei einem Bruch einer Flüssigwasserstoffleitung ein unterschiedliches Verhalten hinsichtlich der Ausbreitung der Wasserstoffwolke. Insbesondere kann zufolge intensiver Kühlung des Bodens eine Abnahme der Verdampfungsrate der Flüssigkeit auftreten. Aufschlußreich sind ferner die in [47] gezogenen Schlußfolgerungen aus den Spilltests im Vergleich mit dem Verhalten von flüssigem Erdgas (LNG) bei Unfällen [48, 49, 50, 51, 52]. Während beispielsweise LNG-Speichertanks nach den geltenden Erfahrungen mit Dämmen umgeben werden, um beim Auslaufen von Flüssigkeit deren Ausbreitung zu begrenzen, scheint es nach [47] im Falle von flüssigem Wasserstoff infolge seiner raschen Verdampfung und Vermischung mit der Luft zufolge turbulenter Konvektion in freier Umgebung zweckmäßiger, auf eine Verdämmung zu verzichten, um die Verteilung der auslaufenden Flüssigkeit auf eine möglichst große Fläche zu ermöglichen. Als Bodenmaterial ist dabei im Interesse rascher Verdampfung grober Kies gegenüber glatteren Oberflächen vorzuziehen [11, 30, 31]. Die Ansammlung von Flüssigkeit an unerwünschten Stellen müßte dabei nach diesem noch eingehend zu untersuchenden Konzept durch Kanalisierung mittels offener Gräben unterbunden werden.

Eine wichtige Frage zur Speicherung großer Mengen von flüssigem Wasserstoff bezieht sich auf die einzuhaltenden Sicherheitsabstände zwischen stationären Speicherbehältern oder zu Gebäuden. Ein Überblick darüber findet sich in [11]. Danach erweist sich flüssiger Wasserstoff auch in dieser Hinsicht durchaus vergleichbar mit flüssigem Erdgas bzw. mit Benzin.

Anreicherung von verfestigter Luft bzw. festem Sauerstoff in flüssigem Wasserstoff

Bei unsachgemäßer Ventilation von Speichern für flüssigen Wasserstoff [41, 42] kann sich feste Luft bzw. fester Sauerstoff im flüssigen Wasserstoff ansammeln, was der dadurch entstehenden Mischung den Charakter eines Sprengstoffes geben kann. Infolge der geringen Löslichkeit von Sauerstoff bzw. Stickstoff in flüssigem Wasserstoff sammeln sich die verfestigten Gase stets am Boden des Innenbehälters an. Eine Entzündung dieses Gemisches kann dabei neben den üblichen Zündquellen auch durch Schlag und Stoß bzw. heftige Bewegungen des Speichergefäßes erfolgen, weil die erforderliche Zündenergie durch Reibung der Sauerstoffkristalle an der Behälterinnenwand aufgebracht werden kann. Untersuchungen ergaben, daß bei Ansammlung von reinem Sauerstoff Detonation auftritt, während bei fester Luft lediglich lokale Verbrennung zu beobachten ist [42]. Bei Luft mit angereichertem Sauerstoffanteil ergibt sich ab etwa 40 Vol.% Sauerstoff nach Entzündung durch Stoß oder Schmelzdraht stets Detonation.

Da Kondensation von Luft in flüssigem Wasserstoff mit Anreicherung von Sauerstoff verbunden sein kann, ist solche in Behältern für flüssigen Wasserstoff möglichst zu vermeiden. Dies kann durch ein entsprechendes Ventilationssystem und durch Überdruck im Behälter erreicht werden. Bei größeren Behältern ist es ferner zweckmäßig, im Rahmen einer periodischen routinemäßigen Überprüfung Aufwärmung auf Umgebungstemperatur und Evakuierung des Innenbehälters bzw. Spülung mit Inertgas vorzunehmen.

Abschließend zu diesem Kapitel, welches sich den Sicherheitsfragen im Umgang mit flüssigem Wasserstoff widmete, ist zu bemerken, daß hier nur ein kurzer Einblick in die typischen Sicherheitsfragen hinsichtlich der Handhabung von flüssigem Wasserstoff einschließlich einer vergleichsweisen Darstellung mit den Alternativen, d.h. flüssigem Erdgas und Benzin bzw. niedrig siedenden Kohlenwasserstoffen gegeben werden konnte. Auch auf die umfangreichen Vorschriften bzw. Richtlinien zur Handhabung dieser Stoffe wurde der Übersichtlichkeit halber nur in Einzelfällen eingegangen. Der interessierte Leser sei hier auf die angeführte Literatur verwiesen. Hinsichtlich der Sicherheitsrichtlinien bzw. -vorschriften findet sich in [11] bzw. [53] eine Kompilation der U.S.-Literatur.

Nach den Vorschriften in der Bundesrepublik Deutschland bzw. im EG-Raum sind Speicherbehälter für flüssigen Wasserstoff Druckbehälter im Sinne der Unfallverhütungsvorschrift Druckbehälter (VBG 17). Die Behälter müssen hinsichtlich Konstruktion, Herstellung, Ausrüstung und Aufstellung zusätzlich den Anforderungen der AD-Merkblätter und der VBG 61 entsprechen.

Der Transport von flüssigem Wasserstoff in Straßenfahrzeugen unterliegt den Vorschriften der Druckgasverordnung und den Vorschriften der Gefahrengutverordnung Straße und im grenzüberschreitenden Verkehr auch den Vorschriften des mit dem ADR gegebenen internationalen Verkehrsrechts. Beim Transport einer Menge von mehr als 100 kg wird flüssiger Wasserstoff dabei als besonders gefährliches Gut bezeichnet und seine Beförderung auf der Straße wird erlaubnispflichtig.

Hinsichtlich Befüllung und Transport von Behältern gilt flüssiger Wasserstoff auch als Druckgas im Sinne §2 (3) der Druckgasverordnung bzw. als verdichtetes

Gas der Klasse Id Ziff. 12 gem. Anlage A zur Gefahrengutverordnung Straße bzw. Anlage A zum ADR (ADR-Vereinbarungs-Nr. 3616). In der Eisenbahnverkehrsordnung (Rand-Nr. 131, Anlage C) bzw. I zum RID wird flüssiger Wasserstoff unter den Gasen der Klasse Id nicht aufgeführt und kann daher in der Bundesrepublik Deutschland nicht mit der Eisenbahn befördert werden.

Abschließend ist festzustellen, daß bei flüssigem Wasserstoff bezüglich seiner Anwendung als Sekundärenergieträger noch nicht wie bei anderen Sekundärenergieträgern ein Gewöhnungseffekt zustandekommen konnte, der zu deren Akzeptanz wesentlich beigetragen hat. So hat es beispielsweise in den vierziger Jahren in den U.S.A. eine Reihe schwerster Unfälle mit flüssigem Erdgas gegeben, die aber keinen negativen Einfluß auf dessen Akzeptanz als Energieträger hatten.

Obwohl bei flüssigem Wasserstoff die Sicherheitsaspekte anders geartet sind und insbesondere in Europa wenig Erfahrung im Umgang mit flüssigem Wasserstoff besteht – was letztlich auch in den Sicherheitsrichtlinien und -vorschriften zum Ausdruck kommt – ist nach dem heutigen Stand der Technik bei der Handhabung von flüssigem Wasserstoff keine potentiell größere Gefährdung als im Umgang mit flüssigem Erdgas zu sehen, was schließlich durch die insbesondere in den U.S.A. gemachten Erfahrungen bestätigt wird.

Literatur

1. Schödel, J. P.: Hydrogen – a Safety Risk. In: Hydrogen as an Energy Vector. EC-EUR 6085, Brussels, October 1978.
2. Bartknecht, W.: Explosionen. Berlin-Heidelberg-New York: Springer 1978.
3. Lewis, B., Elbe, G. von: Combustion, Flames and Explosion of Gases, 2nd ed. New York: Academic Press 1961.
4. Anon.: Standard for Gaseous Hydrogen at Consumer Sites. Compr. Gas Ass. (CGA)-Pamphlet G-5.1, 1965.
5. Zalosh, R. G., Short, T. P.: Compilation and Analysis of Hydrogen Accidents. Rep. Dep. of Energy (DOE), Contract No. EE-77-C-02-4442, 1977.
6. Zalosh, R. G., Short, T. P.: Comparative Analysis of Hydrogen Fire and Explosion Incidents. Rep. Factory Mutual Res. Corp., March 1978.
7. Caras, G. J.: Prevention, Detection and Suppression of Hydrogen Explosions in Aerospace Vehicles. NASA-CR-78268, 1966.
8. Baker, W. E., Kulesz, J. J.: Workbook for Predicting Pressure Wave and Fragment Effects of Exploding Propellant Tanks and Gas Storage Vessels. NASA-CR-134906, 1975.
9. Anon.: Hydrogen Safety Manual. NASA-N 75-72909, 1968.
10. Ordin, P. M.: Review of Hydrogen Accidents and Incidents in NASA Operations. NASA-TM-X-71565, 1974.
11. Hord, J.: Is Hydrogen Safe? NBS-Technical Note 690, 34 S., 1976. Ferner enthalten in NBS-Monograph 168, Selected Properties of Hydrogen, 292 S., 1981.
12. Anon.: Wasserstoffversprödung. Ergebnisse des Forschungs- u. Entwicklungsprogramms „Korrosion und Korrosionsschutz". DECHEMA-Bd.1 (1974–1977).
13. Mills, R. L., Edeskuty, F. J.: Hydrogen Embrittlement of Cold-Worked Metals. Chem. Eng. Progr. *52*, 477–480 (1956).

14. Smith, M. E.: Hydrogen Embrittlement of Metals – a Bibliography with Abstracts. Rep. FCR-1964, NTIS/PS-75/049, January 1975.
15. Mills, R. L., Edeskuty, F. J.: Tests for Hydrogen Embrittlement of Steels Used in the Tank Farm Cylinder. Los Alamos Sci. Lab., N.M., LA-3602, 1966.
16. Keller, C. W.: Fiberglass Supports for Cryogenic Tanks. NASA-Lewis Res. C., NASA-CR-120937, Lockheed Missiles and Space Co., Sunnyvale, Calif., Rep. No. LMSC-D281476, October 1972.
17. Hall, C. A., Spond, D. E.: Low Thermal Flux Glassfiber/Metal Vessels for LH_2 Storage Systems. In: Hydrogen Energy, Part A. Veziroglu, T. N. (ed.). New York: Plenum Press.
18. Hartwig, G.: Low-Temperature Properties of Epoxy Resins and Composites. Adv. Cryog. Eng., Vol. 24, pp. 63–75. New York: Plenum Press 1978.
19. Schramm, R. E., Kasen, M. B.: Static Tensile Properties of Boron-Aluminium and Boron-Epoxy Composites at Cryogenic Temperatures. Adv. Cryog. Eng., Vol. 22, 205–213. New York: Plenum Press 1978.
21. Augsburger, E. I., Dietsche, W., Kinder, H., Becker, J.: Thermal Conductivity of Several Fibre-Reinforced Composites between 2 K and 300 K. Cryogenics *20*, 666 (1980).
22. Khim, Z. G.: Testing of Fiberglass-Reinforced Polyester Composites. Adv. Cryog. Eng., Vol. 26, pp. 280–285. New York: Plenum Press 1980.
23. Kasen, M. B., Schramm, R. E.: Current Status of Standardized Nonmetallic Cryogenic Laminates. Adv. Cryog. Eng., Vol. 28, pp. 271–278. New York: Plenum Press 1982.
24. Radcliffe, D. J., Rosenberg, H. M.: The Thermal Conductivity of Glass-Fibre and Carbon-Fibre/Epoxy Composites from 2 to 80 K. Cryogenics *22*, 245–249 (1982).
25. Gauchel, J. V., Olinger, J. L., Lupton, D. C.: Characterization of Glass-Reinforced Composites for Cryogenic Applications. Adv. Cryog. Eng., Vol. 28, pp. 211–222. New York: Plenum Press 1982.
26. Wang, S. S., Chim, E. S. M.: Degradation of Fiber-Reinforced Composite Materials at Cryogenic Temperatures. Adv. Cryog. Eng., Vol. 28, pp. 191–210. New York: Plenum Press 1982.
27. Hartwig, G.: Reinforced Polymers at Low Temperatures. Adv. Cryog. Eng., Vol. 28, pp. 179–190. New York: Plenum Press 1982.
28. Khalil, A., Han, K. S.: Mechanical and Thermal Properties of Glass-Fiber Reinforced Composites at Cryogenic Temperatures. Adv. Cryog. Eng., Vol. 28, pp. 243–252. New York: Plenum Press 1982.
29. Voth, R. O.: Safety at Hydrogen Pressure Gauges. Adv. Cryog. Eng., Vol. 17, pp. 182–188. New York: Plenum Press 1972.
30. Edeskuty, F. J., Reider, R., Williamson, K. D., Jr.: Safety. In: Cryogenic Fundamentals, Haselden, G. G. (ed.). London-New York: Academic Press 1971.
31. Chelton, D. B.: Safety in the Use of Liquid Hydrogen. In: Technology and Uses of Liquid Hydrogen, Scott, R. B. (ed.). New York: Pergamon Press 1964.
32. Hord, J.: Explosion Criteria for Liquid Hydrogen Test Facilities. NBS-Rep. 10734, 1972.
33. Aydelott, J. C., Spruckler, C. M.: Venting of Liquid Hydrogen Tankage. NASA-TN-D-5263, 1969.
34. Neary, R. M.: Handling Cryogenic Fluids. Nat. Fire Prot. Ass., Quart. *54*, 63–70 (1970).
35. Edeskuty, F. J., Williamson, K. D., Jr.: Storage and Handling of Cryogens. Adv. Cryog. Eng., Vol. 17, pp. 56–68. New York: Plenum Press 1972.
36. Edeskuty, F. J., Reider, R.: Liquefied Hydrogen Safety. Los Alamos Sci. Lab., Rep. LA-DC-9569, 1968.
37. Connolly, W. W.: Practical Safety Standard for Commercial Handling of Liquefied Hydrogen. Adv. Cryog. Eng., Vol. 12, pp. 192–197. New York: Plenum Press 1967.

38. Allan, D. S.: Safety Aspects of Liquid Hydrogen. SAE-Paper 994B, 1965.
39. Cassutt, L. H., Maddocks, F. E., Sawyer, W. A.: Study of Hazards in Storage and Handling of Liquid Hydrogen. Adv. Cryog. Eng., Vol. 5, pp. 55–61. New York: Plenum Press 1960.
40. Asse, J.: Liquefied Hydrogen Safety. Review. J. Amer. Soc. Saf. Eng. *14*, 18–23 (1969).
41. Anon.: On an Investigation of Hazards Associated with the Storage and Handling of Liquid Hydrogen. Final Rep. C-61002, Contract No. AF18(600)-1687, Arthur D. Little Inc., DDC Access. No. AD 324194, March 1960.
42. Zabetakis, M. G., Burgess, D. S.: Research on the Hazards Associated with the Production and Handling of Liquid Hydrogen. WADC Tech. Rep. 60-141, December 1961, see also: U.S. Dept. of Interior, Bureau of Mines Rep. RI 5707, 1961.
43. Zabetakis, M. G., Furno, A. L., Martindill, G. J.: Explosion Hazards of Liquid Hydrogen. Adv. Cryog. Eng., Vol. 6, pp. 185–194. New York: Plenum Press 1961.
44. Zabetakis, M. G., Furno, A. L., Perlee, H. L.: Hazards in Using Liquid Hydrogen in Bubble Chambers. Bureau of Mines Rep. No. 6309, 1963.
45. Zabetakis, M. G.: Flammability Characteristics of Combustible Gases and Vapors. Bureau of Mines Bul.. 627, 1965.
46. Bollinger, L. E., Fong, M. C., Laughrey, J. A., Edse, R.: Experimental and Theoretical Studies on the Formation of Detonation Waves in Variable Geometric Tubes. NASA-TN-D-1983, 1963.
47. Witkofski, R. D., Chirivella, J. E.: Experimental and Analytical Analyses of the Mechanisms Governing the Dispersion of Flammable Flouds Formed by Liquid Hydrogen Spills. Proc. 4th World Hydrogen Energy Conf., Vol. 4, 1659–1674. Adv. in Hydrogen Energy 3. New York: Pergamon Press 1982; auch: Int. J. Hydrogen Energy *9*, 425–436 (1984).
48. Burgess, D. S., Zabetakis, M. G.: Fire and Explosion Hazards Associated with Liquefied Natural Gas. N 63-18682, available from NASA Sci. and Tech. Inf. Facility, 1972.
49. Drake, E. M.: Vapor Dispersion from Spills on LNG on Land. Adv. Cryog. Eng., Vol. 20, pp. 134–142. New York: Plenum Press 1974.
50. Hord, J. (ed.): Selected Topics on Hydrogen Fuel. NBS-Spec. Publ. SP 419, 1975.
51. Bowen, T. L.: Investigation of Hazards Associated with Using Hydrogen as a Military Fuel. Naval Ship Res. and Dev. Center, rep. 4541, Bethesda, MD 20084, 1975.
52. Anon.: An Approach to Liquefied Natural Gas (LNG). Safety and Environmental Control Research, U.S. Dept. of Energy (DOE), DOE/EV-0002, 1978.
53. Hord, J.: Hydrogen Safety: An Annotated Bibligraphy of Regulations, Standards and Guidelines. Int. J. Hydrogen Energy *5*, 579–584 (1980).

10. Physikalische und technische Daten von flüssigem Wasserstoff

Über die physikalischen und technischen Daten von Wasserstoff allgemein existiert eine sehr ausführliche und umfangreiche Literatur. Die im folgenden in Form von Tabellen und Diagrammen gebrachten Daten stellen eine kleine Auswahl oft gebrauchter Werte dar und wurden unter den Gesichtspunkten der Handhabung von flüssigem Wasserstoff einschließlich seiner Sicherheitsaspekte getroffen. Eine Beschränkung auf flüssigen Wasserstoff allein ist demzufolge nicht konsequent durchgeführt worden, weil flüssiger Wasserstoff zufolge Verdampfung stets eine potentielle Quelle großer Mengen an gasförmigem Wasserstoff darstellen kann. In den Diagrammen (insbesondere die Abb. 94 bis 108) wurde im Interesse einer kurzgefaßten Darstellung im wesentlichen nur der Para-Wasserstoff berücksichtigt, wobei in vielen Fällen aus Gründen der Übersichtlichkeit die ein Maximum an Information enthaltenden und als Vorlage dienenden Originale stark vereinfacht bzw. schematisiert wurden. Für genauere Information sei auf die Quellen sowie auf entsprechende Computerprogramme[1] verwiesen, d.h. im wesentlichen auf *R. D. McCarty*, *J. Hord*, *H. M. Röder*; National Bureau of Standards Monograph 168, Selected Properties of Hydrogen (Engineering Design Data), 523 p. (1981), worin auch eine ausführliche Compilation der diesbezüglichen Literatur enthalten ist.

Für die freundliche Genehmigung zur Veröffentlichung dieser Daten sowie für die zuteilgewordene Unterstützung ist der Verfasser dem National Bureau of Standards und insbesondere *J. Hord* von der NBS-Boulder Division zu besonderem Dank verpflichtet.

---

[1] Z.B. B. A. Younglove, Interactive Fortran Program to Calculate Thermophysical Properties of Six Fluids, NBS-Technical Note 1048, 56 S. (1982).

Physikalische und technische Daten von Wasserstoff, Methan und Benzin. Nach [7,8]

		Wasserstoff[7]	Methan	Benzin
Molekulargewicht	–	2,016	16,043	~ 107,0
Druck am Tripelpunkt	[At]	0,0695	0,1169	–
Temperatur am Tripelpunkt	[K]	13,803	90,680	180–220
Siedepunkt	[K]	20,268	111,632	310–478
Kritischer Druck	[At]	12,759	45,387	24,5–27
Kritische Temperatur	[K]	32,976	190,56	540–569
Dichte am kritischen Punkt	[g cm^{-3}]	0,0314	0,1604	0,23
Dichte der flüssigen Phase am Tripelpunkt	[g cm^{-3}]	0,0770	0,4516	–
Dichte der festen Phase am Tripelpunkt	[g cm^{-3}]	0,0865	0,4872	–
Dichte der Dampfphase am Tripelpunkt	[g m^{-3}]	125,597	251,53	–
Dichte der flüssigen Phase am Siedepunkt (ρ_L)	[g cm^{-3}]	0,0708	0,4226	~ 0,70
Dichte der Dampfphase am Siedepunkt	[g cm^{-3}]	0,00134	0,00182	~ 0,0045
Dichte der Gasphase unter Normalbedingungen ρ_G	[g m^{-3}]	83,764	651,19	~ 4400
Dichteverhältnis ρ_L/ρ_G	–	845	649	156
Schmelzwärme	[Ws g^{-1}]	58,23	58,47	161
Verdampfungswärme	[Ws g^{-1}]	445,59	509,88	309
Sublimationswärme	[Ws g^{-1}]	507,39	602,44	–
Unterer Heizwert	[kJ g^{-1}]	119.93	50,02	44,5
Oberer Heizwert	[kJ g^{-1}]	141,86	55,53	48
Spez. Wärme c_p der Gasphase unter Normalbedingungen (NTP)[6]	[Ws g^{-1} K^{-1}]	14,89	2,22	1,62
Spez. Wärme c_p der flüssigen Phase am Siedepunkt	[Ws g^{-1} K^{-1}]	9,69	3,50	2,20
Verhältnis c_p/c_v der spez. Wärmen der Gasphase (NTP)[6]	–	1,383	1,308	1,05
Verhältnis c_p/c_v der spez. Wärme der flüssigen Phase am Siedepunkt	–	1,688	1,676	–
Dynamische Zähigkeit der Gasphase unter Normalbedingungen	[g cm^{-1} s^{-1}]	0,0000875	0,000110	0,000052
Dynamische Zähigkeit der flüssigen Phase am Siedepunkt	[g cm^{-1} s^{-1}]	0,000133	0,001130	0,02

Wärmeleitfähigkeit der Gasphase unter (NTP)[6]	[mW cm^{-1} K^{-1}]	1,897	0,330	0,112
Wärmeleitfähigkeit der flüssigen Phase am Siedepunkt	[mW cm^{-1} K^{-1}]	1,00	1,86	1,31
Oberflächenspannung am Siedepunkt	[Nm^{-1}]	0,00192	0,01294	0,0122
Dielektrizitätskonstante der Gasphase (NTP)[6]	–	1,00026	1,00079	1,0035
Dielektrizitätskonstante der flüssigen Phase am Siedepunkt	–	1,233	1,6227	1,93
Brechungsindex der Gasphase (NTP)[6]	–	1,00012	1,0004	1,0017
Brechungsindex der flüssigen Phase am Siedepunkt	–	1,110	1,2739	1,39
Adiabatische Schallgeschwindigkeit der Gasphase (NB)	[m s^{-1}]	1294	448	154
Adiabatische Schallgeschwindigkeit der flüssigen Phase am Siedepunkt	[m s^{-1}]	1093	1331	1155
Kompressibilitätsfaktor[1] der Gasphase (NTP)[6]	–	1,0006	1,0243	1,0069
Kompressibilitätsfaktor[1] der flüssigen Phase am Siedepunkt	–	0,01712	0,004145	0,00543
Gaskonstante (*R*)	[At cm^3 g^{-1} K^{-1}]	40,7037	5,11477	0,77
Elastizitätsmodul der flüssigen Phase am Siedepunkt	[MN/m^2]	50,13	456,16	763
Kubische Wärmedehnung der flüssigen Phase am Siedepunkt	[K^{-1}]	0,01658	0,00346	0,0012
Zündgrenzen in Luft	[Vol.%]	4,0–75,0	5,3–15,0	1,0–7,6
Detonationsgrenzen in Luft	[Vol.%]	18,3–59,0	6,3–13,5	1,1–3,3
Stöchiometrischer Anteil in Luft	[Vol.%]	29,53	9,48	1,76
Min. Zündenergie in Luft	[mJ]	0,02	0,29	0,24
Zündtemperatur[2]	[K]	858	813	501–744
Zündtemperatur am Heißluftstrahl[3]	[K]	943	1493	1313
Flammentemperatur in Luft	[K]	2318	2148	2470
Anteil der abgestrahlten Flammenenergie[4]	[%]	17–25	23–33	30–42
Brenngeschwindigkeit in ruhender Luft (NTP)[6]	[cm s^{-1}]	265–325	37–45	37–43
Detonationsgeschwindigkeit in Luft (NTP)[6]	[km s^{-1}]	1,48–2,15	1,39–1,64	1,4–1,7
Diffusionskoeffizient in Luft (NTP)[6]	[cm^2 s^{-1}]	0,61	0,16	0,05
Diffusionsgeschwindigkeit in Luft (NTP)[6]	[cm s^{-1}]	$\leqslant$ 2,00	$\leqslant$ 0,51	$\leqslant$ 0,17
Auftriebsgeschwindigkeit in Luft (NTP)6	[m s^{-1}]	1,2–9	0,8–6	kein Auftrieb
Maximaler Sicherheitsspalt in Luft (NTP)[6]	[cm]	0,008	0,12	0,07
Löschdistanz in Luft (NTP)[6]	[cm]	0,064	0,203	0,2
Charakteristische Länge zur Ausbildung von Detonation in Luft (NTP)[6]	[L/D][5]	100	–	–
Stationäre Absenkungsrate des Flüssigkeitsspiegels ohne Verbrennung	[cm min^{-1}]	2,5–5,0	0,05–0,5	0,005–0,02
Stationäre Absenkungsrate des Flüssigkeitsspiegels mit Verbrennung	[cm min^{-1}]	3,0–6,6	0,3–1,2	0,2–0,9

Flammpunkt	[K]	gasförmig	gasförmig	230
Energieverhältnis bei Explosion:				
g TNT/g Kraftstoff		24	11	10
g TNT/cm^3 flüssiger Kraftstoff am Siedepunkt		1,71	4,67	7,04
kg TNT/m^3 NTP gasförmiger Kraftstoff		2,02	7,03	44,22

[1] Definiert als $Z = pV/RT$. [2] Zündung an heißen Oberflächen. [3] Einströmen eines Heißluftstrahls in einen von zündfähigem Gemisch erfüllten Raum unter Normalbedingungen. [4] Gilt sowohl für Flammen oberhalb verdampfender Flüssigkeit sowie für Diffusionsflammen unter Laborbedingungen. Bei Wasserstoff werden etwa 45% der Flammenstrahlung innerhalb von etwa 8 m in feuchter Luft von 25 °C und einem Partialdruck des Wasserdampfes von 15 Torr absorbiert. [5] Gemessen in Rohren, L charakteristische Länge, D charakteristischer Durchmesser, vgl. [7]. [6] NTP 1 At und 20 °C (293, 15 K). [7] Die thermophysikalischen Daten gelten für Parawasserstoff. J. Hord, Is Hydrogen Safe? NBS-Technical Note 690, 34 S. (1976). [8] Vgl. ferner: McCarthy, R. D., Cox, K. E., Williamson, K. D., Hydrogen: Its Technology and Implications, Vol. III, Hydrogen Properties, 321 S., CRC-Press, Inc., Cleveland, Ohio, 1975. Int. Standard Book No. 0-8493-5123-5, Library of Congress-Card No. 75-20484.

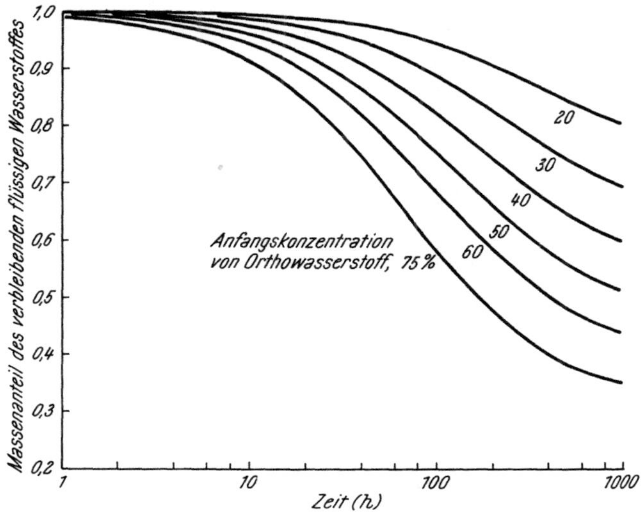

Abb. 94. Verdampfungsverluste von flüssigem Wasserstoff zufolge Ortho-Para-Konversion als Funktion der Zeit (Quelle: NBS-Monograph 168)

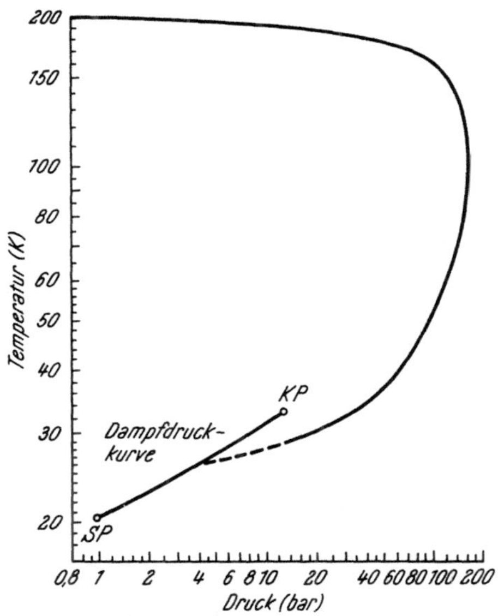

Abb. 95. Joule-Thomson Inversionskurve für Para-Wasserstoff (Quelle: NBS-Monograph 168)

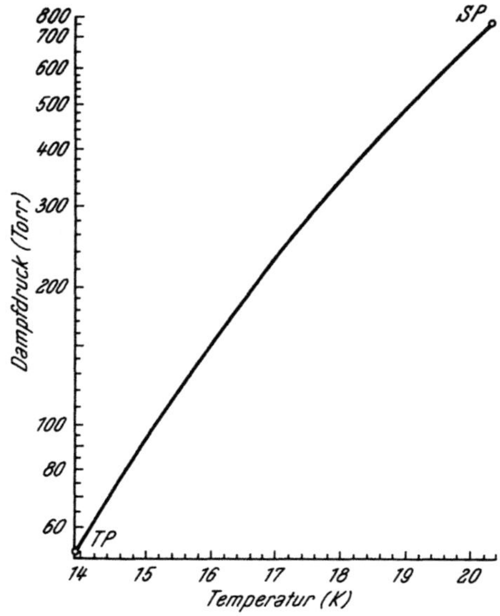

Abb. 96. Dampfdruckkurve von Para-Wasserstoff unterhalb von 1 bar (Quelle: NBS-Monograph 168)

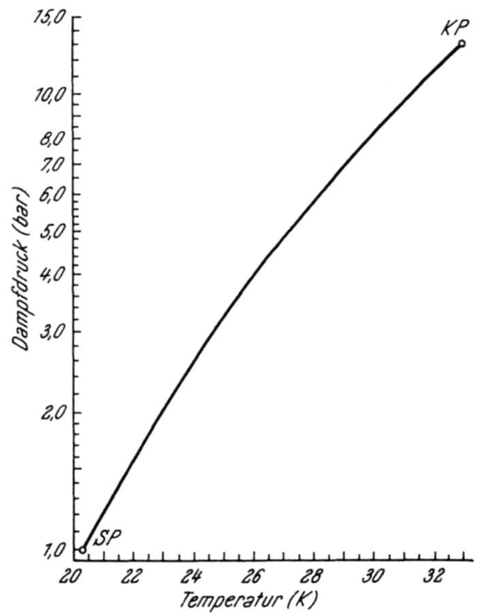

Abb. 97. Dampfdruckkurve von Para-Wasserstoff oberhalb von 1 bar (Quelle: NBS-Monograph 168)

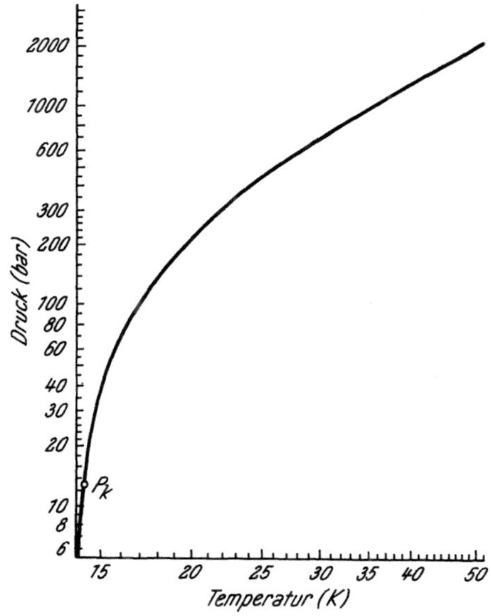

Abb. 98. Schmelzdruckkurve von Para-Wasserstoff. p_K Druck am kritischen Punkt (Quelle: NBS-Monograph 168)

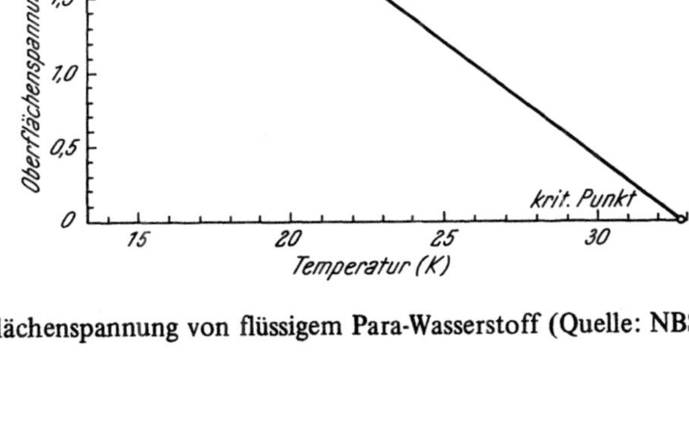

Abb. 99. Oberflächenspannung von flüssigem Para-Wasserstoff (Quelle: NBS-Monograph 168)

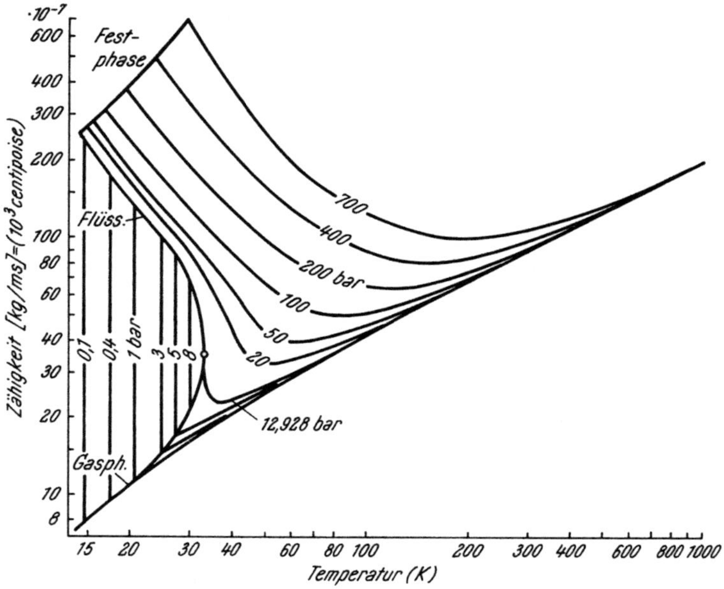

Abb. 100. Dynamische Zähigkeit von Normal- und Para-Wasserstoff (Quelle: NBS-Monograph 168, Darstellung vereinfacht)

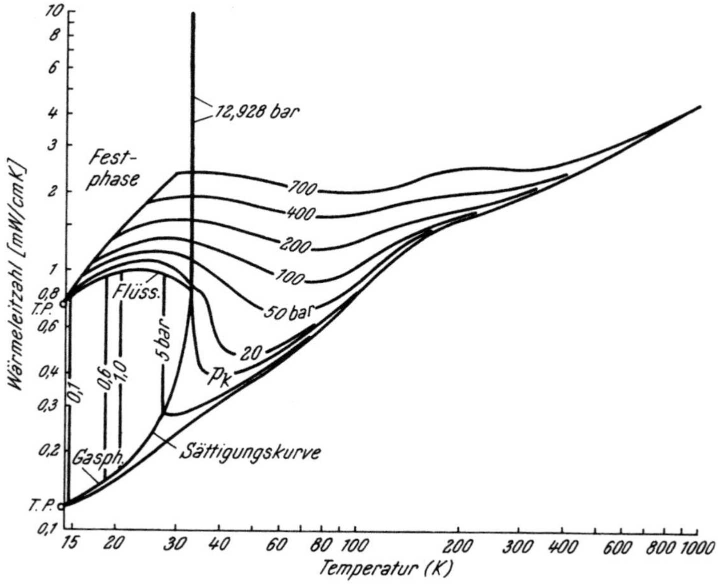

Abb. 101. Wärmeleitfähigkeit von Para-Wasserstoff (Quelle: NBS-Monograph 168, Darstellung vereinfacht)

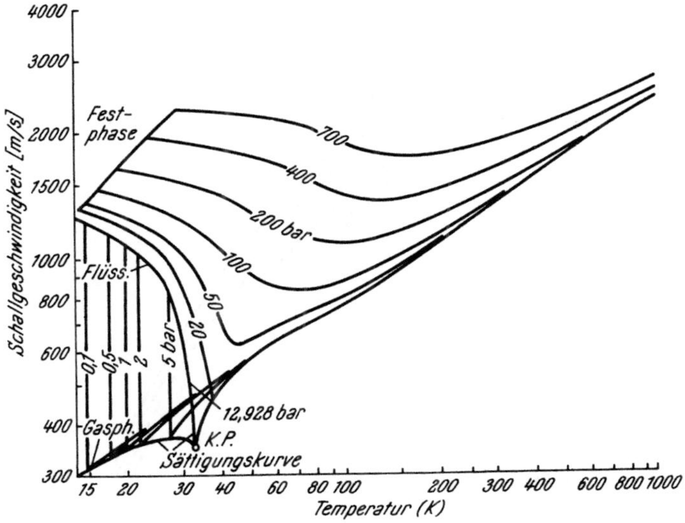

Abb. 102. Schallgeschwindigkeit von Para-Wasserstoff (Quelle: NBS-Monograph 168, Darstellung vereinfacht)

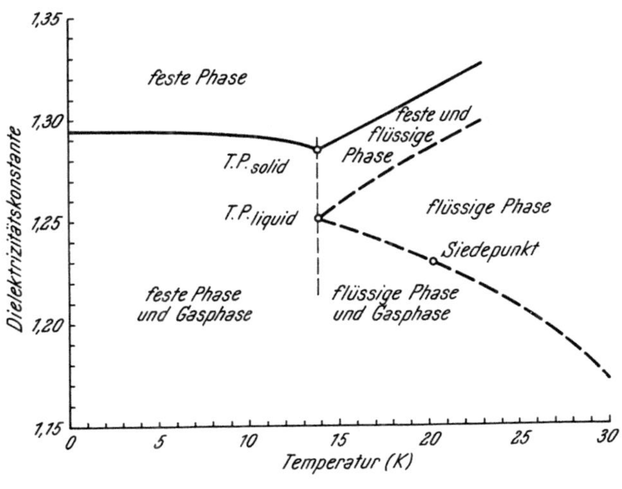

Abb. 103. Dielektrizitätskonstante von Para-Wasserstoff (Quelle: NBS-Monograph 168)

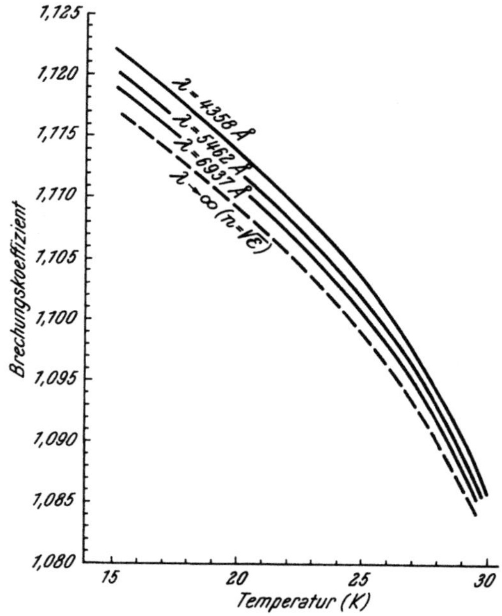

Abb. 104. Optischer Brechungskoeffizient von flüssigem Para-Wasserstoff im Sättigungszustand (Quelle: NBS-Monograph 168)

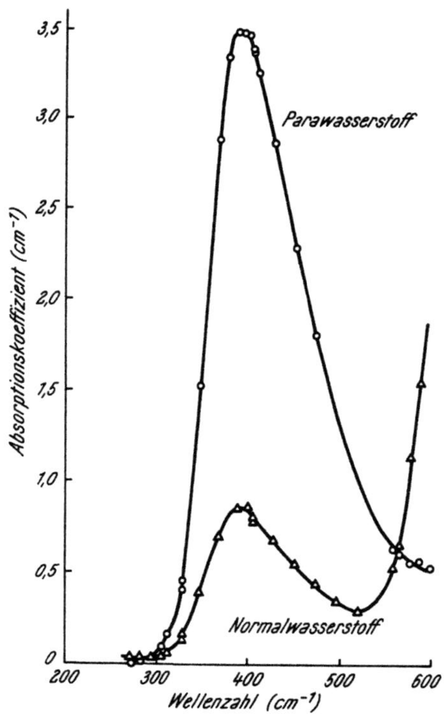

Abb. 105. Absorption von flüssigem Wasserstoff im fernen Infrarot (Rotationsbanden) (Quelle: NBS-Monograph 168)

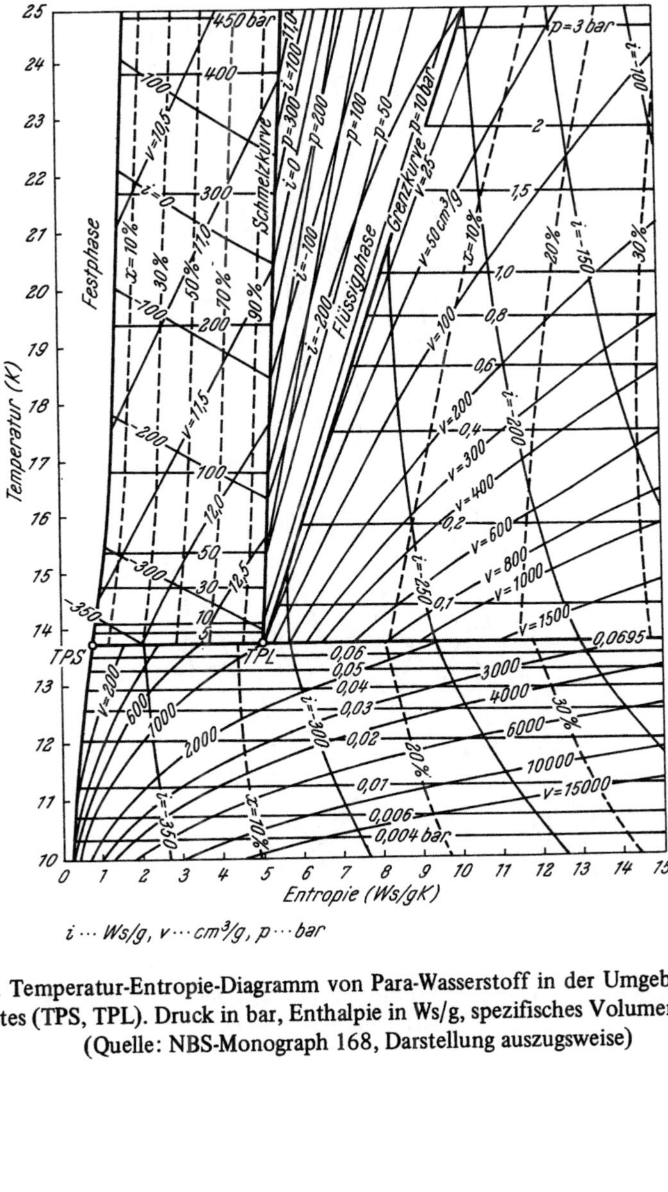

Abb. 106. Temperatur-Entropie-Diagramm von Para-Wasserstoff in der Umgebung des Tripelpunktes (TPS, TPL). Druck in bar, Enthalpie in Ws/g, spezifisches Volumen in cm^3/g (Quelle: NBS-Monograph 168, Darstellung auszugsweise)

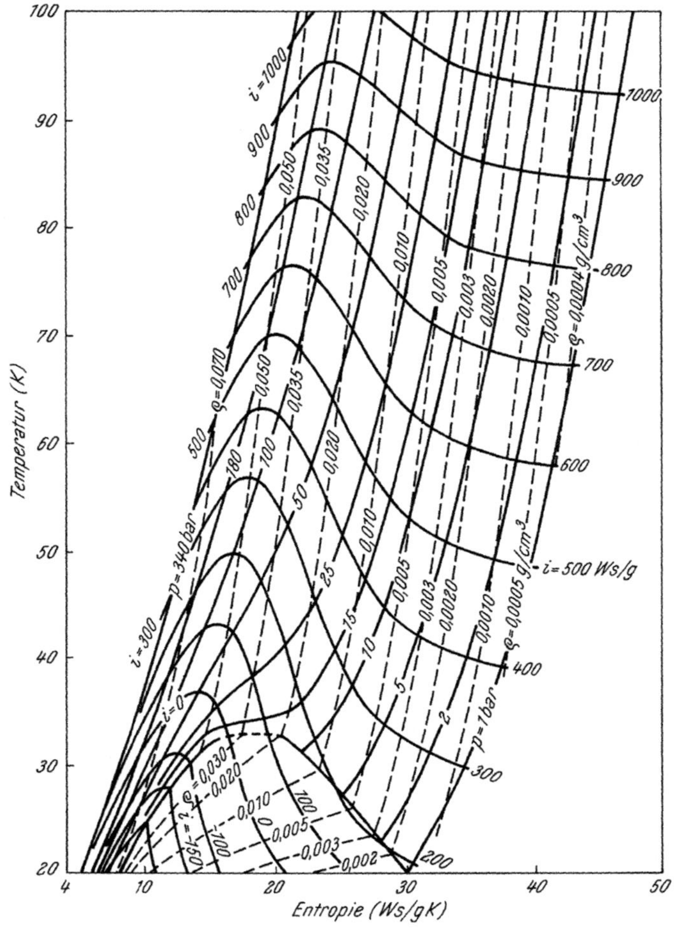

Abb. 107. Temperatur-Entropie-Diagramm von Para-Wasserstoff unterhalb 100 K. Druck in bar, Dichte in g/cm³, Enthalpie in Ws/g (Quelle: NBS-Monograph 168, Darstellung auszugsweise)

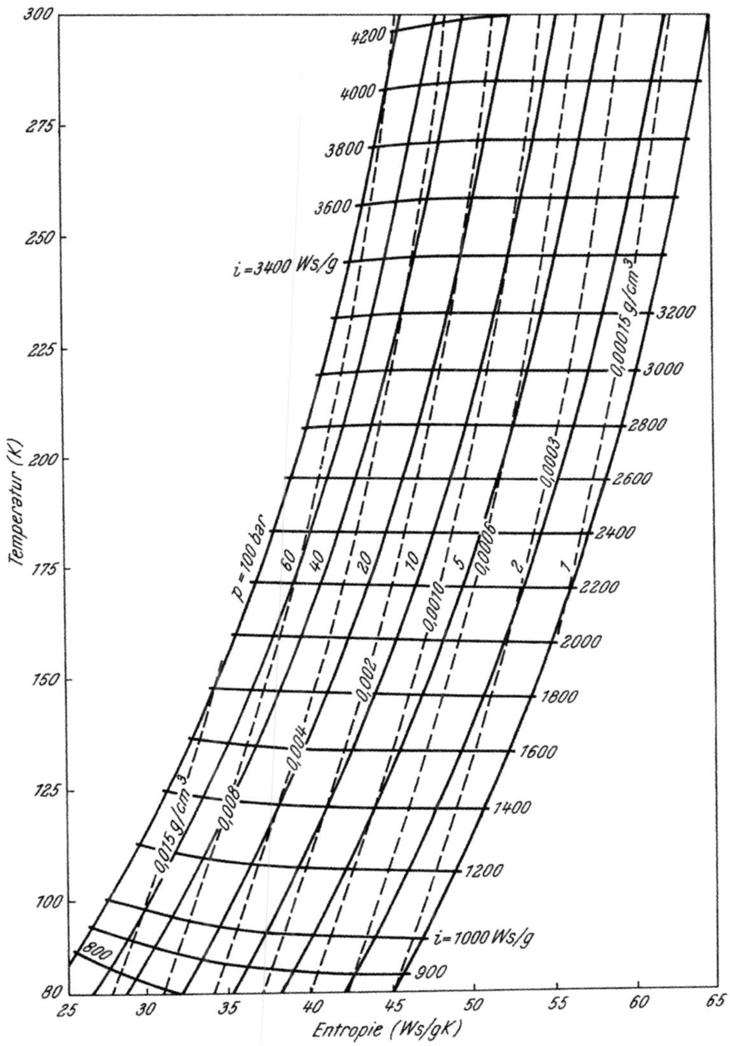

Abb. 108. Temperatur-Entropie-Diagramm von Para-Wasserstoff im Bereich von 100 K bis 300 K. Druck in bar, Dichte in g/cm³, Enthalpie in Ws/g (Quelle: NBS-Monograph 168, Darstellung auszugsweise)

Sachverzeichnis

IBM-Composersatz: Springer-Verlag Wien;

GPSR Compliance

The European Union's (EU) General Product Safety Regulation (GPSR) is a set of rules that requires consumer products to be safe and our obligations to ensure this.

If you have any concerns about our products, you can contact us on ProductSafety@springernature.com

In case Publisher is established outside the EU, the EU authorized representative is:

Springer Nature Customer Service Center GmbH
Europaplatz 3
69115 Heidelberg, Germany

Batch number: 10584556

Printed by Printforce, the Netherlands